FLORE FRANÇOISE

OU

DESCRIPTION SUCCINCTE

DE

TOUTES LES PLANTES

Qui croiſſent naturellement EN FRANCE,

Diſpoſée ſelon une nouvelle méthode d'Analyſe, & à laquelle on a joint la citation de leurs vertus les moins équivoques en Médecine, & de leur utilité dans les Arts.

Par M. le Chevalier DE LAMARCK.

Tome Premier.

A PARIS,

DE L'IMPRIMERIE ROYALE.

M. DCCLXXVIII.

Naturam invisere tecum
Dulce mihi . . . .
Et præferre facem & gressus firmare labantes.

Anti-Lucr. Lib. III.

(1)

EXTRAIT DES REGISTRES
D E
L'ACADÉMIE ROYALE DES SCIENCES,
Du 6 Février 1779.

M.RS DUHAMEL & GUETTARD ayant rendu compte de l'Ouvrage de M. le Chevalier de Lamarck, intitulé : *Flore Françoise* ; l'Académie a jugé cet Ouvrage digne de paroître avec son Approbation ; en foi de quoi j'ai signé le présent certificat. Le 10 Février 1779.

Signé Le Marquis DE CONDORCET,
Secrétaire perpétuel de l'Académie Royale des Sciences.

* *Extrait du Rapport fait par Mrs Duhamel & Guettard, de l'Ouvrage de M. de Lamarck, intitulé :* Flore Françoise.

NOUS Commissaires, M. Duhamel & moi, avons été nommés par l'Académie, pour examiner un Ouvrage de M. le Chevalier de Lamarck, intitulé : *Flore Françoise*, ou *Description succincte de toutes les Plantes qui croissent naturellement en France*,

---

* J'ai cru devoir faire connoître au Public, l'idée que Mrs Duhamel & Guettard ont donnée à l'Académie de mon Ouvrage, dans le rapport qu'ils en ont fait. J'ai seulement supprimé quelques détails, qui renfermoient le précis & l'analyse des principes, que l'on trouvera exposés au long & développés dans l'Ouvrage même.

Tome I.

diſpoſée ſelon une nouvelle méthode d'Analyſe, &
à laquelle on a joint la citation de leurs vertus les
moins équivoques en Médecine, & de leur utilité
dans les Arts.

Cet Ouvrage eſt diviſé en trois volumes *in-8.°* :
le premier renferme le Diſcours préliminaire, &
des Principes élémentaires de Botanique. Les deux
autres, une Méthode analytique des Plantes, dont
M. de Lamarck ſait mention dans ſon Ouvrage.

Le Diſcours préliminaire eſt diviſé en quatre
parties. Dans la première, M. de Lamarck parle de
l'état actuel de la Botanique. Dans la ſeconde, il
examine d'une ſaçon plus particulière les moyens
qu'on a employés juſqu'ici pour faciliter l'étude de
la Botanique. La troiſième traite de la meilleure
manière de voir & de travailler en Botanique. Les
principes de la nouvelle méthode imaginée par
l'Auteur, ſont détaillés dans la quatrième.

La première, celle où il s'agit de l'état actuel
de la Botanique, renferme deux articles. Dans le
premier, l'Auteur examine ſi les Botaniſtes con-
viennent des noms que l'on a donnés à certaines
parties des Plantes; & dans le ſecond, s'il exiſte
réellement des familles que l'on puiſſe iſoler les unes
des autres, &c.

La ſeconde partie du Diſcours préliminaire eſt
diviſée, comme la première, en deux articles. Il
s'agit dans le premier, des différens arrangemens
qui ont été imaginés pour faire connoître les
Plantes ; & dans le ſecond, des ſyſtèmes & des
méthodes, &c.

La troiſième partie du Diſcours préliminaire eſt,
comme on l'a dit, employée à examiner quelle eſt
la meilleure manière de voir & de travailler en
Botanique. Il réſulte de ce qui eſt dit dans cette
partie, 1.° que ce n'eſt pas en faiſant de grandes

généralités de Plantes, mais au contraire, en les divisant & sous-divisant, qu'on pourra parvenir facilement à les connoître, &c.

La quatrième partie du Discours, qui renferme les moyens que l'Auteur a employés pour faciliter l'étude de la Botanique, est divisée en deux articles. L'Auteur s'occupe dans le premier, d'une méthode artificielle, dont l'objet unique est de faire connoître le nom des Plantes observées; dans le second, il traite de l'ordre naturel.

« Le but d'un ordre naturel, dit M. de Lamarck, est d'enchaîner toutes nos idées, de nous faire « saisir tous les points communs par lesquels les « êtres se tiennent les uns aux autres, de n'offrir « aucun objet à nos regards, sans nous montrer « en même temps tout ce qui existe en-deçà & « au-delà, &c. »

L'idée que nous avons tâché de donner du Discours préliminaire de M. de Lamarck, est, nous l'avouons, bien succincte; il faut en faire la lecture, pour en sentir l'ordre, la clarté & la précision.

A la suite de ce Discours, sont placés les Principes de Botanique. M. de Lamarck réduit ces Principes à la connoissance exacte de toutes les parties des Plantes; ce qui l'a engagé à donner une explication des termes employés dans la Botanique. Il y a joint de temps en temps des observations propres à jeter des lumières sur l'objet dont il s'agit, & qui est désigné par le terme dont il donne l'explication, &c.

Le second & le troisième volumes, renferment la Méthode analytique, que M. de Lamarck emploie pour reconnoître les Plantes déjà connues, & déterminer quels sont les noms qu'elles portent dans les Auteurs, &c.

Ceux qui voudront sentir l'étendue du travail

qu'il a fallu entreprendre pour exécuter ce que M. de Lamarck a fait dans son Ouvrage, doivent consulter cet Ouvrage, qui n'est cependant, si l'on peut parler ainsi, qu'une exquisse de celui que M. de Lamarck se propose de donner au Public dans quelques années, & pour lequel il a déjà, comme il le dit dans son Livre, beaucoup de matériaux de recueillis. Cet Ouvrage qu'il annonce, doit être intitulé : *Théâtre universel de Botanique*. Il sera fait sur le plan de sa Flore Françoise. Nous croyons que l'Académie ne peut qu'applaudir au projet de M. de Lamarck, que l'engager à l'exécuter, & que la Flore Françoise mérite de paroître avec son approbation. Cet Ouvrage annonce dans M. de Lamarck, beaucoup de connoissances en Botanique, un esprit d'ordre, d'analyse & de précision ; & la Flore Françoise est exécutée de façon à ne pas laisser douter que le Théâtre universel de Botanique sera un excellent Ouvrage. Ce qui rend cette prévention encore mieux fondée, c'est que M. de Lamarck est déjà connu de l'Académie, par un Mémoire sur les vapeurs de l'atmosphère, qu'elle a d'autant plus accueilli, que les observations renfermées dans ce Mémoire, ont paru à l'Académie de nature à être suivies, & qu'elle a engagé M. de Lamarck à se livrer à ce travail, & à lui faire part de ses nouvelles observations. *Signé* DUHAMEL

& GUETTARD.

Je certifie cet Extrait conforme au rapport de M.rs les Commissaires de l'Académie.

Signé le Marquis DE CONDORCET.

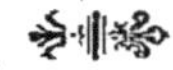

DISCOURS

DISCOURS
PRÉLIMINAIRE.

Parmi les différentes parties qu'embrasse
l'étude de l'Histoire Naturelle, cette étude si
noble, si intéressante, & qui depuis un siècle
a fait des progrès si rapides, aucune n'a été
aussi généralement cultivée que la Botanique,
c'est-à-dire la science dont l'objet est la connoissance des végétaux. Les secours multipliés
que les Plantes offrent à l'homme, soit en
fournissant aux besoins les plus essentiels de
la vie, soit en calmant la violence des maladies
qui menacent d'en abréger le cours, soit en
enrichissant de leurs tributs les Arts les plus
utiles à la société; la facilité d'ailleurs de se
procurer ces productions de la terre qui
naissent de tous côtés sous nos pas, avec une
profusion qui répare sans cesse leur durée
passagère : l'attrait enfin qu'inspire par soi-
même ce point de vue si gracieux de la Nature,
cette diversité de scènes qui semblent s'être

Tome I. a

partagé toutes les saisons de l'année pour les embellir tour-à-tour, & toutes les parties du Globe pour en varier l'aspect, tout invite en effet le Naturaliste à tourner particulièrement son attention vers cette branche aussi utile qu'agréable des connoissances humaines.

Mais cette science qui offre à la curiosité des aiguillons si puissans, est peut-être en même temps la plus difficile de toutes; & indépendamment des causes particulières qui en ont compliqué l'étude, & dont je parlerai plus bas, les obstacles qui naissent du fond même de la science, semblent se multiplier à proportion des motifs qui doivent exciter l'avidité d'observer & de connoître.

Il ne faut pour sentir cette vérité, que jeter un coup d'œil sur le jardin immense de la Nature. Nous serons frappés d'abord de cette multitude de végétaux répandus de toutes parts avec une sorte de prodigalité, & nous verrons toutes les parties du Globe plus ou moins fécondes depuis la cime des plus hautes montagnes jusqu'au fond des fleuves & de l'Océan. Si nous observons ensuite de plus près & avec plus d'attention, nous verrons par-tout la variété le difputer à la profufion ; nous verrons d'une part des nuances de grandeur, de port, de figure & de couleur multipliées à l'infini; de l'autre les végétaux les plus difparates placés les uns à côté des autres, fouvent même confondant leurs tiges entrelaffées. En comparant les grandeurs, nous verrons encore les extrêmes fe toucher, & les mouffes les plus délicates croître au pied & fur le tronc même de ces arbres qui élèvent avec majefté leur tête dans les airs. Enfin comme fi toutes les faifons exiftoient à la fois, à côté de quelques feuilles naiffantes, fe préfentera fouvent une tige ornée de fleurs nouvellement épanouies, tandis qu'un peu plus loin des graines prêtes à s'échapper de leur enveloppe defféchée, nous offriront à la fois & les fignes d'un dé-périffement prochain, & les gages multipliés de la reproduction qui doit fuivre.

La première impreffion que cette vue fera fur nous, fera fans doute un fentiment d'admiration pour cette Puiffance fouverainement libre & indépendante qui fe joue dans cette immenfe variété d'êtres, où l'uniformité &

la fymétrie auroient femblé plutôt annoncer la marche gênée & timide d’une caufe limitée.

Mais l’efprit de l’homme eft borné, & fe trouve comme accablé fous cette multitude prodigieufe d’individus de toute efpèce, dont les modèles fe rangent fans confufion dans une Intelligence infinie, parmi ceux de toutes les créatures poffibles. Auffi n’a-t-on trouvé jufqu’ici d’autre moyen pour parvenir à bien connoître le tableau de l’Univers, que de le divifer, d’y tracer par-tout des lignes de féparation, & de déplacer même par l’imagination, les parties qui le compofent, pour les foumettre à des arrangemens méthodiques & proportionnés aux limites de nos conceptions. De-là ces diftributions de plantes par claffes, par familles, par genres, &c. de-là en un mot ces nombreux fyftèmes qui ont tant exercé la fagacité de l’efprit humain, mais qui ne font au fond qu’un aveu de fa foibleffe déguifé fous un appareil impofant & fcientifique.

Ces divifions euffent été fans doute de la plus grande utilité, fi on les eût réduites à leur véritable ufage, en ne les employant que comme des moyens artificiels propres à suppléer aux bornes de notre esprit, & à nous aider dans l'étude immense de la Nature. Mais le grand mal est que les Naturalistes ont presque toujours perdu de vue leur objet, qu'ils ont mis, si j'ose ainsi parler, sur le compte de la Nature ce qui étoit leur propre ouvrage, & ont prétendu juger par leurs divisions factices & arbitraires, des loix essentielles auxquelles tous les êtres sont soumis, & des vrais rapports qui peuvent servir à les rapprocher. En un mot, séduits par une erreur considérable de métaphysique qui a retardé leurs progrès & fait perdre à leur travail la plus grande partie de sa valeur, ils ont toujours confondu le moyen qui peut perfectionner & agrandir nos vues pour nous faire juger des productions de la Nature, & établir entr'elles une juste comparaison, avec celui qui doit servir seulement à nous les indiquer & à nous en apprendre les noms, qui ne sont que de pures conventions nécessaires, à la vérité, pour nous entendre, mais absolument étrangères à la marche de la Nature.

C'est pour faire connoître, & j'ose dire

démontrer la différence effentielle de ces deux moyens, la néceffité abfolue de ne jamais les confondre, en un mot celle de les employer l'un & l'autre, mais toujours féparément, que je me propofe d'examiner certaines opinions qui ont été regardées jufqu'ici comme des loix en Botanique ; opinions qui me paroiffent très-défectueufes, & même contraires aux progrès de nos connoiffances dans cette partie intéreffante de l'Hiftoire Naturelle.

Pour mettre dans un plus grand jour ce que j'ai à dire fur cette matière, je diviferai ce Difcours en quatre parties.

Dans la première, je parlerai de l'état actuel de la fcience que j'entreprends de traiter, & je ferai voir que les difficultés que l'on éprouve par-tout en l'étudiant font rebutantes & prefque infurmontables.

La feconde fera deftinée à un examen plus particulier des moyens que l'on a employés jufqu'ici pour faciliter l'étude de la Botanique. Je ferai voir que l'infuffifance de ces moyens & l'incertitude qui en réfulte de toutes parts font les fuites néceffaires des opinions mal fondées par lefquelles les Botaniftes fe font laiffés dominer.

La troisième partie traitera de la meilleure manière de voir & de travailler en Botanique. J'y exposerai les objets qu'il est indispensable de se proposer dans cette Science, & le véritable point de vue sous lequel on doit les envisager.

Enfin dans la quatrième partie, je détaillerai les principes de la nouvelle méthode que j'ai imaginée, & j'établirai les raisons qui me paroissent lui assurer une préférence marquée sur toutes celles qui ont paru jusqu'ici, comme étant plus simple, plus facile & plus propre à conduire avec certitude à la connoissance des plantes. Cette partie sera terminée par l'exposition des principes auxquels on doit s'attacher dans la formation d'un ordre naturel.

PREMIÈRE PARTIE.

De l'état actuel de la Botanique, & des difficultés qu'on éprouve dans l'étude de cette Science.

JE suis bien éloigné de vouloir déprimer tant d'hommes célèbres qui se sont occupés

de la Botanique. Personne ne rend plus sincè-
rement que moi justice à leurs lumières, & ne
sent mieux le prix de leurs travaux : personne
sur-tout ne souscrira plus volontiers aux éloges
que les Savans ont accordés à M. de Tournefort, qui a su le premier ramener la Botanique
à ces principes simples & lumineux qui mettent de l'ordre dans nos idées, & distinguent
la science de la simple nomenclature.

Après lui, le Chevalier Linné profitant
des découvertes & des fautes de son illustre
prédécesseur, s'est frayé une route nouvelle,
& a enrichi la Botanique de cette foule
d'observations aussi neuves qu'ingénieuses,
& de ces rapports étonnans & variés qui
naissent de la considération des sexes dans les
plantes.

Mais si les travaux de ces grands hommes
& de tant d'autres Naturalistes ont considérablement reculé les bornes de nos connoissances dans cette partie, il me paroît qu'ils
n'ont pas également contribué à en faciliter
l'étude. La Botanique dans l'état où elle est,
se trouve comme surchargée d'une multitude
d'obstacles que les Naturalistes ont ajoutés à

ceux que la multitude & la variété des individus préfentent déjà par eux-mêmes.

Parmi les caufes qui contribuent le plus à faire naître ces obftacles, on doit placer les variations perpétuelles dans les principes conftitutifs; les termes fcientifiques trop nombreux & trop rarement définis dont on a hériffé la nomenclature; les fyftèmes multipliés, mais tous infuffifans qu'on a vus fe fuccéder les uns aux autres, & dont les loix font prefque toujours en contradiction avec la Nature; le trop grand nombre d'exceptions dans les caractères génériques; & enfin les définitions vagues que l'on a faites des parties les plus effentielles des plantes, & d'après lefquelles il eft impoffible de fixer d'une manière précife la notion de ces mêmes parties.

Voilà fans doute des reproches très-graves & qui exigent des preuves convaincantes; mais j'ofe me flatter que quiconque lira avec un efprit libre de préjugés les détails dans lefquels je vais entrer fur ces différens objets, y verra que ce n'eft pas la féduction de mes propres principes qui m'a fait attaquer toutes les opinions qui les combattent, mais plutôt l'expérience que j'ai des vices effentiels de tous les fyftèmes qui, après m'avoir fait long-temps fouhaiter qu'un autre pût mieux faire, m'a engagé dans des tentatives pour réalifer par moi-même ce defir.

ARTICLE PREMIER.

Du peu de fixation des noms que l'on a donnés à certaines parties des Plantes, & de la mauvaife déterminaifon de plufieurs expreffions employées pour exprimer leurs caractères.

S'IL y a dans les plantes des parties dont la définition doive avoir été foignée par les Botaniftes, ce font fans doute celles qui fervent comme de bafe à leurs différens fyf-tèmes, & qui devoient les conduire aux caractères les moins variables, & en même temps les plus propres à leur fournir un grand nombre de divifions. Prenons pour exemple la corolle & les étamines, d'après lefquelles M. de Tournefort, d'une part, & le Chevalier Linné de l'autre, ont établi leurs grandes divifions, & formé leurs claffes.

Il eſt aiſé de s'apercevoir d'abord que la corolle eſt une partie ſi mal déterminée que preſque par-tout on eſt embarraſſé pour reconnoître ſon exiſtence; les uns donnant ce nom dans certaines plantes à des parties de la fleur, que d'autres regardent ſimplement comme ſon calice, tandis que dans d'autres plantes ceux-là même donnent le nom de calice à des parties de la fleur que ceux-ci prennent pour la corolle.

C'eſt ainſi que M. de Tournefort prend pour corolle dans le *juncus*, *l'amaranthus*, le *kali*, le *tamnus*, &c. les parties que M. Linné nomme *calice*, & que d'un autre côté le premier Auteur donne le nom de *calice* dans le *rumex*, le *buxus*, *l'empetrum*, &c. à des parties que M. Linné prend pour corolle. On démontre actuellement au Jardin royal de Paris, ſous le nom de *calice*, dans toutes les *liliacées*, les *ellébores*, les *nielles*, les *aconits*, &c. des parties que Mrs de Tournefort & Linné appellent très-décidément *corolle*.

Il y a plus, il ne faut qu'ouvrir les ouvrages de M. Linné, pour y apercevoir que dans un grand nombre de cas, il laiſſe au choix de fon Lecteur d'appeler *calice* ou *corolle* une même partie de la plante. C'eft ainfi que, felon lui, dans le *laurus*, le *phytolacca*, le *medeola*, le *melanthium*, &c. les fleurs n'ont pas de calice, à moins, dit-il, qu'on ne prenne pour tel, la corolle qui les environne; & que dans d'autres plantes, comme le *polygonum*, le *chryfofplenium*, le *thefium*, &c. la corolle eft nulle, à moins, dit-il encore, qu'on ne regarde comme telle le calice de leurs fleurs : preuve bien évidente qu'il n'attache point lui-même aux termes de *corolle* & de *calice* des idées fixes & précifes qui puiffent fournir un moyen fûr de reconnoître l'exiftence de l'un ou de l'autre.

Les étamines font dans le même cas ; tantôt les filamens ftériles ne font comptés pour rien, lorfqu'il s'agit de déterminer leur nombre : ainfi le *gratiola* eft placé dans la diandrie, & l'*herniaria* dans la pentandrie ; & tantôt au contraire, ces mêmes filamens font nombre avec les étamines; ainfi l'*albuca* fe trouve placé dans l'hexandrie, & l'*anacardium* dans la décandrie *(a)*.

____

(a) M. Murrai a replacé avec raifon ce dernier genre dans l'ennéandrie. *Murr. Syft. veget.*

Quelquefois le nombre des étamines est fixé par celui des anthères, sans avoir égard aux filamens, comme dans le *monniera*, le *fumaria*, &c. d'autres fois, ce font les filamens qui déterminent les étamines; & le nombre des anthères est négligé, comme dans le *dianthera*, le *theobroma*, le *stemodia*, &c.

On trouve très-fouvent dans les fleurs de certaines plantes, des parties très-différentes les unes des autres par leur nature, mais qui peuvent fournir d'excellens caractères pour diftinguer ces plantes. Ce font tantôt dés appendices ou des prolongemens finguliers de la corolle, en forme de cornet ou d'éperon poftérieur; tantôt des rainures, des foffettes ou des enfoncemens fur les pétales, ou fur l'ovaire; tantôt des écailles, des folioles, ou des cornets intérieurs; tantôt des glandes, des filets ou des poils; & tantôt enfin, des portions même de la corolle qui s'avancent un peu plus que d'autres.

Toutes ces parties qui n'ont aucune reffemblance, aucun rapport entr'elles, ont reçu, malgré cela, le nom vague de nectaire : il faut l'avouer, cette manière de trancher d'un mot la difficulté, eſt très-commode pour l'Auteur qui fait un ſyſtème : mais dans quel embarras ne jette-t-elle pas ceux qui, d'après de pareilles notions, entreprennent d'étudier la Nature !

En effet, on trouve ſouvent pluſieurs de ces nectaires, très-différens, réunis dans la même fleur ; & alors comment déterminer lequel doit conſerver ſon nom aux dépens des autres !

C'eſt ainſi que le prolongement en forme d'éperon, que l'on obſerve derrière les fleurs de violette, de capucine, &c. conſerve ſans difficulté le nom de nectaire, tandis qu'on le refuſe à un pareil éperon dans les orchis, pour l'accorder au pétale inférieur de leur corolle.

Les diviſions, ſoit de la corolle, ſoit du calice, ſont encore ſi mal déterminées, qu'on ne ſait très-ſouvent ſi l'on doit regarder ces enveloppes comme étant d'une ſeule ou de pluſieurs pièces dans telle ou telle plante que l'on obſerve. La corolle des mauves eſt monopétale ſelon M. de Tournefort, & polypétale ſelon M. Linné. D'un autre côté, ces deux Auteurs s'accordent à regarder la corolle de la tulipe & celle du lys, comme composées de six pétales très-distincts; & ces corolles sont démontrées au Jardin royal, comme n'étant qu'un calice monophyle à six divisions.

Il seroit trop long de rapporter toutes les déterminations embarrassantes des noms que l'on a donnés aux différentes parties des plantes; mais ce n'est point assez d'avoir montré l'incertitude & l'obscurité répandues de toutes parts sur ces premières notions faites pour éclairer l'entrée de la Botanique. Nous allons voir les difficultés se multiplier à mesure que nous pénétrerons plus avant dans cette science. C'est ce qui fera la matière d'une discussion importante sur la formation vicieuse des genres & des familles par les Botanistes, & sur le peu de soin qu'ils ont pris de distinguer entre le caractère constant qui détermine l'espèce, & la nuance locale qui donne la simple variété.

ARTICLE II.

Des Familles, des Genres, des Espèces & des Variétés

IL y a des plantes qui diffèrent entièrement & dans toutes leurs parties ; il y en a
d'autres qui diffèrent seulement dans beaucoup
de leurs parties : d'autres ensuite ne diffèrent
que dans quelques-unes de leurs parties ; &
enfin il y en a qui ne diffèrent absolument
dans aucunes de leurs parties.

Voilà ce qui est bien certain & bien connu ;
mais en rapprochant les plantes en raison de
leurs ressemblances, & en les éloignant à
mesure qu'elles diffèrent, peut-on former des
groupes particuliers séparés par des limites
bien marquées & bien circonscrites ! Peut-on
après cela diviser, & même sous-diviser, ces
groupes considérables, & en former d'autres
moins composés, mais toujours déterminés
par des caractères saillans, sans rompre aucun
rapport essentiel ! En un mot, existe-t-il bien
réellement des familles que l'on puisse isoler
les unes des autres ! existe-t-il des genres
dont les limites ne soient jamais confondues !

Enfin

Enfin peut-on diftinguer fans équivoque, les efpèces, des variétés, & celles-ci des individus !

Ce font-là fans doute les problèmes les plus intéreffans de la Botanique ; mais il y a beaucoup d'apparence qu'on ne pourra de long-temps en trouver la folution affirmative.

On a cependant agi comme fi ces queftion n'exiftoient point, ou n'étoient point propofables ; on a regardé comme certain, ce qu pouvoit à peine être fuppofé ; & en conféquence on a effayé de former des familles du premier ordre, auxquelles on a donné le nom de genre : on s'eft enfuite retourné de mille manières pour faire avec les genres des familles du fecond ordre, que l'on a nommées *familles naturelles ;* on a même été jufqu'au point de vouloir réunir plufieurs de ces prétendues familles, pour former des claffes, c'eft-à-dire des divifions générales que l'on regardoit auffi comme naturelles ; mais la Nature qui ne fe plie nulle part à ces règles que l'on prétend établir fur la marche de fes productions, forme tantôt des interruptions fubites ou des retours frappans dans fes rapports, tantòt des nuances imperceptibles qui refufent toute efpèce de divifion : la Nature en un mot rejette les claffes & les familles, & contrarie prefque par-tout les genres même les moins compofés.

Les loix qui conftituent ces familles & ces genres, font fans ceffe fujettes à des exceptions deftructives *(b)*; à mefure que l'on examine plus attentivement, on eft forcé de former de nouveaux genres aux dépens de ceux que l'on avoit formés d'abord; réduction qui deviendra de jour en jour plus néceffaire à mefure que les obfervations fe multiplieront, ou que nous découvrirons de nouvelles plantes dont les caractères mi-partis mettront des entraves à toutes nos règles; & nous finirons, fans doute, par n'avoir dans chaque genre qu'une feule efpèce, multipliée fouvent en autant de variétés que d'individus *(c)*.

(b) L'*alyffon fpinofum*, le *chicus eryfithales*, l'*arctium carduelis*, l'*æfculus pavia*, le *peplis tetrandra*, le *convallaria bifolia*, le *linum radiola*, le *torilylium authrifcus*, &c. &c. n'ont pas le caractère de leur genre.

(c) Des obfervations nouvelles ont engagé M. Linné à retirer du genre des plantains, le *littorella lacuftris*; de celui

Je fais combien ces principes s'éloignent des idées reçues, & même combien de noms illuftres on pourroit m'oppofer. Mais fi les autorités doivent être appréciées plutôt que comptées, quel avantage n'eft - ce pas pour moi de pouvoir citer en ma faveur un témoignage d'un auffi grand poids que celui de M. de Buffon ! Voici comme il s'exprime en parlant des différens fyftèmes imaginés par les Naturaliftes.

« Prenons pour exemple la Botanique, cette belle partie de l'Hiftoire Naturelle, qui « par fon utilité a mérité de tout temps d'être « la plus cultivée ; & rappelons à l'examen « les principes de toutes les méthodes que « les Botaniftes nous ont données ; nous ver- « rons avec quelque furprife qu'ils ont eu « tous en vue de comprendre dans leurs mé- «

---

de l'*actæa*, le *cimicifuga fœtida* ; de celui du *campanula*, le *canarina campanula* ; de celui du *gentiana*, le *chlora perfoliata* ; de celui du *glycine*, l'*abrus precatorius*, &c. S'il redoubloit encore d'attention, peut-être retrancheroit-il de leur genre l'*æfculus pavia*, le *valeriana fibirica*, le *gratiola monnieria*, l'*adonis capenfis*, le *gentiana heteroclita*, le *barleria prionitis*, & tant d'autres qui refufent de fe foumettre aux loix de leur claffe, de leur feftion & de leur genre.

b ij

» thodes généralement toutes les efpèces de
» plantes, & qu'aucun d'eux n'a parfaitement
» réuffi ; il fe trouve toujours dans chacune
» de ces méthodes un certain nombre de
» plantes anomales dont l'efpèce eft moyenne
» entre deux genres, & fur laquelle il ne
» leur a pas été poffible de prononcer jufte,
» parce qu'il n'y a pas plus de raifon de rap-
» porter cette efpèce à l'un plutôt qu'à l'autre
» de ces deux genres : en effet, fe propofer
» de faire une méthode parfaite, c'eft fe
» propofer un travail impoffible ; il faudroit
» un ouvrage qui repréfentât exactement tous
» ceux de la Nature ; & au contraire, tous
» les jours il arrive qu'avec toutes les mé-
» thodes connues, & avec tous les fecours
» qu'on peut tirer de la Botanique la plus
» éclairée, on trouve des efpèces qui ne
» peuvent fe rapporter à aucun des genres
» compris dans ces méthodes, &c. *(d).* »

Il eût été cependant bien avantageux pour
faciliter l'étude de la Botanique, d'avoir des
genres bien faits & déterminés par des carac-

(d) Hift. Nat. I.ᵉʳ Difcours, *page 18 & fuiv.*

tères certains & à l'abri de toute équivoque, afin de n'être pas obligé de donner à chaque plante un nom particulier, ce qui surchargeroit infiniment la mémoire ; & afin de faciliter l'analyse, qui me paroît être le seul moyen que l'on puisse employer pour parvenir à la connoissance d'une plante ou de tout autre objet appartenant à l'Histoire Naturelle. Mais il falloit pour cela regarder ces genres comme artificiels, & n'avoir aucun égard aux rapports des plantes en les formant ; car on sait que l'on peut souvent rapprocher un très-grand nombre de plantes par des rapports assez marqués, sans pouvoir les circonscrire par des caractères déterminés & tranchans.

Malheureusement les choses, même encore à présent, sont vues sous un aspect tout-à-fait différent. La formation des genres par les Botanistes modernes doit être plutôt regardée comme une recherche sur les rapports des plantes, que comme un moyen de les connoître & de les indiquer sans erreur.

De pareils genres ne peuvent être qu'infiniment arbitraires, parce que la Nature, comme je l'ai observé, marche tantôt par des rapports

ſi extraordinaires, que l'on déſeſpère de pouvoir lier enſemble les individus que l'on veut
comparer en vertu de ces rapports, & tantôt
par des nuances ſi délicates de variétés, qu'il
paroît impoſſible de les ſaiſir ; d'où il arrive
qu'au milieu de cette multitude de points
communs & de routes qui ſemblent ſe fuir,
on ne trouve ſans ceſſe qu'incertitudes & difficultés ; & on ne ſait pour l'ordinaire à quel
genre rapporter telle ou telle plante que l'on
obſerve. Auſſi comme chaque Auteur place
cette plante à ſon gré, ou en raiſon du ſyſtème qu'il a formé, quelle confuſion ne
voit-on pas naître de tant de principes différens qui la font voltiger ſans ceſſe de genre
en genre, lui donnant chaque fois un nouveau nom, & qui finiſſent très-ſouvent par lui
conſtituer un genre propre à elle ſeule (e)!

Qui ignore les révolutions nombreuſes que
la plupart des ombellifères ont éprouvées de la
part des Auteurs qui ont écrit ſur les plantes?
On pourroit preſque compter le nombre des
ſynonymes de chacune d'elles, par celui des

____

(e) Parmi les douze cents vingt-huit genres qu'a formés
M. Linné, il s'en trouve quatre cents qui ne renferment qu'une
ſeule eſpèce.

Botanistes qui ont fait des systêmes. Le *siler alterum pratense* de Dodonée, a été rangé parmi les *seseli* par G. Bauhin, replacé ensuite avec les angéliques par M. de Tournefort, & réuni après cela au *peucedanum* par M. Linné; mais comme ses semences n'ont pas tout-à-fait le caractère du *peucedanum*, des Botanistes plus modernes en font un *ligusticum*, d'où peut-être d'autres le retireront encore pour le replace railleurs. Le *daucus montanus apii folio major* de Bauhin, est nommé *cervaria* par Rivin, *oreoselinum* par Tournefort, *athamanta* par le Chevalier Linné, & M. Scopoli le rapporte au *selinum*.

Les plantes ombellifères ne sont pas les seules qui fournissent des exemples de ces transports multipliés, & de la mauvaise déterminaison des genres.

En effet, la plupart des composées sont dans le même cas; les *cnicus, carduus, serratula, carthamus, atractylis*, &c. sont fort mal distingués les uns des autres. On aura souvent de la peine à saisir la différence qui fait que le *serratula arvensis* n'est point un *carduus*, puisque le calice alongé du *carduus*

pycnocephalus, du *carduus crifpus*, &c. ne les
a pas fait rapporter au *ferratula*. On ne fait
fur - tout pourquoi le *carduus ferratuloides*
n'eft point un *ferratula*, ainfi que tant d'autres
dont le calice un peu alongé n'eft prefque
point épineux. On pourra auffi prendre le
carduus Syriacus, le *C. ftellatus*, le *C. eriophorus*,
& bien d'autres pour des *cnicus*, tandis que
le *cnicus eryfithales* fort du caraclère de fon
genre : enfin beaucoup d'efpèces de *centaurea*
feront pareillement confondues avec les *carthamus, cnicus*, &c. non pas par les Botaniftes
que l'ufage de fe communiquer entr'eux, a
mis au fait des conventions reçues, mais par
ceux qui fe trouvant réduits à confulter les
règles même, n'auront pas occafion d'être
avertis des exceptions nombreufes auxquelles
elles font fujettes.

J'aurois pu, pour prouver ce que je viens
de dire, faire un très-grand nombre de
citations, fur-tout fi j'avois voulu rappeler
les limites incertaines & trop fouvent violées
des genres qui comprennent les plantes à
demi-fleurons, tels que font ceux des *hieracium, crepis, fonchus, lacluca, fcorzonera*, &c,

tels encore ceux des *alyſſon, draba, cochlearia, lepidium, thlaſpi,* &c. tels enfin ceux de beaucoup de labiées, graminées, &c. &c. Mais ce que j'ai dit eſt plus que ſuffiſant pour faire voir combien l'idée de conſerver des rapports a gêné les Botaniſtes dans la formation des genres, & combien l'opiniâtreté avec laquelle ils ont tout ſacrifié à ce préjugé, jette d'irrégularités dans leurs principes, & porte atteinte à la ſtabilité de leurs règles, qui ſe perd dans la multitude des exceptions: ils n'ont pas ſenti qu'il y auroit eu bien moins d'inconvénient à ſe mettre peu en peine des rapports, pour former des loix ſaillantes, des diviſions nettes & circonſcrites, démenties à la vérité par la marche libre & infiniment variée de la Nature, mais bien plus propres à nous conduire avec certitude à la connoiſſance de chaque individu.

Il me ſera facile de montrer que tout ce que je viens de dire à l'égard des familles & des genres, a auſſi parfaitement lieu pour les eſpèces, & que l'étude de la Botanique à cet égard eſt encore embarraſſée de mille incertitudes & de difficultés inſurmontables;

car, au lieu de chercher à diftinguer les efpèces
par des caractères tranchans, toujours confir-
més par la conftance dans la reproduction,
& fans jamais employer le plus ou le moins,
prefque tous les Botaniftes à préfent multi-
plient infiniment les efpèces aux dépens de
leurs variétés ; ils ne connoiffent plus de
bornes à ce defir de créer de nouveaux êtres ;
la moindre nuance dans la grandeur, dans
la couleur ou dans la confiftance de deux
individus, leur fuffit pour former deux efpèces
particulières. Ils ne font pas attention que les
femences d'une même plante portées dans
deux endroits différens, expofées & cultivées
dans des circonftances tout-à-fait contraires,
produiront néceffairement, au bout de quelques années, deux plantes qui diffèreront
beaucoup par leur afpect extérieur ; c'eft-à-
dire que l'une pourra être vigoureufe, fucculente, d'un vert plus foncé, plus garnie dans
toutes fes parties, &c. tandis que l'autre fera
maigre, dure, blanchâtre, moins élevée, quelquefois même un peu penchée, moins glabre
& moins garnie de feuilles ou de fleurs ; mais ce
fera toujours du plus ou du moins, & les

caractères ne feront point vraiment tranchans.
Cependant fi l'on fait de ces deux plantes
deux efpèces différentes, & qu'on les place
comme telles dans le catalogue des efpèces
de leur genre, que va devenir la Botanique
fondée fur de pareils principes! quel cahos,
& comment fe reconnoître! fur-tout fi, à
l'exemple de M. de Tournefort, on entame
une fois les variétés des anémones, des tulipes,
des narciffes, des oreilles-d'ours, des pom-
miers & poiriers, &c. &c. nous verrons
continuellement naître & difparoître tour-à-
tour des milliers d'efpèces qui jetteront de la
confufion dans nos connoiffances, & rendront
nos travaux beaucoup plus pénibles, fans que
nous puiffions efpérer d'en recueillir aucun
fruit.

En effet, les deux plantes dont je parlois
dans l'inftant, cultivées par la fuite dans un
même jardin pour l'ufage des démonftrations,
partageront alors des circonftances à-peu-près
femblables dans leur culture, leur expofition, &c. Ainfi leurs différences difparoîtront
infenfiblement, & nos catalogues feuls con-
ferveront une efpèce que la Nature auroit

perdue, fi elle n'eût été plutôt notre ouvrage que le fien.

Il eft donc conftant, par tout ce que je viens de dire, que quoique les travaux des Naturaliftes modernes aient doublé & même triplé la collection des plantes obfervées juf-qu'à ce jour, & que leurs obfervations aient prodigieufement enrichi cette partie de l'Hiftoire Naturelle; avec tout cela le peu d'efforts qu'ils ont faits pour faciliter la connoiffance de leurs découvertes; la foibleffe & l'infuffifance des moyens qu'ils ont employés pour donner de la ftabilité aux principes qu'ils ont admis; la mauvaife déterminaifon des caractères génériques & fpécifiques, & en un mot les fyftèmes nombreux tous plus ingénieux qu'utiles, confirment parfaitement ce que j'avois annoncé fur les obftacles infurmontables que l'on trouve à chaque pas dans l'étude d'une fcience auffi importante.

D'ailleurs les fyftèmes ou les méthodes artificielles, qui devroient toujours nous conduire par une voie également aifée & certaine à la dénomination des plantes que nous cherchons à connoître ou à nous rap-

peler, font, outre leur infuffifance, fi difficiles à faifir & à concevoir, que l'on ne peut
guère parvenir à en avoir la clef fans s'être
rompu dans l'habitude d'obferver les plantes,
& par conféquent fans en connoître déjà un
grand nombre. De-là il arrive que la plupart
de ceux qui étudient les fyftèmes fe bornent à
les vérifier fur les individus qu'ils connoiffent
déjà, ou s'expofent à tomber dans des méprifes
groffières, & ne tirent d'autre fruit de ces
recherches fcientifiques dans lefquelles ils s'en-
gagent, que de s'égarer avec plus de confiance.

Ainfi cette étude précieufe, appliquée autrefois avec tant de fuccès au profit de l'é-
conomie animale par des hommes célèbres, à
qui, fans le fecours des méthodes & des fyftèmes, un coup d'œil très-exercé & des obfervations exactes fuffifoient au milieu du petit
nombre d'individus connus alors, cette étude,
dis-je, devenue immenfe de nos jours, n'eft
prefque plus compatible avec tant d'autres
objets indifpenfables auxquels s'étend l'art de
guérir. L'impoffibilité de fe rendre habile en
peu de temps, étouffe l'ardeur de s'inftruire,
retarde les progrès de la fcience, & nous

prive de mille tentatives heureuſes, de mille découvertes intéreſſantes auxquelles des connoiſſances plus certaines, plus faciles à acquérir, plus généralement répandues ne manqueroient pas de donner naiſſance. La difficulté des ſyſtèmes épaiſſit le voile qui nous cache les ſecrets de la Nature, & l'étude approfondie de la Botanique, n'eſt plus que le partage d'un petit nombre de Naturaliſtes, que leur aiſance met à portée de ſe livrer tout entiers à une inclination louable, à la vérité, mais ſtérile pour le bien de l'humanité, & qui preſque toujours annonce plutôt l'amateur qui cherche à occuper ſon loiſir, que le citoyen jaloux de ſe rendre utile.

SECONDE PARTIE.

De l'inſuffiſance des moyens que l'on a employés pour faciliter l'étude de la Botanique.

LA Botanique ne conſiſte pas, comme bien des gens ſe l'imaginent, dans l'habitude de conſidérer telle ou telle plante, & d'appliquer à l'idée qu'on ſe forme de ſon port un

nom quelconque, indiqué par une étiquette
ou par un Profeſſeur. Cette façon d'étudier
les plantes, qui eſt peut-être la plus commune, pourroit ſuffire juſqu'à un certain
point, ſi le règne végétal ſe trouvoit réduit
à un nombre borné d'individus qui euſſent
entr'eux des différences tranchantes. Mais la
prodigieuſe quantité des plantes, les reſſemblances fréquentes d'une eſpèce avec l'autre
dans le port extérieur & le plus grand nombre
des parties, compliquent extrêmement le
travail de l'Obſervateur obligé de repaſſer
ſans ceſſe ſur les mêmes traces, pour ſe fami-
liariſer avec les objets, & expoſent l'œil
même le plus exercé, à des erreurs ſouvent
inévitables. Et quels dangers ne réſulteront
pas d'une pareille étude, ſi, d'après des
connoiſſances ſi vagues, on oſe faire uſage
des vertus des plantes! Que n'aura-t-on pas
à craindre de ces mépriſes, peut-être plus
ordinaires qu'on ne le penſe, & dont le
moindre inconvénient eſt d'être indifférentes,
& de laiſſer ſubſiſter dans toute leur violence
des maux qui exigent ſouvent les ſecours les
plus prompts & les plus actifs!

Les vrais principes de la Botanique con-
fiſtent donc dans l'étude approfondie des
caractères conſtans qui diſtinguent les plantes
les unes des autres, dans l'obſervation exacte
de tout ce qu'elles ont de commun & de
particulier, & dans la recherche de tout ce
qu'elles offrent d'intéreſſant pour l'Hiſtoire
Naturelle ou la Médecine.

On a ſenti que pour remplir ces différentes
vues, pour ſuppléer aux bornes trop reſſer-
rées de la mémoire, ſe reconnoître au milieu
de la multitude immenſe des végétaux, &
être plus à portée de tranſmettre aux généra-
tions futures le dépôt précieux des connoiſſances acquiſes en ce genre, il falloit un ordre
général, une diſtribution méthodique, où le
tableau particulier de chaque individu eût une
place marquée & facile à retrouver, d'après
l'inſpection même de l'individu. Or ce ſont
les tentatives faites par les Botaniſtes pour
exécuter ce vaſte projet, que j'entreprends
ici de ſoumettre à l'examen, & dont j'eſpère
démontrer le peu de ſuccès relativement à
l'objet qu'ils ſe ſont propoſé.

ARTICLE

ARTICLE PREMIER.

Des différens arrangemens qui ont été imaginés pour faire connoître les Plantes.

Le besoin fut, pour ainsi dire, le premier guide qui conduisit l'homme à la connoissance du règne végétal. Les alimens que les plantes lui offrirent, les remèdes que des essais heureux lui découvrirent dans plusieurs d'entr'elles, les lui firent regarder avec plus ou moins d'intérêt à raison de l'utilité plus ou moins marquée qu'il retiroit de chacune. Il les nomma d'après leurs vertus ou propriétés, & ramenant de même à son propre avantage la division qu'il en fit, il les distribua selon les différens services qu'elles lui rendoient, & les divers genres de maladie contre lesquels elles lui offroient des ressources; en sorte que les premiers ouvrages sur cette matière furent proprement des Traités de Botanique usuelle.

On remarqua ensuite que certaines plantes affectionnoient des climats particuliers; que dans le même climat, les lieux aquatiques, les terreins secs ou montagneux, les bois & les

Tome I. c

champs préfentoient chacun une fcène à part, qui fe renouveloit à peu-près d'une faifon à l'autre. Quelques Obfervateurs diftribuèrent les plantes d'après ce point de vue général de la Nature, & leurs Traités furent comme l'hiftoire de leurs voyages.

On fentit dans la fuite, que ni les propriétés des plantes, qui ne fe manifeftent en quelque forte que par la deftruction même de l'individu, ni des circonftances purement locales ne pouvoient fournir aucune diftribution exacte & méthodique. On imagina donc des divifions fondées fur ce que les plantes préfentoient de plus frappant aux yeux, fur leur grandeur, leur confiftance, leur durée. On employa la confidération des racines, des tiges, des feuilles, quelquefois même celle de la fleur & du fruit. Ces ébauches, d'abord très-imparfaites, fe perfectionnèrent peu-à-peu, & préparèrent, comme par degrés, l'heureufe révolution qui s'eft faite depuis environ un fiècle dans la Botanique.

C'eft alors que des hommes célèbres, convaincus de l'infuffifance de tous les caractères

employés par ceux qui les avoient précédés,
tournèrent toute leur attention du côté des
parties de la fructification, & crurent même
apercevoir l'indication de la Nature dans l'importance de ces organes destinés à la reproduction
des individus. Ils rassemblèrent les différentes
plantes qui leur parurent avoir plusieurs de
ces caractères communs entr'elles, & formèrent,
comme je l'ai déjà dit, de petites familles
détachées, connues sous le nom de *genres*. La
moindre différence qui parut constante dans
les plantes qui composoient un genre servit
à former les espèces, & les différences acci-
dentelles & peu constantes firent ou du moins
dûrent faire les variétés.

Mais ce travail plus ou moins heureuse-
ment exécuté ne suffisoit pas; la multiplicité
des genres exigeoit à son tour un arrangement & une distribution particulière qui pût
nous conduire plus facilement jusqu'à chacun
d'eux. Aussi en rassembla-t-on plusieurs dont
on forma des grouppes qui furent nommés
ordres, *sections*, ou, selon d'autres, *familles
naturelles*. Enfin on crut devoir encore réunir
les ordres & les sections, & on en composa

des divisions plus générales auxquelles on donna le nom de *claffes*.

L'enfemble ou la totalité des claffes reçut la dénomination de *fyftème* ou de *méthode*, felon la nature des principes conftitutifs pofés par les Auteurs qui fe font occupés de ce travail. Et tel a été le dernier réfultat des efforts que l'on a faits de fiècle en fiècle pour faciliter l'étude & la connoiffance des plantes. C'eft auffi à ce point de vue que je m'arrête, pour effayer de faire voir combien il nous laiffe encore de chofes à defirer, & combien les mains favantes, qui fe font efforcé de pofer la borne de nos progrès en ce genre, font reftées en-deçà du terme où il eût été poffible d'arriver.

A R T I C L E I I.

Des fyftèmes & des méthodes.

Un fyftème, en Botanique, eft, felon l'acception commune, un arrangement, un ordre général, fondé par-tout fur les mêmes principes. Il réfulte de cette définition, que dans un fyftème, on ne doit faire ufage que d'une feule partie, quelle qu'elle foit, ou du moins d'un très-petit nombre de parties qui aient entr'elles une analogie marquée. Ainfi un ordre fondé uniquement fur la confidé-ration du fruit, ou des organes fexuels, ou de la corolle, ou même des feuilles, doit être regardé comme un fyftème.

Une méthode, au contraire, eft un arran-gement fondé fur des principes moins fixes, moins déterminés, & dont on peut s'écarter toutes les fois que cela eft néceffaire ou avantageux pour remplir l'objet que l'on fe propofe.

Or il eft aifé de s'apercevoir qu'un fyftème, qui fourniroit affez de divifions pour conduire par une voie également fûre & facile à la connoiffance de toutes les plantes dont il renfermeroit la defcription, mériteroit d'être préféré à une méthode, quelque bien faite que celle-ci pût être. Car un pareil fyftème auroit fur la méthode l'avantage important d'offrir des vues générales, ramenées toutes au principe fondámental comme à leur centre commun, & qu'il feroit aifé de faifir & de graver dans fa mémoire : au lieu qu'une méthode que l'on suppose s'écarter souvent des principes sur lesquels elle est établie, c'est-à-dire, faire usage de caractères pris dans toutes sortes de parties différentes, pourroit, à la vérité, conduire avec sûreté jusqu'à la plante que l'on cherche à connoître, mais ne présenteroit à l'esprit qu'un ensemble mal lié, que des divisions disparates & peu propres à être retenues par cœur.

Il reste maintenant à examiner s'il est possible de faire un système qui remplisse véritablement son objet. Or je me suis convaincu par les différentes tentatives que j'ai faites, & plus encore par des réflexions qui me paroissent décisives & sans replique, qu'une pareille entreprise est absolument impraticable, & sera toujours l'écueil des talens même les plus décidés.

Premièrement, il est certain qu'aucun des caractères que l'on pourroit choisir pour être la base du système, n'est assez fécond pour fournir seul un nombre suffisant de divisions, avantage qu'il est cependant très-important de se procurer, pour n'avoir point à choisir dans chaque division entre une trop grande multitude d'objets à la fois, Mais en second lieu, il eft facile de démontrer que tous les caractères, dans quelque partie qu'on les prenne, font fufceptibles de varier ou d'être conftans, felon les plantes dans lefquelles on les obferve : c'eft ce qui fait, pour le dire en paffant, que les principes qui établiffent des caractères du premier, du fecond ou du troifième ordre, font fi fouvent démentis par la Nature. Mais je m'arrête à une confidé-ration plus générale ; & je vais effayer de montrer par plufieurs exemples, qu'il ne peut y avoir aucun fyftème dont le fondement ne foit ruineux.

Suppofons d'abord que l'on veuille former un ordre général d'après la confidération unique du calice ; il fe trouvera que cette partie eft d'une forme très-avantageufe dans les mauves & beaucoup d'autres efpèces de plantes. Mais bientôt le caractère deviendra inconftant, équivoque, ou même s'évanouira dans prefque toutes les ombellifères, les va-lérianes, les protées, &c.

La même difficulté a lieu pour la corolla prife féparément ; on fait l'inconftance de cette partie dans le *peplis,* le *fagina,* le *farothra,*

quelques efpèces de *lepidium*, &c. quoiqu'elle
foit très-fixe & très-confiante dans mille autres
plantes qui en font ornées. Les étamines &
les piftils, employés dans la même vue, ne
réuffiront pas mieux. Rien de plus incertain
que le nombre des premières dans l'*alfine*,
le *blitum*, quelques efpèces de *gallium*, le
laurier, l'*euphorbia*, &c. & des feconds,
dans les *fedum*, le *pœnia*, l'*helleborus*, le
polygonum, &c. En vain fe flatteroit-on de
tirer un meilleur parti du fruit ; outre qu'une
diftribution fondée uniquement fur la confidération de cet organe tardif feroit très-in-
commode, & tiendroit trop long-temps
l'Obfervateur en fufpens ; elle offriroit de
plus des exceptions & des variations perpétuelles, & le *campanula*, le *gentiana*, le
valeriana, le *clufia*, &c. prendroient à chaque
inftant, le fyftème en défaut par le nombre
inconftant des loges qui renferment les femences, & par les circonftances fréquentes
qui modifient la figure des femences elles-
mêmes.

Le fyftème fexuel fait le plus grand honneur
à la fagacité & au génie de fon illuftre Auteur.

Quelle adresse à profiter en même-temps du nombre, de la position & de la grandeur respective des étamines, pour multiplier les divisions sans s'écarter du principe ! quel heureux rapprochement ménagé entre les classes & les ordres par le rapport intime qui se trouve entre les étamines, d'où se tirent les premières, & les pistils qui déterminent la plupart des seconds ! quelle subordination dans les parties qui fournissent les caractères des divisions inférieures ! quelle attention à n'employer, autant qu'il est possible, que des parties qui existent toutes à la fois dans la plante, & cela dans la circonstance où elle offre aux yeux le point le plus flatteur & le plus intéressant de son développement ! voilà ce qui séduit au premier examen. Mais que l'on parcoure un jardin de Botanique, le système à la main, on sentira bientôt combien il perd dans l'application, & ces principes, dont on avoit d'abord admiré la fécondité, décèleront par-tout leur insuffisance, dès qu'on les rapprochera du plan immense & merveilleusement gradué, sur lequel la Nature a travaillé.

On ne doit point reprocher à cet Ouvrage, les féparations extraordinaires de beaucoup de genres, dont les rapports font très-prochains, comme ceux du *chenopodium* & de l'*atriplex*, du *poterium* & du *fanguiforba*, de la moitié des liliacées, & de la plupart des graminées. La réunion des rapports n'eft point fon objet; ce n'eft point un ordre naturel, & l'Auteur ne l'a jamais donné pour tel. Bornons-nous donc à le confidérer comme un moyen artificiel, deftiné à nous faire connoître, d'une manière fûre & facile, toutes les efpèces de plantes auxquelles il s'étend.

Sans parler de mille exceptions auxquelles les Tables du *Syftema Naturæ* ne fuppléent point d'une manière fuffifante, la didynamie angiofpermie contient un nombre confidérable de genres, dans lefquels la différence de grandeur entre les étamines eft fouvent in-fenfible, & les plantes qui appartiennent à ces genres, font alors vainement cherchées dans la tetrandrie. Beaucoup de plantes de la tetradynamie font dans le même cas, & feroient par erreur rapportées à l'hexandrie.

La monadelphie & la diadelphie font encore

deux sources perpétuelles de méprises. Une infinité de genres compris dans ces deux classes, ont les étamines libres, ou si elles sont réunies, c'est avec une nuance si délicate, que l'on est souvent embarrassé pour fixer le point auquel doit commencer ou finir la réunion. Tel est le cas de beaucoup de *geranium*, de l'*hermannia*, & de tant d'autres plantes qne l'on négligera de rapporter à la monadephie , tandis que l'on y cherchera par erreur plusieurs liliacées, telles que le *fritillaria imperialis*, le *galanthus*, &c. ainsi que beaucoup de pentandriques.

La réunion des anthères est certainement aussi marquée dans plusieurs *solanum*, dans le *dodecatheon*, le *cyclamen*, le *primula*, &c. que dans le *viola* & l'*impatiens*, qui font partie de la syngénésie. Plus de la moitié des légumineuses s'accordent fort mal avec le titre de la diadelphie ; & enfin la monæcie, la diæcie & la polygamie fournissent une infinité de doubles emplois qui ne font point indiqués.

Je suppose en effet que j'examine les fleurs d'un pied hermaphrodite du *panax*, du *nyssa*, du *aiospyros*, &c. il est certain que si je n'ai pas en même temps occaſion d'obſerver le pied qui porte des fleurs uniſexuelles ou mélangées, l'idée ne me viendra pas de faire mes recherches dans la polygamie. Je m'efforcerai au contraire de trouver ma plante dans la pentandrie, l'octandrie ou la décandrie. Si d'un autre côté cette même plante ne portoit que des fleurs toutes mâles ou toutes femelles, la privation de l'autre individu m'empêcheroit de me déterminer entre la polygamie & la diœcie ; & enfin quand je devinerois qu'elle doit être placée dans la diœcie, ſi c'eſt un individu femelle, je ſerai encore arrêté ſans pouvoir fixer la ſection qui eſt fondée ſur le nombre des étamines.

Combien d'ailleurs de plantes, ſoit dioiques, ſoit polygamiques, dont les fleurs mâles ne ſont priſes pour telles que parce que très-ſouvent leur fruit avorte, mais qui ont néanmoins des piſtils très-ſenſibles !

Mais quand même on ſeroit parvenu à déterminer la claſſe à laquelle appartient une plante que l'on a deſſein de connoître, il ſe préſente ſouvent dans la recherche de l'ordre ou dans celle du genre, de nouvelles difficultés qui tiennnent encore à la nature foncièrement vicieuse du fyſtème.

Imaginons, par exemple, qu'ayant cueilli un pied du *folanum dulcamara*, j'aie recours au fyſtème pour trouver le nom de ma plante; le premier travail qu'exige cette recherche eſt un choix à faire fur vingt-quatre diviſions préſentées toutes à la fois ; & en ſuppoſant que la réunion des étamines ne m'égare pas, je me déciderai pour la pentandrie : trouvant enfuite un ſecond choix à faire fur fix autres diviſions préſentées également à la fois, l'inſpeƈtion du ſtyle ſolitaire me conduira, ſi l'on veut, fans difficulté à la monogynie.

Mais ici le fyſtème nous tranſporte tout-à-coup au milieu de cent trente genres, parmi leſquels il faut pour ainfi dire deviner quel eſt celui qui convient à notre plante. Il eſt vrai que le célèbre Auteur de cet ouvrage a fait imprimer ailleurs quelques ſous-diviſions particulières pour nous conduire un peu plus loin ; mais il a eu foin de ne les placer que dans des eſpèces de tables fituées à l'entrée des claſſes, afin de ne pas dégrader fon fyſtème

qui, quoique plus utile, se seroit alors rap-
proché de la méthode, puisque les caractères
de ces sous-divisions sont empruntés de toutes
sortes de parties.

Il est cependant bien singulier de pouvoir
dire que le système sexuel soit encore, malgré
ses défauts, très-supérieur à tant de méthodes
que l'on a imaginées jusqu'ici, quoique les
Auteurs de ces dernières eussent bien plus
de ressources pour parvenir à leur but, puisqu'ils n'étoient point gênés par l'unité de
principe, & que la facilité de multiplier &
de varier à leur gré les données, devoit
naturellement les conduire à des solutions
plus complètes.

Il ne sera pas difficile de remonter à la
cause qui a gâté & altéré toutes les méthodes,
si l'on considère en premier lieu, que les
Botanistes, qui se sont appliqués à cette espèce
de travail, au lieu de tendre uniquement &
directement à leur but, ont été arrêtés par
des considérations qui leur devenoient tout-à-
fait étrangères. En effet, ils ont tous aspiré
à l'honneur du système, & se sont gênés sur
le choix des moyens, dans la crainte de ne

point affez fimplifier les principes fur lefquels ils établiffoient leurs méthodes. En confé-quence, ils ont fait le moins de divifions qu'il leur a été poffible, & ont mieux aimé les appuyer fur des caractères équivoques, que d'en emprunter de toutes les parties des plantes qui pouvoient leur en fournir d'affez marqués, ce qui eût été cependant fe rapprocher de la vraie Botanique, & multiplier les traits de reffemblance entre leur ouvrage & celui de la Nature.

Ce préjugé n'eft pas le feul, dont les méthodes aient eu à fouffrir. On fe fit une loi févère de ne point féparer les plantes qui avoient des rapports communs; comme fi le moyen, qui conduit par des divifions nombreufes jufqu'aux plantes qu'il doit in-diquer, pouvoit être un ordre naturel, & comme s'il étoit poffible de faire une feule divifion fans rompre quelque part des rapports marqués.

Il ne faut qu'ouvrir l'Ouvrage de M. de Tournefort, pour y reconnoître, fi j'ofe le dire, l'abus qu'il a fait de fon efprit, en fe retournant de mille manières, pour éviter de prétendus inconvéniens, dont il n'a pu cependant garantir sa méthode.

En effet, ce fut par le desir de conserver les rapports, que pour caractériser sa neuvième classe, il abandonna la considération de la corolle, & n'employa que celle du fruit. Il auroit pu cependant s'apercevoir que dans le peu de divisions qu'il avoit faites, il avoit déjà rompu trop d'affinités, pour tenir encore à son opinion. Car combien de plantes, dont les rapports sont très-frappans, se trouvent séparées par sa première distribution, qui met d'un côté les sous-arbrisseaux & les herbes, & de l'autre, les arbrisseaux & les arbres, quoique d'ailleurs cette distribution soit très-peu circonscrite, & devienne embarrassante dans bien des cas, lorsqu'on arrive à la nuance par laquelle les tiges ligneuses semblent se confondre avec les tiges herbacées! En un mot, pouvoit-il ignorer que les titres de sa première & seconde classes, le forçoient de séparer le *convolvulus* du *quamoclit*, le *gentiana* du *centaurium minus*, &c. sans qu'il eût cependant pourvu à la sûreté du principe & à la netteté de ces deux divisions,

puisqu'elles

puifqu'elles renferment le *veronica*, l'*hyofcyamus*, l'*echium*, &c. qui feroient vainement cherchés dans la claffe qui indique pour caractère une corolle monopétale & irrégulière ! C'eft ainfi qu'une marche gênée, & pour ainfi dire in-conféquente, défigure cette méthode fi digne d'ailleurs d'être applaudie, fur-tout fi l'on fe tranfporte à l'époque où vivoit l'Auteur, & fi l'on fait attention à l'efpace qu'il a franchi tout d'un coup, & à fes progrès rapides dans une fcience, dont il a encore plus perfectionné l'étude par fon génie, qu'étendu le règne par fes favans Voyages.

TROISIÈME PARTIE.

De la meilleure manière de voir & de travailler en Botanique.

AVANT de faire connoître la méthode que j'ai fubftituée à tous les moyens défectueux, employés jufqu'ici pour nous conduire à la connoiffance des plantes, je crois qu'il eft effentiel de fixer le véritable point de vue, fous lequel la Botanique doit être envifagée,

Tome I.   *d*

& d'examiner les reſſources que la Nature nous offre pour la connoître relativement aux bornes de nos facultés, & la manière de tirer de ces reſſources le parti le plus avantageux.

Il me paroît d'abord évident que tout ce que l'on peut propoſer de principes ſur la matière dont il s'agit, ſe réduit à deux objets indiſpenſables.

Le premier conſiſte à fournir le moyen le plus ſûr & le plus facile pour réſoudre, dans tous les cas particuliers, ce problème général. *Étant donnée une production du règne végétal, trouver le nom que les Botaniſtes lui ont aſſigné?*

Cette découverte, en effet, nous met à portée de conſulter tous les Ouvrages qui ont été écrits ſur les Plantes, de profiter de toutes les obſervations que l'on a faites ſur l'objet particulier que nous examinons, d'en connoître les propriétés, les uſages, & même de le comparer avec les êtres du même genre, auxquels il reſſemble davantage.

Mais quelque ſatisfaiſante que fût la manière dont cette première vue eût été remplie, l'ordre & la liaiſon des idées, ſi néceſſaire

dans les Sciences, exigeroient que la Botanique
fît un pas de plus. On fent en effet qu'il
manqueroit à l'étude du règne végétal, un
afpect fous lequel on pût le confidérer dans
fon enfemble, & qui nous préfentât la fuite
des affinités que l'on a obfervées dans les
plantes, & la chaîne admirablement graduée
qu'elles paroiffent former, du moins en une
multitude d'endroits, lorfqu'on les rapproche
en raifon de ces affinités. L'ordre dont je
parle, réuniroit le double avantage de nous
montrer d'une part la Nature en grand, &
de nous donner de l'autre une idée nette de
chaque être, en nous indiquant fes rapports
avec tous les autres individus, & en le plaçant
dans un point où il recevroit & renverroit
la lumière de toutes parts.

Mais ici il fe préfente une queftion qui
me paroît de la plus grande importance.
Peut-on remplir à la fois les deux objets que
je viens de citer ! c'eft-à-dire eft-il poffible
que le moyen qui doit nous faire découvrir
les noms que les Botaniftes ont donnés aux
plantes que nous cherchons à connoître,
puiffe en même temps nous offrir la gradation

de tous les rapports particuliers qui lient les plantes entre elles ?

Pour moi, je ne balance point à me dé-cider pour la négative, & j'établis cette opinion fur deux propofitions dont il me femble que la vérité ne peut être contestée.

Premièrement on ne peut dans un ouvrage de Botanique, de quelque nature qu'il foit, nous conduire par la voie la plus courte & la plus facile à la connoiffance des plantes, dont cet Ouvrage renfermeroit les noms & les caractères, fi ce n'est à l'aide d'un nombre de divifions, proportionné à celui des plantes qui y feroient indiquées.

Suppofons, en effet, qu'un Ouvrage contienne la defcription exacte de dix mille végétaux, & que quelqu'un ayant cueilli une plante qu'il fait être l'une des dix mille, fe propofe d'en découvrir le nom, il est certain que fi l'Ouvrage n'offre aucune divifion, il faudra lire toutes les defcriptions l'une après l'autre, jufqu'à ce que l'on foit parvenu à celle de la plante obfervée, & l'on fent com-bien une pareille recherche devient pénible & ingrate dans une multitude de cas.

Mais ſi l'Ouvrage, dont je parle, contenoit deux grandes diviſions, la première attention de l'Obſervateur, feroit d'examiner les titres de ces diviſions, pour ſe déterminer en faveur de l'une ou de l'autre, d'après l'inſpection de la plante; & le choix étant fait, il feroit encore obligé de faire ſes recherches parmi cinq mille deſcriptions, au riſque de les lire toutes, ſi ſa plante ſe trouvoit la dernière. Il eſt inutile d'aller plus loin, pour faire voir que le travail, tout compenſé, s'abrégeroit à proportion que les diviſions feroient plus nombreuſes; & c'eſt ici une de ces propoſitions, dont le ſimple développement ſuffit pour les démontrer.

J'ajoute maintenant que l'on ne peut en Botanique, ni probablement dans toutes les autres parties de l'Hiſtoire Naturelle, faire une ſeule diviſion nette & tranchante, qui ne rompe quelque part des rapports très-marqués, d'où il faudra conclure qu'un ſyſtème ou une méthode qui renferme néceſſairement un certain nombre de diviſions, ne peut être un ordre naturel.

C'eſt principalement de l'obſervation que

l'on peut déduire la preuve de la proposition précédente. Or, j'ai fait des recherches sur tous les caractères possibles, & je puis assurer qu'il ne s'en est trouvé aucun qui ait soutenu l'épreuve.

La division tirée des feuilles séminales ou des cotyledons, qui paroît d'abord assez naturelle, offre cependant un grand nombre de séparations frappantes; elle écarte considérablement les *alisma* & le *sagittaria* du genre des *ranunculus* avec lequel ces plantes ont plus de rapport qu'avec les joncs & les graminées. Le *ranunculus glacialis* même se trouve alors rejeté très-loin de son genre, étant *monocotyledon*, comme j'ai eu occasion de l'observer il y a quelques années au Jardin du Roi. M. Linné indique les *melocactus* de M. de Tournefort comme *monocotyledons*, & les *opuntia* du même Auteur, comme *dicotyledons*, quoiqu'il croie devoir réunir ces plantes sous un même nom générique, tant leurs autres rapports sont sensibles. M. de Jussieu de son côté place au Jardin royal, dans la division des *monocotyledons*, l'*orobanche*, le *lathræa*, l'*utricularia* & le *pinguicula*, qu'il sépare des labiées

perſonnées pour les placer entre les fougères &
les mouſſes. Il range auſſi dans la même lignée
le genre du *menianthes* qui ſe trouve alors,
comme on voit, très-écarté de l'*hottonia*,
du *ſamolus* & du *lyſimachia*, qui ont cependant beaucoup plus de rapport avec lui que les
mouſſes & les fougères.

Que ſeroit-ce ſi la manière dont lèvent
les plantes, étoit auſſi connue des Botaniſtes
qu'elle peut l'être des Jardiniers par rapport
au petit nombre de végétaux que ces derniers
cultivent! Comment d'ailleurs être à portée
d'obſerver dans les champignons, les lichens,
les mouſſes, &c. cette première époque du
développement des germes!

Les diviſions empruntées des autres parties
de la plante, rompent encore un bien plus
grand nombre d'affinités. Veut-on, par exemple,
employer la conſidération du fruit! alors les
labiées, ainſi que les bourraches, ſeront re-
jetées fort loin des perſonnées, celles-ci
ayant leurs ſemences renfermées dans une
capſule, &c. Si l'on eſſayoit enſuite d'établir
ſes diviſions d'après la diſtinction de la baie
d'avec la capſule, on ſépareroit néceſſairement

d iv

le *folanum* du *capficum*, le *vaccinium* de l'*an-dromeda*, ainfi que beaucoup d'autres plantes qui fe trouvent d'ailleurs fi bien liées. La pofition du fruit, tantôt fupérieur & tantôt inférieur au réceptacle, détacheroit l'*agave* de l'*aloès*, diviferoit les faxifrages, &c. En un mot, le nombre des loges, la forme des femences, & tous les afpects poffibles fous lef-quels on peut confidérer le fruit, donneroient par-tout des coupes bizarres qui troubleroient l'harmonie des autres parties.

On me difpenfera, fans doute, de citer tant d'autres caractères, tels que la corolle monopétale ou polypétale qui fépare une moitié des liliacées d'avec l'autre ; la corolle régulière ou irrégulière qui divife les *geranium,* écarte l'*iberis* des crucifères, l'*echium* des bora-ginées, &c. les étamines définies ou indéfinies, qui rompent la communication entre le *po-terium* & le *fanguiforba*, entre le *fedum* & le *femper-vivum*, divifent le *cleome,* le *lithrum,* &c.

En un mot, pour que l'on pût faire une feule diftribution, fans violer la loi des rapports, il faudroit que les mêmes caractères exiftaffent tous à la fois, & exclufivement, dans les mêmes groupes de plantes. Mais comme la Nature les a au contraire mélangés, & diverfement combinés, il arrive qu'à l'endroit où les uns fe terminent, les autres ont encore un certain efpace de la chaîne à parcourir, & que l'on ne peut faifir nulle part aucun point commun de féparation.

C'eft ici, ce me femble, le nœud de la difficulté; & la difcuffion dans laquelle je viens d'entrer, doit achever de dévoiler la caufe des obftacles étonnans que les Botaniftes ont rencontrés par-tout dans la formation de leurs fyftèmes & de leurs méthodes. Ils ont tous cherché, du moins jufqu'à un certain point, à réunir les deux objets dont il s'agit ici, & fe font efforcés mal-à-propos de faifir en même temps la Nature par deux côtés différens, dont ils ne pouvoient tenir l'un, fans que l'autre leur échappât.

Je termine cet article intéreffant par une réflexion très-fimple, qui vient à l'appui de tout ce que j'ai dit précédemment. Il en eft des fyftèmes & des méthodes deftinées à nous faire connoître les noms que l'on a donnés

aux plantes, comme de ces noms eux-mêmes.
Ni les uns, ni les autres ne font dans la
Nature ; ce ne font que des moyens artificiels,
dont on eft convenu pour s'entendre : tout
eft ici l'ouvrage de l'homme. Au contraire,
un ordre fait pour nous montrer la fuite de
tous les rapports de reffemblance qui exiftent
entre les plantes, confidérées dans toutes leurs
parties, ne peut être arbitraire. Le plus ou
le moins, à cet égard, a un fondement dans
la chofe même. Pourquoi donc vouloir réunir
dans un même plan, deux objets tout-à-fait
indépendans l'un de l'autre ; fi ce n'eft que
le premier nous fert comme de degrés pour
arriver jufqu'au fecond, vers lequel il n'a
point été donné à l'efprit humain de s'élever
par un premier effor !

QUATRIÈME PARTIE.

Des moyens employés dans cet Ouvrage, pour faciliter l'étude de la Botanique.

JE me propofe dans cette dernière Partie,
de mettre le Lecteur à portée d'apprécier les
efforts que j'ai faits pour exécuter le feul

plan qui puisse, selon moi, ramener l'étude de la Botanique à ses véritables principes. Les détails dans lesquels je suis obligé d'entrer à cet égard, feront la matière de deux sections assez étendues, dont la première traitera de l'analyse, qui est le moyen que j'ai choisi pour conduire à la connoissance des plantes; & l'autre sera destinée à exposer la marche qui me paroît la plus avantageuse pour réussir dans la formation d'un ordre naturel.

ARTICLE PREMIER.

De l'analyse, ou des principes d'une méthode artificielle, dont l'objet unique est de faire connoître le nom des Plantes observées.

UNE bonne méthode en Botanique, est pour ainsi dire, un guide éclairé qui voyage par-tout avec nous, que nous pouvons consulter à chaque instant, qui plaît même d'autant plus, qu'il exige toujours des recherches de notre part, & déguise les leçons qu'il nous donne sous l'apparence flatteuse d'une découverte.

Il est certain que dans un Ouvrage de

cette nature, c'eſt à l'utilité qu'il faut principalement s'attacher, au point même de ſacrifier
tout le reſte, s'il eſt néceſſaire, à cet objet
eſſentiel. D'après cette conſidération, il me
ſemble que tout Auteur qui compoſe une
méthode, quels que ſoient les moyens qu'il
emploie d'ailleurs, doit néceſſairement partir
des deux principes ſuivans, comme de deux
loix fondamentales ſuffiſamment démontrées
par tout ce qui a été dit dans l'article précédent.

PREMIER PRINCIPE. Aucune partie
des plantes priſe à l'excluſion des autres, ne
fourniſſant ſeule aſſez de caractères pour
remplir l'objet direct d'une diſtribution quelconque; il eſt néceſſaire de faire uſage de
tous les caractères que les plantes peuvent
offrir, & d'en emprunter indiſtinctement de
toutes leurs parties, ayant ſeulement attention
de rejeter, autant qu'il ſera poſſible, ceux
dont l'obſervation ſeroit trop délicate.

SECOND PRINCIPE. Ayant reconnu qu'on
ne peut faire une ſeule diviſion qui ne rompe
quelque part des rapports très-marqués, on
doit ſe mettre parfaitement à ſon aiſe ſur cet

objet, s'occuper uniquement de la sûreté de la méthode, former des divisions tranchantes & circonscrites par des définitions à l'abri de toute équivoque, sans avoir égard aux séparations frappantes que ces divisions peuvent occasionner.

Ces principes une fois établis, il est à propos de donner une idée de la méthode que j'ai exécutée dans cet Ouvrage. Imaginons, pour plus de simplicité, qu'il n'existe dans la Nature, que les douze espèces de plantes qui suivent :

Hieracium murorum. Lin.
Anthemis cotula.
Polypodium filix mas.
Alsine media.
Salvia pratensis.
Agaricus campestris.
Pyrus communis.
Bryum murale.
Bellis perennis.
Anagallis arvensis.
Boletus luteus.
Carduus marianus.

Supposons qu'ayant observé ces plantes avec soin, je me propose d'en faire l'analyse;

je choifirai d'abord deux caractères qui s'ex-
cluent dans la même efpèce, & dont le
premier convienne à une partie de mes
plantes, & le fecond appartienne à tout le
refte. Ces deux caractères feront, par exemple,
l'exiftence bien marquée des étamines & piftils
d'une part; & de l'autre l'abfence, du moins
apparente, de ces mêmes parties. Cette première divifion me fournira deux titres que
je placerai à la tête de l'analyfe; & fi mes
caractères font bien tranchans, je verrai mes
plantes fe partager & fe ranger chacune fous
le titre auquel elle appartiendra, ce qui me
donnera deux groupes bien détachés, comme
dans l'exemple fuivant:

Fleurs dont les étamines & piftils peuvent aifément fe diftinguer.	Fleurs nulles ou dont les étamines & piftils ne peuvent fe diftinguer.
Carduus marianus.	*Polypodium filix mas.*
Hieracium murorum.	*Agaricus campeftris.*
Anagallis arvenfis.	*Boletus luteus.*
Salvia pratenfis.	*Bryum murale.*
Bellis perennis.	
Alfine media.	
Pyrus communis.	
Anthemis cotula.	

Pour ne point trop embraſſer d'objets à la fois, je reprendrai d'abord le premier membre de diviſion qui eſt compoſé de huit plantes, & je le traiterai comme j'ai fait la totalité des douze plantes, à l'aide de deux nouveaux caractères tirés de la réunion ou de la non-réunion des fleurs dans un calice commun.

E X E M P L E.

Fleurs dont les étamines & piſtils peuvent aiſément ſe diſtinguer.

Fleurettes nombreuſes, réunies dans un calice commun.	Fleurs libres, & non réunies dans un calice commun.
Carduus marianus.	*Anagallis arvenſis.*
Hieracium murorum.	*Salvia pratenſis.*
Bellis perennis.	*Alſine media.*
Anthemis cotula.	*Pyrus communis.*

Le premier des titres précédens, auquel je me borne encore pour éviter la confuſion, me fournit une nouvelle diviſion fondée ſur la forme des fleurettes.

EXEMPLE.

Fleurettes nombreuses, réunies dans un calice commun.

Fleurettes de même sorte; elles sont toutes en cornet, ou toutes en languette.	Fleurettes de deux sortes; les unes en cornet, & les autres en languette.
Carduus marianus. *Hieracium murorum.*	*Bellis perennis.* *Anthemis cotula.*

Maintenant que mes plantes ne se trouvent plus que deux à deux, je puis les caractériser séparément, & les isoler à l'aide d'une dernière division.

PREMIER CAS.

Fleurettes de même sorte, toutes en cornet ou toutes en languette.

Fleurettes toutes en cornet.	Fleurettes toutes en languette.
Carduus marianus.	*Hieracium murorum.*

SECOND

Second Cas.

Fleurettes de deux sortes, les unes en cornet, & les autres en languette.

Réceptacle nu & sans paillettes.	Réceptacle chargé de paillettes.
Bellis perennis.	*Anthemis cotula.*

Je remonte par ordre aux différens membres de division que j'avois abandonnés; le premier qui s'offre est celui qui comprend des fleurs non réunies dans un calice commun. L'aspect de la corolle m'indique une nouvelle ligne de séparation.

Exemple.

Fleurs libres & non réunies dans un calice commun.

Corolle monopétale ou d'une seule pièce.	Corolle polypétale, ou de plusieurs pièces.
Anagallis arvensis.	*Alsine media.*
Salvia pratensis.	*Pyrus communis.*

Je trouve encore dans la considération de la corolle un moyen de distinguer les deux plantes du premier titre.

Tome I. e

EXEMPLE.

Corolle monopétale.

Corolle régulière.	Corolle irrégulière.
Anagallis arvenſis.	*Salvia pratenſis.*

La différence du nombre des étamines terminera l'analyſe par rapport au cas de la corolle polypétale.

EXEMPLE.

Corolle polypétale.

Dix étamines ou moins.	Onze étamines ou plus.
Alſine media.	*Pyrus communis.*

J'ai analyſé maintenant toutes les plantes qui appartiennent au premier membre de la grande diviſion, fondée ſur la préſence ou l'abſence des étamines & des piſtils. Je reprends le ſecond membre; & comme il n'eſt compoſé que de quatre plantes, je n'aurai beſoin que de trois opérations pour les ſéparer.

PREMIÈRE OPÉRATION.

Fleurs nulles, ou dont les étamines & pistils ne peuvent se distinguer.

Plantes qui ont des feuilles & dont la fructification est sensible, mais indistincte.	Plantes sans feuilles & dont la fructification n'est ni distincte, ni même sensible.
Polypodium filix mas. *Bryum murale.*	*Agaricus campestris.* *Boletus luteus.*

SECONDE OPÉRATION

Relative au premier cas de la division précédente.

Plantes qui ont des feuilles & dont la fructification est sensible, mais indistincte.

Fructifications pulvériformes, disposées sur le dos des feuilles.	Fructifications anthériformes, pédonculées & terminant les tiges.
Polypodium filix mas.	*Brium murale.*

TROISIÈME OPÉRATION

Pour séparer les deux seules plantes qui restent.

Plantes sans feuilles, & dont la fructification n'est ni distincte, ni même sensible.

Chapeau doublé de lames.	Chapeau doublé de pores ou de tuyaux.
Aganicus campestris.	*Boletus luteus.*

C'est par une suite de divisions semblables à celles que l'on vient de voir, que je suis parvenu à analyser l'ensemble de toutes les plantes qui croissent naturellement en France. Mais pour donner aussi une idée de la marche que doit suivre l'Observateur dans la recherche du nom des plantes, je vais présenter de nouveau le travail précédent, sous la forme qu'il doit avoir relativement à cet objet. J'en ferai ensuite l'application à un cas partiuclier.

ANALYSE.

| Fleurs dont les étamines & pistils peuvent aisément se distinguer. 1. | Fleurs dont les étamines & pistils sont nuls, ou ne peuvent se distinguer. 16. |

1.

Fleurs dont les étamines & pistils peuvent aisément se distinguer...
{ Fleurettes nombreuses, réunies dans un calice commun............ 2.
{ Fleurs libres & non réunies dans un calice commun.. 9

2.

Fleurettes nombreuses, réunies dans un calice commun........
{ Fleurettes de même sorte; elles sont toutes en cornet, ou toutes en languette..... 3
{ Fleurettes de deux sortes, les unes en cornet, & les autres en languette..... 6

3.

Fleurettes de même sorte.........
{ Fleurettes toutes en cornet............ 4
{ Fleurettes toutes en languette............ 5

4. Fleurettes toutes en cornet.

Carduus marianus.

5. Fleurettes toutes en languette.

Hieracium murorum.

6.

Fleurettes de deux sortes.......... $\begin{cases} \text{Réceptacle nu \& sans paillettes}............ 7 \\ \text{Réceptacle chargé de paillettes}............ 8 \end{cases}$

---

7.   Réceptacle nu & sans paillettes.

Bellis perennis.

---

8.   Réceptacle chargé de paillettes.

Anthemis cotula.

9.

Fleurs libres & non réunies dans un calice commun......... $\begin{cases} \text{Corolle monopétale}.. \quad 10 \\ \text{Corolle polypétale}... \quad 13 \end{cases}$

10.

Corolle monopétale.. $\begin{cases} \text{Corolle régulière}.... \quad 11 \\ \text{Corolle irrégulière}... \quad 12 \end{cases}$

---

11.   Corolle régulière.

Anagallis arvensis.

---

12.   Corolle irrégulière.

Salvia pratensis.

13.

Corolle polypétale... $\begin{cases} \text{Dix étamines ou moins.} \quad 14 \\ \text{Onze étamines ou plus.} \quad 15 \end{cases}$

---

14.   Dix étamines ou moins.

Alsine media.

---

15.   Onze étamines ou plus.

Pyrus communis.

16. *Fleurs nulles, ou dont les étamines & pistils ne peuvent se distinguer*..........

> Plantes qui ont des feuilles, & dont la fructification est sensible, mais indistincte. 17
>
> Plantes sans feuilles, & dont la fructification n'est ni distincte, ni sensible... 20

17. *Plantes qui ont des feuilles, & dont la fructification est sensible, mais indistincte*.........

> Fructifications pulvériformes, disposées sur le dos des feuilles............ 18
>
> Fructifications anthériformes, pédonculées & terminant les tiges...... 19

18. Fructifications pulvériformes, disposées sur le dos des feuilles.

Polypodium filix mas.

19. Fructifications anthériformes, pédonculées & terminant les tiges.

Bryum murale.

20. *Plantes sans feuilles, & dont la fructification n'est ni distincte, ni sensible*..

> Chapeau doublé de lames. .... 21.
>
> Chapeau doublé de pores ou de tuyaux....... 22.

21. Chapeau doublé de lames.

Agaricus campestris.

22. Chapeau doublé de pores ou de tuyaux.

Boletus luteus.

Suppofons maintenant qu'un Obfervateur, ayant cueilli l'*alfine media*, ait recours à l'a-nalyfe précédente pour trouver le nom de cette plante; l'infpection des étamines & du piftil, qui s'aperçoivent très-diftinctement au milieu de la fleur, le décidera pour le premier titre de la première divifion : le n.° 1, qui fe trouve au-deffous de ce titre, le renverra à celle des divifions inférieures qui porte ce même numéro; c'eft elle qui fuit immédiate-ment. Derrière cette divifion, on retrouve l'indication du caractère choifi précédemment, & la divifion elle-même préfente deux nou-veaux titres, entre lefquels il s'agit encore de fe déterminer. L'Obfervateur, ayant re-marqué que les fleurs de la plante qu'il tient ne font point réunies dans un calice commun, adoptera le fecond titre qui porte le numéro 9. Cherchant enfuite ce même numéro à côté de quelqu'une des divifions fuivantes, il tom-bera fur celle qui offre un choix à faire entre la corolle monopétale & la corolle polypétale; un coup-d'œil jeté fur la fleur, le décidera pour le fecond titre, & le numéro 13, qui porte ce titre, le renverra un peu plus bas, où il trouvera une nouvelle divifion fondée fur le nombre des étamines. Quoique ce nombre foit variable dans l'*alfine*, il ne paffe jamais 10, ce qui fixe le choix dans tous les cas pour le premier titre Enfin, le n.° 14, qui eft à côté de ce titre, conduira l'Obfervateur au nom même de la plante qu'il cherchoit à connoître.

Je dois obferver ici que la manière de procéder dans une analyfe ne peut être arbitraire, & qu'encore qu'il paroiffe indifférent au premier coup-d'œil d'employer telle divifion plutôt que telle autre, la marche, qui fera trouver le nom de la plante, doit cependant être combinée d'après certaines règles que je réduis à deux. La première eft que l'on parvienne au but par la voie la plus fûre. La feconde eft que cette voje foit en même-temps la plus courte poffible.

Ces deux règles étant la bafe de toute méthode analytique, doivent être par conféquent combinées de façon qu'elles fe croifent le moins qu'il fe pourra; & dans le cas où l'une ne pourroit être obfervée qu'aux dépens de l'autre, ce feroit alors la feconde qu'il faudroit facrifier en partie à la première, qui ne fauroit être trop refpectée ; c'eft fur quoi il me paroît néceffaire d'infifter, pour donner une jufte idée de mon travail.

La première loi, qui tend à la fûreté de l'analyfe, nous prefcrit de ménager les divifions avec tant d'art, que les définitions fur lef-quelles feront établies ces divifions, foient toujours très - circonfcrites, & n'expriment que des caractères qui ne foient nullement fufceptibles de varier dans les plantes réunies fous un même titre.

Cette loi ne foüffriroit aucune difficulté dans l'exécution, fi nous avions des genres artificiels bien faits, & qui, à l'aide d'un caractère tranchant & choifi indépendamment de tout rapport prétendu naturel, raffem-blaffent un certain nombre de plantes fous un même point de vue bien terminé, & dont les extrémités fuffent auffi fenfibles que le milieu. Mais, faute de ce fecours, j'ai été obligé en mille occafions de prendre un biais, pour éviter toutes les irrégularités des genres, & ne rien laiffer, s'il étoit poffible, à l'arbitraire.

Suppofons, par exemple, que je veuille analyfer les genres du *geranium*, du *ranunculus*, du *polygonum*, du *thefium* & du *trifolium*.

Si je commence par diftinguer entre les corolles régulières & les irrégulières, pour mettre à part le *trifolium*, je féparerai beaucoup d'efpèces de *geranium*, dont les corolles ne font pas tout-à-fait régulières. Si je diftingue, au contraire, entre les corolles monopétales & les polypétales, afin de détacher le *polygonum* & le *thefium*, je n'aurai plus rien de fixe par rapport aux *trifolium*, dans lefquels le caractère de la corolle polypétale eft équivoque. Si je me retourne d'une autre façon, & que j'établiffe ma divifion fur la différence des calices monophyles d'avec les polyphyles, pour me défaire encore du *trifolium*, je fépare de nouveau plufieurs efpèces de *geranium* qui ont le calice d'une feule pièce. Si enfin je me rejette fur le nombre des étamines, pour mettre de côté le *thefium* ou quelqu'autre des genres nommés ci-deffus, celui du *polygonum*, & même celui du *geranium*, fe trouveront démembrés.

Pour éviter les obstacles que présentent de toutes parts ces divisions vagues & indéterminées, je commencerai par séparer les fleurs qui ont une corolle & un calice, d'avec celles qui n'ont qu'une de ces deux parties; & alors j'aurai d'un côté les *geranium, ranunculus & trifolium*, & de l'autre les *polygonum & thesium*. Je sous - diviserai ensuite, d'une part, en séparant les fleurs qui ont des ovaires nombreux de celles qui n'en ont qu'un seul, & de l'autre, en employant la considération de l'ovaire, tantôt supérieur, tantôt inférieur, &c. comme dans l'exemple ci-dessous.

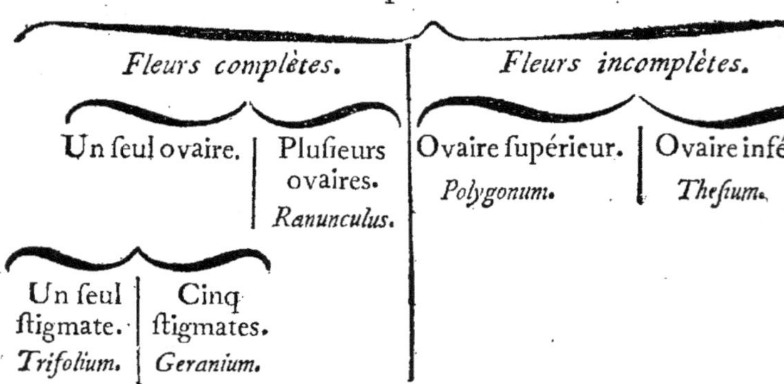

Quoiqu'il y ait beaucoup d'autres caractères qui différencient ces genres, il n'y en a pas qui les divisent plus simplement, plus nettement & plus également que ceux dont je viens de faire ufage. Cependant quelqu'effort que j'aie fait, pour parer aux difficultés qui naiffent de l'irrégularité des genres, on verra bien que je n'ai pas toujours pu réuffir pleinement; mais j'ofe dire que ce n'eft ni ma faute, ni celle des principes que j'emploie, & je ne doute pas que je ne parvinffe à porter dans l'analyfe toute la fûreté dont elle eft fufceptible, fi j'avois acquis le droit d'opérer une révolution en Botanique, & de former de nouveaux genres à l'abri de toute variation.

La feconde règle, indiquée ci-deffus, exige que l'on arrive au but en général par la voie la plus courte, quand cet avantage peut fe concilier avec celui de la plus grande fûreté. Or le moyen pour y réuffir, eft de préférer toujours les divifions qui partagent l'enfemble des êtres le plus également poffible. On a pu voir, dans le modèle d'analyfe que j'ai donné au commencement de cet article, qu'à la réferve de la première divifion qui met huit plantes d'un côté & quatre de l'autre, ce qui étoit indifpenfable pour la certitude de la méthode, toutes les autres divifions répartiffent également les plantes auxquelles elles s'étendent.

Mais, si ayant à faire l'analyse de tout le règne végétal, je commençois par former la distribution suivante :

Fleurs dont les étamines très-sensibles, sont toujours composées d'anthères sessiles.	Fleurs dont les étamines lorsqu'elles sont sensibles, sont composées d'anthères pédiculées.

Il certain que, quelque défectueuse que fût d'ailleurs cette distribution, elle partageroit le règne végétal si inégalement, que presque toutes les plantes connues seroient comprises dans le second membre. Or, si ce même membre étoit sous-divisé plusieurs fois de suite avec la même inégalité, il en résulteroit qu'un petit nombre de plantes seroit indiqué par une voie très-abrégée, tandis qu'il s'en trouveroit une multitude d'autres auxquelles on n'arriveroit que par un travail considérable, & à travers un nombre infini de divisions accumulées. Et quoique l'on regagnât en quelque sorte d'un côté ce que l'on perdroit de l'autre ; cependant une pareille marche ne feroit pas en général la plus courte possible, outre que l'Observateur lui-même ne se sentiroit pas dédommagé par la brièveté du travail en certaines circonſtances, de la longueur rebutante des recherches qu'il ſeroit obligé de faire dans les autres cas.

Il eſt bon de prévenir ici une difficulté ; il paroît d'abord qu'une marche aſſujettie à l'analyſe, doit toujours être extrêmement longue en elle-même, ſur-tout ſi le nombre des plantes analyſées eſt conſidérable, comme ſeroit, par exemple, un nombre de quatre mille plantes. Car chaque diviſion n'ayant jamais que deux membres, il faudra, ce ſemble, parcourir un très-grand nombre de ces diviſions avant d'arriver à l'unité, c'eſt-à-dire, à un titre qui n'appartienne plus qu'à une ſeule plante.

Cette objection ne frappera que ceux qui ignorent la nature des progreſſions géométriques. En effet, ſi l'on diviſe continuellement par 2 la ſomme 4096, dès la onzième diviſion, on arrivera à l'unité ; & ſi l'on trouvoit que ce fût encore trop de onze diviſions à parcourir pour chaque plante, l'une portant l'autre, j'obſerverai que ce travail peut être abrégé au moins d'un tiers dans une multitude de cas. En effet, ſi l'on jette les yeux ſur notre analyſe, on verra d'abord que le numéro placé à côté du premier membre de chaque divifion, renvoie toujours à la divifion qui fuit immédiatement. Ainfi, avec un peu d'ufage, on pourra d'un coup-d'œil parcourir quatre ou cinq divifions, ce qui, dans certains cas, abrégera de beaucoup l'opération. Par rapport aux numéros qui appartiennent aux feconds membres des divifions, & qui fouvent renvoient affez loin, il eft bien difficile qu'un Obfervateur, qui fe feroit un peu familiarifé avec l'analyfe, n'eût pas retenu par cœur les premiers de ces numéros qui reviennent à chaque inftant, ainfi que les divifions auxquelles ils répondent, avantage qui le difpenferoit encore d'une partie des recherches à faire pour arriver au but.

On voit, par tout ce qui vient d'être dit, que l'analyfe n'eft autre chofe qu'une méthode continue *, mais dont l'ufage eft

* *Nota.* La méthode d'analyfe eft, à proprement parler, une méthode de diffection. J'ai préféré la dénomination d'analyfe, comme plus naturelle, outre qu'elle convient jufqu'à un certain point à cet Ouvrage, dont le but eft de defcendre de l'enfemble des plantes à chacune d'elles en particulier.

d'autant

d'autant plus facile, que l'on n'a jamais à choisir qu'entre deux caractères, dont l'un appartient à la plante à l'exclusion de l'autre, & dont la coexistence dans le même individu impliqueroit contradiction. C'est ce qui distingue ma méthode de toutes les autres, qui, sans parler du grand nombre d'objets entre lesquels elles laissent le plus souvent l'Observateur indécis & embarrassé, lui offrent un choix à faire parmi des caractères qui ordinairement se rapprochent l'un de l'autre, ou sont tout au plus disparates, mais rarement incompatibles.

Un autre avantage que l'analyse a sur les systèmes & les méthodes qui ont paru jusqu'ici, c'est que dans le cas où les caractères sont tirés du nombre de certaines parties, telles que les pétales, les étamines, &c. nous avons eu soin d'épargner à l'Observateur la peine de compter exactement ces mêmes parties, ce qui souffre quelquefois de la difficulté, sur-tout par rapport à des parties aussi délicates que les étamines. L'analyse présente presque toujours une limite en-deçà & au-delà de laquelle se trouvent les deux caractères entre lesquels il s'agit de choisir, comme

Tome I. f

on peut le voir par le *n.° 13*, dans le modèle exécuté ci-deſſus. Ou ſi enfin le nombre des étamines eſt indiqué par quelques titres d'une manière définie, c'eſt qu'alors il n'eſt pas aſſez conſidérable pour échapper à un œil tant ſoit peu exercé.

Quant aux noms que j'ai donnés aux plantes qui ſe trouvent décrites dans le cours de l'analyſe, je me ſuis ſervi le plus ſouvent de ceux de M. Linné, que j'ai traduits en françois, mon ouvrage étant écrit dans cette langue: J'y ai joint le ſynonyme de M. de Tournefort; & à l'aide de ces deux indications, on retrouvera, ſans beaucoup de peine, les ſynonymes de tous les autres Auteurs qui ont traité de la Botanique. Lorſque la formation vicieuſe d'un genre par M. Linné m'a forcé d'abandonner ſa dénomination, j'en ai formé une nouvelle d'après M. de Tournefort, ou quelqu'Auteur célèbre, & je ne l'ai compoſée que du nom générique employé par mon Auteur, & d'une épithète qui rend, autant qu'il eſt poſſible, la principale idée exprimée dans le reſte de ſa phraſe.

Je ne puis m'empêcher de faire ici quelques

obſervations ſur la nomenclature de la Botanique, qui eſt devenue la partie la plus difficile de la ſcience, par les changemens continuels que chaque Auteur s'eſt cru en droit de lui faire ſubir. Les noms ne ſont, comme l'on ſait, que les ſignes de nos idées; & ces ſignes parfaitement arbitraires dans leur première inſtitution, n'acquièrent de valeur réelle & ſolide que par l'uſage conſtant qui en fixe l'acception. Cette raiſon auroit dû, ce me ſemble, engager les Botaniſtes à les reſpecter un peu davantage.

L'invention des genres eſt d'un grand ſecours pour ſoulager la mémoire, en diminuant la ſomme des termes employés pour former les noms. Mais n'eſt-ce pas détruire l'avantage que l'on peut retirer de ces dénominations communes à pluſieurs eſpèces, que de convertir, comme a fait M. Linné, le nom de *mays* en *zea*, celui de *ſyringa* en *phyladelphus*, celui de *jalapa* en *mirabilis*, celui d'*onagra* en *ænothera*, celui de *ſalicaria* en *lythrum*, &c! Quel motif peut donc avoir eu cet illuſtre Auteur de rajeunir des noms ignorés, pour les ſubſtituer à ceux qu'un

long usage avoit rendu familiers aux Botanistes ! & n'auroit-il pas dû sentir combien
les mots devenoient par-là nuisibles aux choses
même, & combien c'étoit rendre l'étude de
la science pénible & rebutante, en la surchar-
geant d'une érudition déplacée, & en mettant
souvent les Botanistes dans le cas de ne plus
s'entendre les uns les autres !

De la formation des genres, naît la né-
cessité des noms génériques ; & de la déter-
mination des espèces, résulte l'utilité des noms
triviaux, qu'on doit plutôt appeler *noms spécifiques*, & qui servent aux premiers comme
d'adjectifs. On ne sauroit méconnoître ici
l'obligation que nous avons à M. Linné,
pour avoir établi ces dénominations simples
qui suppléent avec tant d'avantage aux longues
phrases descriptives dont il falloit autrefois
s'embarrasser la mémoire, & qui cependant
toujours insuffisantes pour nous donner une
juste idée des espèces, exigeoient encore le
secours d'une description détaillée qu'il falloit
consulter.

Mais ces deux sortes de noms doivent être
soumis à des règles dont on ne peut s'écarter

qu'au préjudice de la fcience dont ils tendent à faciliter l'étude.

En effet, les noms génériques doivent être le moins fignificatifs qu'il eft poffible, parce que très-fouvent le caractère qu'ils exprime-roient pourroit ne pas convenir à toutes les efpèces comprifes dans le genre. Ainfi le nom de *potentilla*, que l'on prétend être un dérivé de *potentia* *, vaut mieux que celui de *quin-quefolium*, parce que les plantes de ce genre n'ayant pas toutes leurs feuilles compofées de cinq folioles, ce dernier nom les repréfen-teroit mal, au lieu que celui de *potentilla*, dont l'étymologie eft beaucoup moins ex-preffive, n'eft pas cenfé convenir davantage, à une efpèce qu'à l'autre.

Les noms fpécifiques au contraire qui ont un objet déterminé, doivent toujours être fignificatifs, & exprimer, autant qu'il eft pof-fible, quelque qualité fenfible, & fur-tout exclufive, des efpèces qu'ils défignent. Ainfi, *menianthes trifolia*, *prunus fpinofa*, *ajuga*

---

* *Nota.* On a donné, dit-on, à l'argentine le nom de *potentilla*, à caufe des vertus puiffantes que l'on attribuoit à cette plante.

f iij

reptans, &c. nous offrent des noms spécifiques dont l'application est juste & naturelle. Au contraire, dans l'*euphorbia antiquorum*, l'*euphorbia officinarum*, l'*euphorbia spinosa*, les noms spécifiques, *antiquorum*, *officinarum*, *spinosa* sont très-défectueux. Les deux premiers supposent des connoissances que l'inspection de la plante ne donne pas, & le troisième convient à plusieurs espèces qui sont réellement épineuses; tandis que par un abus bien singulier du langage, l'espèce à laquelle on l'a attaché ne porte point d'épines. Il n'y a pas moins d'inconvénient à emprunter les noms spécifiques de ceux d'un pays ou d'un Savant, ou de quelqu'usage, ou d'une qualité quelquefois idéale. Cette considération auroit dû faire rejeter tant de dénominations vagues, telles que celles de *cortusa mathioli*, *gratiola monnieria*, *evonimus europæus*, *veronica hybrida*, *laurus nobilis*, &c.

Mais il me semble que rien n'empêche d'adopter pour noms génériques ceux des Hommes célèbres qui se sont distingués dans l'Histoire Naturelle, ou qui en ont fait fleurir l'étude par la protection qu'ils lui ont accordée. C'eſt une eſpèce d'hommage que l'on rend à leur mérite; & les Amateurs de la Botanique ne peuvent qu'être flattés de retrouver dans le ſymbole d'un objet qu'on leur fait connoître, le ſouvenir d'un nom précieux à la ſcience même.

ARTICLE II.

De l'Ordre naturel.

ON a pu voir par ce qui a été dit dans l'article précédent, que toutes les parties de l'analyſe ne ſont que comme des pièces de rapport que l'art aſſortit, & qui n'ont entre elles aucune liaiſon néceſſaire. L'eſprit de l'inventeur ne s'y occupe de l'enſemble des êtres, que pour deſcendre plus ſûrement aux détails; en ſorte qu'il reſſerre continuellement l'étendue de ſon plan, juſqu'à ce qu'il ſoit parvenu à détacher l'objet particulier qu'il veut faire connoître. Le but d'un ordre naturel au contraire eſt d'enchaîner toutes nos idées, de nous faire ſaiſir tous les points communs par leſquels les êtres ſe tiennent les uns aux autres, de n'offrir aucun objet à nos regards, ſans nous montrer en même temps tout ce qui exifte en-deçà & au-delà, & de nous exercer par ce moyen à ces grandes vues qui parcourent toute la fphère d'un fujet, & qui font pour ainfi dire le coup-d'œil du génie.

Auffi a-t-on vu plufieurs Hommes célèbres ambitionner l'honneur de remplir une fi belle tâche. Mais ce que nous avons de mieux en ce genre fe reffent encore des inconvéniens d'une marche fyftématique, & me paroît fufceptible d'un degré de perfection auquel je me fuis efforcé d'atteindre, à l'aide des principes que je vais établir dans l'inftant.

Il eft certain d'abord que nous ne faifirons jamais le plan vafte & magnifique qui a dirigé l'Etre fuprême dans la formation de cet Univers. Nos conceptions les plus étendues font renfermées dans les limites de quelques orbes particuliers qui fe trouvent plus à notre portée que les autres; & pour affigner même à chaque individu la place qu'il doit occuper dans fon orbe, il nous manque encore bien des données, foit parce que ne connoiffant pas tous les êtres qui compofent cet orbe, nous ne pouvons fixer d'une manière affez

précise la loi des rapports, soit parce qu'il y
a dans le fond même de chaque être des
aspects qui nous échappent. Mais le véritable
plan de la Nature, embrasse à la fois l'im-
mensité de l'ensemble & celle des détails :
il consiste dans les relations qu'une Sagesse
infinie a ménagées entre les qualités tant
extérieures qu'intérieures de chaque individu,
& la destination de cet individu considéré,
soit en lui-même, soit à l'égard de l'Univers
entier auquel il tient par une infinité de fils
dont la plupart sont imperceptibles pour
nous.

Au défaut de cette connoissance qui nous
sera toujours interdite, il faut nous en tenir
à ce qui est plus proportionné à nos lumières,
& borner nos recherches à arranger les individus relativement à notre manière de voir
& de comparer les objets, quand nous voulons
les rapprocher ou les éloigner les uns des
autres, selon qu'ils ont entr'eux plus ou
moins de ressemblance ; c'est-à-dire qu'ayant
déterminé une plante quelconque pour être
la première de l'ordre, on placera immédiatement après, celle de toutes les plantes connues

qui paroîtra avoir le plus de rapport avec elle ; & on continuera la même gradation de nuances, jufqu'à ce qu'on foit parvenu à la plante qui différera le plus de la première, & qui par cette raifon formera comme le dernier anneau de la chaîne.

Ce principe eft fi fimple, qu'il fe préfente de lui-même à l'efprit de tout Naturalifte qui s'occupe de l'objet dont il s'agit ici. Cependant les Botaniftes jufqu'à ce jour ont manqué plus ou moins l'application qu'ils en ont faite à l'arrangement des plantes, parce qu'ils ont voulu foumettre cet arrangement à des loix particulières, parce qu'ils ont voulu commander à la Nature, la forcer de difpofer fes productions à peu-près comme un Général difpofe fon armée, par brigades, par régimens, par bataillons, par compagnies, &c. mais, encore une fois, les rapports admirablement nuancés que la Nature a établis entre la plupart des-végétaux, démentent par-tout de pareilles divifions ; elle offre à nos regards & à nos fpéculations, une immenfe collection d'êtres, parmi lefquels chaque efpèce eft diftinguée des autres par une différence fenfible &

conftante; & la gradation de ces différences
eft le fondement de l'ordre que nous propofons. Mais toutes les fois que l'on voudra
divifer & fous-divifer par groupes, à l'aide
d'une prétendue fubordination de caractères
nets & faillans, les membres de ces divifions
confidérés du côté des rapports, rentreront
néceffairement les uns dans les autres.

Mais travailler d'après cette opinion, que
la Nature franchit de toutes parts les limites
que nous lui marquons fi gratuitement,
n'eft-ce pas s'expofer à tomber dans l'excès
contraire à celui que l'on veut éviter, & à
introduire par-tout la confufion au lieu de
l'ordre! Auffi n'ai-je point prétendu m'af-
franchir abfolument de toute efpèce de loi
dans la difpofition des végétaux. L'ordre dont
il eft ici queftion, au lieu d'être un amas confus
de dénominations jetées au hafard, formera
au contraire un enfemble foumis à des règles
fixes, mais qui ne le diviferont pas, & ne
tendront qu'à déterminer la place que doit
occuper chaque efpèce dans la férie générale.

Pour expofer mes principes d'une manière
claire & méthodique, il me femble que tout

ſe réduit à réſoudre, s'il ſe peut, les trois problèmes ſuivans.

1.° Déterminer la plante que l'on doit placer la première, & qui ſoit comme le point fixe d'où l'on partira pour graduer l'ordre entier, & arriver, par une ſucceſſion naturelle de rapports, juſqu'à la dernière limite du règne végétal.

2.° Établir les règles qui doivent diriger l'Obſervateur dans le rapprochement des eſpèces.

3.° Trouver un moyen pour ſe reconnoître dans un ordre où l'on n'admet aucune ligne de ſéparation.

Je ne me flatte point de réſoudre ces trois problèmes d'une manière complète ; je ſais que les réſultats en pareille matière ſe réduiſent néceſſairement à des approximations qui prêtent encore aux conjectures. Mais ſi nos ſolutions ne nous mènent pas toujours préciſément au but, elles nous aideront du moins à éviter les écarts frappans où nous entraîneroient des principes fondés ſur la conſidération d'un caractère iſolé.

PROBLÈME I.

Indiquer la Plante que l'on doit choisir pour commencer l'ordre.

POUR résoudre ce problème, il faut pouvoir répondre au moins à l'une des deux questions suivantes.

Quelle est la plante qui nous paroît la plus vivante, la mieux organisée, en un mot la plus parfaite ?

Quelle est la plante que nous devons juger naturellement la moins complète dans ses organes, & qui semble s'éloigner le plus des autres plantes par ses différens aspects ?

Il est beaucoup plus aisé de satisfaire à la seconde question qu'à la première. La cryptogamie de M. Linné nous offre une sorte de dégradation dans le règne végétal ; ce n'est pas que le jeu des mêmes organes, & peut-être de plus grandes merveilles encore, n'aient lieu dans les points où nous cessons de voir. Le microscope nous a appris combien il existoit d'objets au - delà de la portée de nos yeux, & combien nous en devions concevoir au-delà de ce qu'il nous découvre lui-même. La Nature travaille encore à notre insu, souvent même pour notre utilité, derrière ce voile que le Créateur a opposé à notre curiosité. Mais, comme nous ne pouvons juger que d'après ce que nous connoissons, il faudra commencer l'ordre par quelqu'un de ces individus, qui, à raison du mécanisme imperceptible de leurs organes essentiels, sont à notre égard comme les premières ébauches des productions végétales. Ainsi il faudra se déterminer pour un *agaric*.

Il est vrai que l'ordre une fois formé, on doit le renverser, afin de remettre la chaîne dans sa situation naturelle, & présenter d'abord les plantes dans lesquelles l'organisation paroît être la plus active & la plus complète.

PROBLÈME II.

Mesurer les degrés de rapport qui peuvent servir à rapprocher les plantes.

ON ne peut disconvenir d'abord qu'il n'y ait un grand nombre de plantes qui se rapprochent comme d'elles-mêmes, en vertu des rapports marqués qu'elles présentent de toutes

parts. Auffi tous les Botaniftes fe font - ils
réunis dans la difpofition refpective de ces
individus qui ont entre eux, pour ainfi dire,
un air de famille, tels que les graminées,
les labiées, les liliacées, les légumineufes,
les compofées, les crucifères, &c. Tous s'accordent à reconnoître la gradation de nuances
qui lie les *forbus* avec les *cratægus* ; ceux-ci
avec les *mefpilus* ; ces derniers eux - mêmes
avec les *pyrus*, &c. & ces portions de ferie,
flexibles en tous fens, fe font prêtées par
la multiplicité des rapports à tous les principes divers qui ont fervi de bafe aux
ordres naturels.

J'adopterai donc les parties de ces ordres,
fur lefquelles les Botaniftes ont prononcé
d'une voix unanime ; d'autant plus qu'il n'eft
point néceffaire pour cela d'adopter en même
temps les principes d'aucun d'eux, & qu'il
n'eft befoin que du flambeau feul d'obfervation
pour nous guider fûrement dans ces routes
ouvertes par la Nature elle-même, & où
elle a laiffé par-tout des traces fi fenfibles de
fa marche.

Mais l'arrangement refpectif de ces mêmes

fuites de plantes que nous avons défignées ci-deffus, s'eft trouvé fufceptible de plufieurs combinaifons différentes, & j'ofe le dire, toutes également vicieufes, du moins dans le principe dont on eft parti pour les rapprocher. En effet, pour découvrir le paffage d'une fuite à l'autre, il auroit fallu confidérer l'enfemble des parties, & fe déterminer d'après le plus grand nombre & la plus grande valeur des reffemblances. Mais comme la plupart des Botaniftes, dans la formation de leurs ordres naturels, fe font attachés à des caractères ifolés, il arrive fouvent que les extrémités des lignées voifines ne fe touchent que par un feul point, & fe repouffent par tous les autres.

Une autre fource de variations encore plus frappantes, c'eft la difficulté de placer certaines plantes anomales, qui, au premier coup-d'œil, femblent fe refufer à toute efpèce de comparaifon ; tels font les genres des *morina, fraxinus, æfculus, vifcum, plantago, parnaffia, tamarifcus, alchimilla, polygala, adoxa, impatiens,* &c. Auffi les Botaniftes, qui ont prétendu les ranger en raifon des loix circonfcrites,

circonfcrites, auxquelles ils fe font aftreints, ont-ils tellement défiguré les portions de la chaîne générale, dans lefquelles ils ont fait entrer ces mêmes genres, que fi l'on ne voit pas d'abord le rang qu'ils devroient occuper, on s'aperçoit du moins évidemment qu'ils font déplacés.

Pour éviter ce double inconvénient des principes particuliers, j'ai effayé d'établir des règles applicables à l'enfemble même des organes, & à l'aide defquelles on pût procéder de la manière la plus uniforme & la plus avantageufe dans l'eftimation de ces rapports obfcurs qui ne donnent point affez de prife à l'obfervation.

Avant de paffer à l'expofition de ces règles, je conviens d'abord avec tous les Botaniftes, que dans la comparaifon des plantes, on doit avoir fpécialement égard aux parties de la fructification ; c'eft-à-dire au fruit, à la fleur & à leurs dépendances. Ce principe eft fondé en premier lieu fur la prééminence que l'on attache naturellement à ces organes qui renferment les gages de la génération future, & auxquels fe rapporte, comme à

Tome I. g

fon centre, le mécanifme fubalterne des autres parties qui ne femblent vivre que pour eux.

D'ailleurs ces mêmes organes fervent mieux que tous les autres à déterminer les plantes & à les caractérifer par des traits parlans; en forte que fans eux la plupart n'ont que des membres & un corps, & point de phyfionomie. Les idées même du vulgaire concourent ici avec les obfervations des Savans, du moins par rapport à la fleur. Cette partie que Pline appelle *plantarum gaudium*, eft celle qui fixe prefque feule nos regards: nous paffons, avec une forte de dédain, auprès des individus qui n'en font pont encore ornés: on diroit qu'ils ne commencent à exifter pour nous qu'avec cette parure fi riante, qui nous appelle & fouvent nous arrête auprès d'eux.

Il réfulte de ce principe, que deux plantes qui fe reffemblent parfaitement dans les parties de la fructification, mais qui diffèrent totalement pour les tiges, les feuilles & les racines, ont plus de rapport entr'elles que deux autres plantes qui fe rapprochent très-fenfiblement par ces dernières parties, mais dans lefquelles les parties de la fructification n'ont aucune reffemblance. C'eft ainfi que le *cacalia fuave-olens* a une affinité plus marquée avec le *cacalia ficoïdes*, malgré la grande diverfité du port, que l'*antirrhinum linaria* n'en a avec l'*euphorbia cypariffias*, quoique abftraction faite de la fructification, on foit fouvent tenté de prendre l'un pour l'autre.

Il s'agiroit maintenant d'évaluer les différentes parties de la fructification ; favoir, la femence, les étamines & piftils, le péricarpe, la corolle & le calice, de manière à pouvoir déterminer les raifons, & même les degrés de préférence que l'on doit donner à un rapport fur l'autre, dans le cas où plufieurs de ces parties comparées chacune à chacune dans plufieurs individus, auroient entr'elles une reffemblance parfaite. Pour y parvenir, j'ai adopté le principe fuivant, que je ne regarde pas comme inconteftable, mais feulement comme le plus plaufible de tous ceux qu'il me femble que l'on pourroit imaginer.

PRINCIPE.

UNE partie de la fructification, ou, ce qui revient au même, la ressemblance tirée de cette partie, doit être censée avoir d'autant plus de valeur, que la partie elle-même existe dans un plus grand nombre d'individus. En effet, à raison d'une universalité plus générale, elle sert à lier une plus grande quantité de plantes, & devient le fondement d'un rapport plus étendu. Il paroît donc convenable d'adopter une prédilection indiquée par la Nature elle-même.

CONSÉQUENCES.

1.º Une raison très-forte d'analogie nous porte à croire qu'aucune plante ne donne de semences, sans qu'elles aient été précédées par des étamines & pistils, qui sont les parties essentielles de la fleur. D'où il faut conclure que la valeur de la semence est égale à celle des étamines & pistils pris ensemble.

Je réunis ici ces deux organes comme s'ils n'en faisoient qu'un, à cause du rapport intime & de la dépendance mutuelle de leurs fonctions.

2.° La valeur des étamines doit être censée égale à celle des piſtils.

3.° Dans le nombre des plantes dont la fructification eſt reconnue, il y en a environ un cinquième dont la ſemence n'a point de péricarpe. Ainſi cette dernière partie ne vaudra dans la comparaiſon des rapports que les $\frac{4}{5}$ de la ſemence.

4.° Parmi les plantes, dont les fleurs ſe diſtinguent facilement, il y en a environ $\frac{1}{15}$ dont les étamines & piſtils ne ſont point environnés d'une véritable *corolle* *. De plus, dans les $\frac{14}{15}$ qui reſtent, il y a environ $\frac{1}{4}$ des plantes qui n'ont point de calice. Donc la fraction $\frac{14}{15}$ exprimera la valeur de la corolle ; & quant à celle du calice, elle ſera exprimée par les $\frac{3}{4}$ de $\frac{14}{15}$, ou par la fraction $\frac{42}{60}$ égale à $\frac{7}{10}$.

Pour réſumer toutes ces valeurs, appelons 1, la valeur de la ſemence. Celle des étamines & piſtils, pris enſemble, ſera pareillement exprimée par l'unité, & nous aurons la gradation ſuivante de valeurs, que l'on trouvera exprimée ſur la colonne à droite, par les

---

* Voyez ce mot dans les Principes.

plus petits nombres entiers possibles qui puissent la représenter dans sa totalité.

Noms des parties de la fructification.	Valeurs en unités & parties de l'unité.	Valeurs en nombres entiers.
Dans la semence.......1........30.		
Dans les étamines & pistils. 1.........30.		
Dans les étamines seules. . $\frac{1}{2}$.........15.		
Dans les pistils seuls.....$\frac{1}{2}$.........15.		
Dans le péricarpe........$\frac{4}{5}$.........24.		
Dans la corolle........$\frac{14}{15}$.........28.		
Dans le calice........$\frac{7}{10}$.........21.		

(Resemblance)

D'après ces évaluations, il est facile de comparer la ressemblance d'une même partie prise dans deux plantes différentes, avec la ressemblance d'une seconde partie considérée dans les mêmes plantes ou dans deux autres. Si, par exemple, les péricarpes de deux plantes sont entièrement semblables entre eux, & que les corolles des mêmes plantes soient également semblables entre elles, on voit que la ressemblance des péricarpes doit être à celle des corolles dans le rapport des fractions $\frac{4}{5}$ & $\frac{14}{15}$, ou des nombres entiers 24 & 28.

Les parties qui composent le port, entreront

auſſi dans la comparaiſon des plantes ; mais elles ne feront employées que ſubſidiairement, & lorſque les rapports, tirés du fruit & de la fleur, ſe balanceront mutuellement, & jetteront de l'incertitude ſur les réſultats. Alors, ſans ſoumettre ces mêmes parties à aucun calcul, on ſe bornera à une ſimple préférence, fondée auſſi ſur leur univerſalité plus ou moins grande, d'après l'ordre ſuivant.

Racines.	Poils.
Feuilles.	Épines.
Tiges.	Glandes.
Stipules.	Viſcoſités.
Vrilles.	

Quant aux applications particulières que l'on peut faire des règles que nous venons d'expoſer, pour comparer les plantes entre elles, il ne me paroît pas poſſible de rien déterminer à cet égard qui puiſſe ſe rapporter à tous les cas. On ne diſtingue ici bien nettement que les extrêmes. Les valeurs établies exiſtent toutes entières dans les reſſemblances parfaites ; elles s'évanouiſſent quand la reſſemblance eſt nulle. Mais, entre ces deux limites, quelle immenſe ſucceſſion de nuances à parcourir ! nuances qui, semblables à celles que le mélange des couleurs introduit dans la Peinture, font presque toujours compofées elles - mêmes d'autres nuances partielles, & dans lefquelles il faudroit démêler les modifications légères qui appartiennent à la forme des parties, à leur grandeur, à leur difpofition, à leur nombre, &c. Que feroit-ce fi l'on vouloit tenir compte de tant d'autres différences inappréciables, & qui cependant marquent toutes dans le plan du Créateur ! de quelle nature feroit la mefure qu'il faudroit porter fur cet affemblage merveilleux de détails en tout genre, où fe trouvent réunis & combinés en mille & mille manières, la délicateffe des reliefs, les reflets brillans du coloris, la grâce des contours, la molleffe des draperies, le croifé admirablement varié des tiffus, le mécanifme vivant des parties internes, &c. modèle inimitable, fi foiblement copié par la main de l'homme, & qui, infiniment fupérieur en tout aux productions de ces arts imitatifs que nous cultivons avec effort, annonce, par la perfection même de l'ouvrage, un Ouvrier à qui rien n'a coûté !

Ces considérations sont bien propres à nous faire sentir la foiblesse de nos lumières ; mais elles ne doivent pas nous décourager. Elles nous avertissent du moins que ce n'est qu'à force de voir, d'observer, de comparer les objets, d'apprécier les détails, de multiplier les aspects, que nous pourrons parvenir à rapprocher les individus les uns des autres de la manière la moins défectueuse.

Un exemple familier fera sentir encore mieux cette vérité. Que l'on présente à un homme du peuple, dont les vues sont resserrées pour l'ordinaire dans le cercle étroit des objets relatifs à sa profession, qu'on lui présente, dis-je, une pomme, une orange & une nefle ; qu'on lui demande ensuite laquelle de l'orange ou de la nefle lui paroît avoir le plus de rapport avec la pomme, il est à présumer que, séduit par la grosseur & la forme à peu-près sphérique de l'orange & de la pomme, il rejettera la nefle comme ayant avec la pomme moins de ressemblance que l'orange. Il n'est cependant aucun Observateur un peu exercé qui ne sente combien ce jugement seroit défectueux.

Ainsi l'aperçu de la ressemblance entre les

parties homogènes de deux plantes , fera toujours le réfultat de l'expérience de l'Obfervateur ; mais les règles établies ci-deffus , ferviront du moins à déterminer la valeur de cette reffemblance , & à lui affurer la préférence fur celle des autres parties qui mériteroient moins de fixer l'attention.

Et pour citer encore ici les Auteurs qui ont compofé des ordres naturels, on fentira comment, à l'aide de ces mêmes règles, le frêne qu'ils rangent ordinairement à côté des lilas , troëne , &c. pourroit fe rapprocher des érables ; comment la diftance confidérable qu'ils mettent entre le marronnier & le châtaignier pourroit difparoître en grande partie ; comment enfin le *nymphæa* que M. Linné range dans le voifinage du *phytolacca* fe trouve plus naturéllement dans celui du *podophyllum*, où il a été placé par M. de Juffieu au Jardin royal des Plantes.

En effet, comparons le *nymphæa* avec le *phytolacca* d'une part, & avec le *podophyllum* de l'autre, & effayons d'appliquer ici les valeurs que nous avons établies, pour être à portée de noús décider entre les deux Savans illuftres que j'ai cités dans l'inftant.

au *podophyllum,* offre

Cal. Une demi-reſſemblance dans le calice, parce que, quoiqu'il ait à peu-près le même nombre de folioles de part & d'autre, il eſt perſiſtant dans le *nymphæa,* & caduc dans le *podophyllum* . . . . 10.

Cor. Une demi-reſſemblance dans la corolle, parce que les pétales ſont nombreux, comme de 9 à 15, & aſſez ſemblables de part & d'autre pour la forme. . . . . 14.

Étam. Une reſſemblance dans les étamines, parce que leur nombre eſt indéfini conſtamment au-delà de vingt. . . . . 15.

Piſt. Une reſſemblance dans le piſtil, parce que dans les deux genres, l'ovaire eſt ovale, non aplati, ſans ſtyle, mais chargé d'un ſtigmate large, en plateau, ou rabattu . . 15.

Péric. Une demi-reſſemblance dans le péricarpe, qui eſt une baie, uniloculaire dans le *podoph.* pluriloculaire dans le *nymphæa,* mais dont les loges de part & d'autre ſont polyſpermes. . . . . 12.

Sem. Une reſſemblance dans les ſemences, parce qu'elles ſont petites & arrondies dans l'un & l'autre genre. . . . . 30.

Total. . . . . 96.

Le *nymphæa* comparé

$$\text{Le } \textit{nymphæa} \atop \text{comparé} \Bigg\{ \text{au } \textit{phytolacca}, \text{ offre}$$

Cal. Reſſemblance nulle dans le calice puiſqu'il n'exiſte pas.... 0

Cor. Point de reſſemblance dans la corolle, d'abord parce qu'elle eſt nue dans le *phyt.* & enſuite parce qu'elle n'a que cinq pétales................ 0.

Étam. Point de reſſemblance dans les étamines, parce que leur nombre eſt ici limité, & jamais au-delà de vingt........... 0.

Piſt. Point de reſſemblance dans le piſtil, parce que dans le *phyt.* l'ovaire eſt très-aplati & ſtilifère................... 0.

Péric. Une demi-reſſemblance dans le péricarpe, parce qu'il forme dans le *phyt.* une baie pluriloculaire, mais dont les loges ſont monoſpermes............ 12.

Sem. Point de reſſemblance dans les ſemences, parce qu'elles ſont réniformes d'une part, & arrondies de l'autre............ 0.

TOTAL........... 12.

On voit, par cet exemple, combien le rapport du *nymphæa* avec le *phytolacca* eſt peu marqué en comparaiſon de celui que ce premier genre a avec le *podophyllum*, &

combien par conféquent le rapprochement formé par M. de Juffieu eft conforme à la Nature.

M. Haller avertit, au commmencement de fon Ouvrage, qu'il n'a point fuivi le fyftème de M. Linné, parce qu'il offroit des féparations trop frappantes *. Après cet aveu n'a-t-on pas lieu d'être fupris de trouver dans ce premier Auteur, cette fuite fingulière par fon irrégularité ! *mercurialis, laurus, hippophæ, zanichellia, empetrum, amaranthus,* &c. & un peu plus loin, *atriplex, lupulus, celtis, tamnus, xanthium, fagus, &c.* Hall. Helv. tom. II, pag. 292. Or il fuffira d'appliquer encore à une pareille férie, les valeurs déterminées ci-deffus, pour voir toutes ces pièces mal afforties, non - feulement fe détacher & fe fuir, mais de plus aller fe ranger fans beaucoup d'effort à côté des plantes, parmi lefquelles la totalité de leurs rapports leur

---

* *Linnæanam (methodum) potuiffem fequi, mihique multi laboris, facere compendium; numquam tamen potui a me obtinere, ut gramina divellerem, ut ex fexûs ratione fimillimas plantas fepararem, alias-ve claffes naturales lacerarem.* Hall. Helv. Præf. xxij.

affignera une place plus convenable & plus naturelle.

PROBLÈME III.

Trouver un moyen pour fe reconnoître dans un ordre où l'on n'admet aucune limite, ni divifion quelconque.

IL eft certain que dans une férie telle que nous l'offriroient les plantes rangées d'après les principes établis ci-deffus, l'efprit auroit befoin d'être foulagé de temps en temps comme par des points de ralliement qui l'aidaffent à fe reconnoître au milieu de la multitude des objets. Cet avantage feroit même d'autant plus à defirer, que la loi des rapports n'eft point conftante d'un terme à l'autre entre les individus que nous connoiffons; & qu'en certains endroits, ces individus forment des portions de férie dans lefquelles les affinités, beaucoup plus fenfibles qu'ailleurs, ont befoin d'une indication qui les faffe remarquer.

Jufqu'ici l'on n'a trouvé d'autre moyen pour indiquer les repos néceffaires, que de former l'ordre naturel à la manière des fyf-tèmes & des méthodes, c'eft-à-dire de divifer & même de fous-divifer par-tout où l'on a cru découvrir des points de féparation plus ou moins marqués. Mais, je ne faurois trop le répéter, les titres de ces divifions & les définitions qui les accompagnent, défigurent l'ordre en le décompofant, & en renfermant dans autant de cadres particuliers, toutes les parties d'un grand tableau dont l'enfemble fait le principal mérite.

M. Linné, & à fon imitation M. Gerard, ont adroitement évité ce défaut dans leurs ordres naturels, en donnant par forme de titre un nom fimple à chaque divifion, & en fupprimant fa définition & fon caractère diftinctif. Mais ces dénominations étant pure-ment arbitraires, & n'offrant à l'efprit qu'un fens vague & indéterminé, ne peuvent être que d'un très-médiocre avantage.

Perfuadé, avec ces hommes célèbres, qu'il eft néceffaire d'employer encore ici l'art pour obferver la Nature, je ne rejetterai pas les titres, les définitions & les caractères qui expriment ces fuites de plantes, dont les rapports communs font fi marqués, & qui forment des ordres particuliers chez les uns, & des familles chez les autres; mais je les emploîrai de manière à ne point gêner l'ordre qu'ils ne diviferont nulle part; &, pour cet effet, je les difpoferai de la manière fuivante.

1.° Les plantes étant, comme je l'ai dit tout-à-l'heure, rangées à la fuite les unes des autres en raifon de leurs rapports les plus marqués, je placerai en marge, de diftance en diftance, les caractères expreffifs des affinités les plus fenfibles que préfentent ces fuites de plantes, dont je viens de parler, & ces caractères feront furmontés d'un nom fimple en forme de titre & pareillement fignificatif, que l'on pourra retenir.

2.° J'aurai foin de difpofer toujours ces titres ou caractères à une hauteur moyenne à l'enfemble des plantes auxquelles ils fe rapporteront, afin de ne point exprimer de limites, ni fixer l'extenfion des rapports; de forte que fi les folannées, par exemple, font compofées de cent plantes, leur titre caractériftique fera placé en marge à la hauteur de la cinquantième plante. Par cette difpofition, on pourra

remarquer

remarquer très-souvent que les plantes auront d'autant moins de rapport avec l'expression de leur titre, qu'elles en seront plus éloignées, soit en-deſſus, soit en-deſſous; & les titres eux-mêmes ſans rien diviſer, comme cela a lieu dans les autres ordres naturels où ils tombent ſouvent fort mal-à-propos au milieu d'une ſucceſſion de nuances, ſerviront à faire ſortir les parties du tableau qui demanderont à être fortement prononcées.

Je joins ici un échantillon de mon ordre naturel, mais dans lequel je me ſuis contenté d'employer les genres. La place même qu'occupe chacun de ces genres, n'y eſt déterminée que d'une manière aſſez vague; & les rapports, qui les rapprochent, n'ont point été appréciés d'après les principes que j'ai établis, parce qu'il eſt impoſſible d'effectuer un pareil calcul ſur des genres, qui ne ſont pour la plupart, comme je l'ai fait voir, que des aſſemblages artificiels, formés d'après l'obſervation de certaines marques communes, & non d'après le rapport le plus prochain. Mais cette ébauche ſuffira toujours pour donner une idée de la diſtribution que j'ai projetée.

Tome I.　　　　　　　　　　*h*

SÉRIE GÉNÉRALE des genres rapprochés en raison de leurs rapports.	SAILLIES PARTICULIÈRES formées par certaines affinités remarquables.	RAPPORTS GÉNÉRAUX & éloignés, indiquant la perfection graduée des organes.
Agaricus T. *Boletus. Fungus. Hydnum. Phallus. Elvela. Clathrus. Peziza. Lycoperdon. Clavaria. Mucor. Byssus. Conferva. Ulva. Tremella.*	*Champignons.* Substance spongieuse, lamellée ou poreuse, & qui, sous diverses formes, s'étend en hauteur ou est très-ramassée.	Fructification absolument inconnue & insensible.
Fucus. Lichen. Targionia. Anthoceros. Riccia. Blasia. Marchantia. Jungermannia. Buxbaunia.	*Algues.* Substance aplatie, membraneuse, & qui, sous diverses ramifications, s'étend en longueur, & produit des cupules floriformes.	

Suite DE LA SÉRIE formée par le rapprochement des genres.	SAILLIES PARTICULIÈRES formées par certaines affinités remarquables.	RAPPORTS GÉNÉRAUX & éloignés, indiquant la perfection graduée des organes.
Hypnum. *Brium.* *Mnium.* *Polytrichum.* *Splachnum.* *Fontinalis.* *Porella.* *Phascum.* *Sphagnum.* *Lycopodium.* *Equisetum.* *Isoetes.* *Pilularia.* *Marsilea.* *Ophioglossum.* *Osmunda.* *Onoclea.* *Pteris.* *Asplenium.* *Trichomanes.* *Blechnum.* *Hemionitis.* *Lonchitis.* *Adiantum.* *Acrosticum.* *Polypodium.*	*Mousses.* Feuilles nombreuses, & disposées en gazon, ou embriquées autour des tiges qui produisent des urnes anthériformes. *Fougères.* Feuilles toutes radicales, roulées en crosse avant leur développement, & chargées de poussière séminiforme.	Fructification sensible, mais indistincte ou peu connue.

Suite DE LA SÉRIE formée par le rapprochement des genres.	SAILLIES PARTICULIÈRES formées par certaines affinités remarquables.	RAPPORTS GÉNÉRAUX & éloignés, indiquant la perfection graduée des organes.
Zamia.		
Cycas.		
Chamærops.		
Sambal.		
Borassus.		
Corypha.	*Palmiers.*	
Cocos.	Feuilles ramassées en	
Elate.	faisceau au sommet de la	
Areca.	tige qui est simple. Fleurs	
Caryota.	paniculées & enfermées	
Elais.	dans un spathe.	
Phænix.		
Calamus.		
Flagellaria.		
Oryza.		
Zizania.		
Pharus.		Fructification sen-
Olyra.		sible & très-distincte;
Paspalum.		étamines de deux à
Antoxanthum.		six; semences ordinai-
Alopecurus.		rement nues & soli-
Phleum.		taires.
Phalaris.		
Panicum.		
Milium.		
Stipa.		
Agrostis.		

Suite DE LA SÉRIE formée par le rapprochement des genres.	SAILLIES PARTICULIÈRES formées par certaines affinités remarquables.	RAPPORTS GÉNÉRAUX & éloignés, indiquant la perfection graduée des organes.
Aira. Melica. Poa. Briza. Uniola. Dactylis. Festuca. Bromus. Avena. Holecus. Andropogon. Arundo. Lagurus. Cynosurus. Hordeum. Secale. Triticum. Clymus. Lolium. Nardus. Ægilops. Cenchrus. Carex. Eriophorum. Scirpus. Cyperus, &c.	*Graminées.* Feuilles simples, alongées & engainées à leur base. Fleurs enfermées dans des paillettes.	

Comme je me fuis borné, dans cet Ouvrage, à donner un *flora* de la France, l'arrangement que jaurois formé, en n'employant que les plantes qui naiffent dans ce climat, auroit été trop incomplet, à caufe des vides qu'auroient laiffés de toutes parts l'omiffion d'une multitude de plantes exotiques. J'ai donc cru plus à propos de réferver l'exécution entière de l'ordre naturel pour un autre Ouvrage que je compte offrir au Public dans quelques années.

Cet Ouvrage, qui aura pour titre : *Théâtre Univerfel de Botanique*, & pour lequel j'ai déjà amaffé des matériaux confidérables, contiendra dans une première Partie, l'analyfe exacte de toutes les plantes connues, avec la defcription de chacune d'elles. J'y joindrai la Synonimie des Auteurs les plus célèbres. Ce travail eft devenu indifpenfable par la multiplicité des nouveaux noms que les Botaniftes modernes ont fubftitués à ceux qui étoient en ufage avant eux.

On trouvera dans la feconde Partie, l'ordre naturel de toutes les plantes qui auront été indiquées par l'analyfe. Le nom de chaque

plante fera précédé de deux numéros placés l'un
au-deffus de l'autre. Le fupérieur marquera
le rang de la plante ; il fera porté d'avance
dans l'analyfe, où il fervira pour renvoyer à
l'ordre naturel. Le numéro inférieur fera celui
du paragraphe de l'analyfe auquel appartiendra
la plante, dont il fera retrouver la defcription
& la fynonimie dans l'analyfe, toutes les fois
qu'on en aura befoin. Ces deux numéros
feront comme un moyen de communication
entre l'analyfe & l'ordre naturel, qui par-là
fe prêteront un mutuel fecours.

PRINCIPES

PRINCIPES
ÉLÉMENTAIRES
DE BOTANIQUE.

Notions préliminaires.

Si l'on obſerve les différens êtres qui entrent dans la ſtructure intérieure de notre globe, ou qui en occupent les dehors, on remarquera d'abord un grand nombre de corps compoſés d'une matière brute, morte, & qui s'accroît par la juxta-poſition des ſubſtances qui concourent à ſa formation, & non par l'effet d'aucun principe interne de développement.

Ces êtres ſont appelés en général, *êtres inorganiques* ou *minéraux*, & ſe diviſent en diverſes claſſes particulières: ſavoir, les terres,

*Tome I.*A

les pierres, les métaux, les fels, &c. auxquels on doit ajouter les élémens qui ne font que les derniers réfultats de la décompofition des corps.

D'autres êtres font pourvus d'organes propres à différentes fonctions, & jouiffent d'un principe vital très-marqué, & de la faculté de reproduire leur femblable. On les a compris fous la dénomination générale *d'êtres organiques*.

Ces mêmes êtres fe partagent enfuite en deux branches très-diftinguées, dont l'une renferme ceux qui fe développent & vivent, mais fans être doués d'aucune fenfibilité, & fans avoir d'autres mouvemens que ceux qui ont pour caufe l'organifation propre de l'individu ou l'action des corps extérieurs. Ces êtres font appelés *végétaux* ou *plantes*.

La feconde branche des êtres organiques eft compofée de ceux qui, outre le développement & la vie, ont encore en partage le fentiment & le mouvement fpontané, & ce font les animaux, parmi lefquels l'homme jouit, à l'aide de la raifon, d'une prééminence qui le rapproche de la Divinité elle-même.

Ainsi les êtres inorganiques concourent avec les organiques dans un point commun, qui est la faculté de s'accroître ; mais ils en diffèrent en ce que dans les premiers, cet accroissement se fait par une simple addition ou combinaison de parties, & dans les seconds, par voie de développement.

Parmi les êtres organiques, les végétaux se réunissent avec les animaux par la qualité d'*être vivant*, & s'en éloignent par la nature même de cette qualité, qui, dans les végétaux, est l'effet de la seule organisation, & dépend chez les animaux, d'un principe de sentiment.

Enfin, les autres animaux qui se trouvent rapprochés de l'homme par le sentiment, laissent d'une autre part entre eux & lui, l'intervalle immense qui séparera toujours un instinct aveugle d'avec la lumière de la pensée.

L'étude de tous les êtres dont nous venons de parler, est l'objet de cette branche intéressante de nos connoissances que l'on nomme *Histoire Naturelle*, & que l'on divise ordinairement en trois parties différentes, relatives aux trois grandes classes que nous avons formées ci-deſſus, ou aux trois règnes de la Nature. Ces parties ſont :

1.° La Minéralogie, qui traite des corps inorganiques

2.° La Botanique, qui a pour objet la connoiſſance des végétaux.

3.° La Zoologie ou l'étude du règne animal.

Après cette courte expoſition, dans laquelle j'ai cru devoir entrer pour donner une idée plus nette du règne végétal, par ſa comparaiſon avec les règnes voiſins, je m'arrête à la Botanique ſeule, qui eſt l'objet direct de cet Ouvrage.

L'étude des plantes préſente d'abord deux points de vue très-diſtingués l'un de l'autre, & qui forment deux genres de connoiſſances à part.

Le premier comprend toutes les obſervations que nous fourniſſent la ſtructure intérieure des plantes; les fonctions des racines, des feuilles, des tiges; la direction des canaux qui ſont les organes de la nutrition; la manière dont la ſève ſe diſtribue dans ces mêmes canaux; le développement du germe, &c.

en un mot tout ce qui peut offrir au Phy-
ficien naturalifte une matière de découvertes
intéreffantes fur les loix de la végétation.

On peut joindre à cette confidération,
l'examen des diverfes fubftances qui compofent les plantes, & la recherche de leurs
propriétés médicinales, ou de leurs différens
ufages dans les Arts.

Le fecond point de vue, fous lequel on
peut envifager l'étude des plantes, concerne
l'obfervation de tout ce qui parle en elles
plus particulièrement aux yeux, je veux dire,
leur couleur, leur grandeur, leur durée,
& en général tout ce qui tend à nous les
faire diftinguer les unes des autres. Ce dernier
objet appartient à la Botanique proprement
dite, & la diftingue de l'autre genre d'étude,
qui eft du reffort de la Phyfique & de la
Chimie.

Les marques auxquelles on reconnoît les
plantes, ont reçu en général le nom de
caractères, & nous avons vu dans le Difcours
précédent, que l'on pouvoit en emprunter de
toutes les parties de l'individu, pourvu qu'ils
fuffent conftans & faciles à obferver.

A iij

M. Linné divife les caractères en quatre efpèces particulières, qu'il diftingue à raifon de leur emploi, & qui font :

1.° Le caractère artificiel, c'eft-à-dire, celui qui fert à déterminer les divifions de la plupart des méthodes ou fyftèmes.

2.° Le caractère effentiel, c'eft-à-dire, celui que l'on emploie pour diftinguer les genres les uns des autres.

3.° Le caractère naturel, c'eft-à-dire, celui qui fe tire d'une partie quelconque, & dont on peut faire ufage pour la diftinction des efpèces.

4.° Le caractère habituel, c'eft-à-dire, celui qui réfulte de l'enfemble & de la difpofition de toutes les parties des plantes confidérées à la fois, & qu'emploient uniquement les Botaniftes empyriques. C'eft ce caractère que l'on ne fauroit exprimer ni définir, mais qu'un coup-d'œil général fait aifément faifir, & qui eft connu fous le nom de *port, Facies propria, habitus plantæ.*

Pour moi, je n'ai eu aucun égard dans l'analyfe à cette diftinction de caractères, que je crois plus nuifible qu'avantageufe à l'étude des plantes. En effet, il arrive souvent que le même caractère, qui aura servi à lier un certain nombre de plantes comprises dans une grande division, peut être employé encore pour lier d'autres plantes qui formeroient ailleurs une sous-division très-circonscrite, ou même pour séparer une espèce d'avec une autre. Pourquoi donc négliger les ressources multipliées que la Nature nous offre pour nous aider à la connoître, & vouloir qu'un caractère ne puisse servir que dans telle ou telle circonstance prise exclusivement ! Il me semble que, quand il s'agit d'employer un caractère quelconque, toute la question doit se réduire à savoir s'il est tranchant & solide par rapport au cas présent, & alors on doit l'adopter indépendamment de toute considération particulière. En un mot, il y a autant d'espèces de caractères qu'il existe de différences sensibles entre les plantes considérées relativement à la forme, au nombre, à la proportion, à la situation, &c. de leurs parties ; & s'il y a pour certains caractères des raisons de préférence ou d'exclusion, elles doivent être tirées uniquement de la facilité plus ou moins grande d'obſerver ces caractères, & du plus ou moins de ſolidité que l'obſervation y découvre.

L'uſage fréquent que l'on a fait de ces eſpèces de renſeignemens, a introduit dans le langage de la Botanique une multitude de termes qui expriment toutes les différentes modifications des parties qui ſe ſont trouvées ſuſceptibles de fournir des caractères. Ces termes, il faut l'avouer, ont été trop multipliés ; pluſieurs même ne préſentent point un ſens aſſez déterminé : je ne les ai cependant pas ſupprimés ; je me ſuis attaché à les définir le plus clairement poſſible, dans la vue de faciliter l'intelligence des Auteurs, dont j'ai été obligé de citer les ſynonymes.

DES PLANTES,

De leurs parties conſtitutives, & des termes que l'on emploie pour exprimer leurs caractères.

1. D'APRÈS l'idée que nous avons donnée ci-deſſus du règne végétal, on peut définir la plante un corps organique qui

vit attaché à la terre ou à quelqu'autre corps, d'où il tire fa nourriture, qui a la faculté de reproduire fon femblable, mais qui eft privé du fentiment & du mouvement fpontané.

Les différens degrés de confiftance & de durée, que l'on a remarqués dans les plantes, ont donné lieu à cette diftinction fi commune entre les arbres, les arbriffeaux, les fous-arbriffeaux & les herbes.

2. L'arbre *[arbor]* eft une plante qui vit très-long-temps, qui s'élève à une grande hauteur, & dont la tige, les branches & les racines font compofées de cette matière dure & folide que l'on appelle *bois*.

3. L'arbriffeau *[frutex]* approche beaucoup de l'arbre par fa durée & fa confiftance, mais il s'élève moins que lui, & cependant beaucoup plus que les herbes.

4. Le fous-arbriffeau *[fuffrutex]* ne diffère de l'arbriffeau que par fa grandeur ; car il vit affez long-temps, & fes tiges font ligneufes, mais il ne s'élève pas plus haut que les herbes.

5. Les herbes *[herbæ]* font des plantes dont

les tiges ou les hampes font moins fermes & moins compactes que celles des fous-arbriſſeaux, des arbriſſeaux & des arbres, & qui ne durent pas au-delà de trois ans.

Ces diviſions, comme je l'ai déjà remarqué, ne font point tranchantes; il y a des eſpèces mitoyennes qui ne paroiſſent pas plus appartenir à une claſſe qu'à l'autre. Auſſi, lorſque j'ai employé dans la méthode d'analyſe, la diſtinction des tiges ligneuſes & herbacées, j'ai eu foin de ne choiſir que des individus dans leſquels le caractère indiqué fe trouvoit prononcé fans aucune équivoque.

6. Les plantes font quelquefois nommées *mâles* ou *femelles*, ou *androgynes*, ou *hermaphrodites*, ou enfin *polygames;* mais elles ne doivent ces diverſes dénominations qu'à la conſidération des différences ſexuelles de leurs fleurs. [Voyez ces mots.]

7. On diſtingue en général dans les plantes, diverſes parties que l'on peut conſidérer comme autant d'organes qui conſtituent leur eſſence. Ces organes font de deux fortes; les uns fervent au développement de l'individu & à l'entretien de fon principe vital; les autres

lui donnent la faculté de reproduire son
semblable & de perpétuer ainsi son espèce.

Parmi les premiers, on peut ranger les
racines, les tiges, les branches, les feuilles, les
supports, les vrilles, les stipules, les glandes,
les poils & les épines.

Les seconds comprennent ce qu'on nomme
parties de la fructification : ce sont, la fleur
proprement dite & ses dépendances, & ensuite
le fruit qui est composé de la graine & de ses
enveloppes lorsqu'elles ont lieu.

Comme il est essentiel de bien connoître
ces différentes parties, je vais essayer d'en
donner une idée nette & précise, & pour
cet effet je les reprendrai successivement &
dans l'ordre où je viens de les présenter.

Des Organes nécessaires au développement des Plantes & à l'entretien de leur principe vital.

I. *DE LA RACINE.*

8. La racine *[radix]* est un organe situé
communément à l'extrémité inférieure de la
plante, & qui s'enfonce presque toujours

dans la terre, où son accroissement se fait tantôt de haut en bas, tantôt horizontalement, & très-rarement de bas en haut : cet organe est doué fortement de la faculté de pomper les sucs nécessaires à la nutrition & à l'accroissement des végétaux.

9. On appelle plantes parasites *[parasiticæ]*, celles dont les racines ne sont fixées ni dans la terre, ni sur aucun corps inorganique, mais qui sont attachées à d'autres plantes aux dépens desquelles elles se nourrissent en suçant leur substance : [le gui, l'hypociste, la cuscute, &c.]

Il y a des plantes dont les racines s'attachent aux corps les plus durs, comme les lichens & les mousses qui croissent sur la pierre & sur l'écorce des arbres. D'autres plantes nagent à fleur d'eau sans adhérer à la terre : [la lenticule d'eau] d'autres paroissent entièrement privées de racine : [le *conferva*, le *byssus*, le *nostoc*] d'autres enfin semblent en être tout-à-fait composées & n'avoir aucune autre partie. [la truffe.]

La structure, la forme, la durée, la situation & la consistance des racines étant différentes dans les différentes plantes, on a donné à cette partie, diverses dénominations particulières pour en exprimer les caractères les plus saillans.

D'abord on en a distingué de trois espèces; savoir, les racines bulbeufes, les tubéreufes & les fibreufes.

[A]

10. La racine bulbeufe *[bulbofa]* porte communément le nom d'oignon; fa fubftance eft tendre, fucculente, & fa forme arrondie ou ovale : on remarque à fa partie inférieure une portion charnue d'où partent de petites racines fibreufes.

On diftingue plufieurs fortes de bulbes; les unes font écailleufes, *[fquammofi]* & font compofées de membranes épaiffes dif-pofées en écailles comme dans le lys : les autres font d'une fubftance charnue & folide *[folidi]* comme celles de la tulipe; d'autres forment plufieurs tuniques *[tunicati]* qui s'enveloppent les unes dans les autres, comme celles de l'ail, de l'oignon, &c. d'autres enfin font articulées *[articulati]* & compofées de portions charnues diſtinguées entr'elles, mais qui communiquent par des fibres intermédiaires, comme celles de la ſaxifrage granulée.

[B]

11. La racine tubéreuſe *[tuberoſa]* eſt un corps charnu, arrondi, ſolide, & d'où partent ſouvent latéralement & inférieurement de petites racines fibreuſes, [la pomme de terre]: on la nomme globuleuſe *[globoſa]* lorſqu'elle eſt d'une forme un peu ſphérique, comme dans le navet, le radix.

12. Noueuſe *[nodoſa]* quand elle forme des nœuds, comme dans la filipendule, où ces nœuds ſont ſuſpendus par des filets comme des grains de chapelet.

13. Faſciculée *[faſciculata]* lorſqu'un grand nombre de ſes portions partent d'un centre commun en s'alongeant, comme dans l'aſphodele.

14. Palmée *[palmata]* lorſque ces mêmes portions charnues ſont un peu ouvertes, comme l'*orchis latifolia* & autres.

15. Grumeleuſe *[grumoſa]* lorſqu'elle eſt diſpoſée par grumeaux, ou par petites portions

adhérentes, comme dans les griffes de renoncule, les pattes d'anémone, &c.

[C]

16. La racine fibreuse [*fibrosa*] est celle qui est composée de plusieurs jets longs, filamenteux, fibreux ou chevelus, comme dans le *veronica beccabunga*, le *plantago-lanceolata*, &c.

On la considère quant à sa forme & à sa direction, & alors on la nomme

17. Rameuse [*ramosa*] lorsqu'elle se divise en plusieurs branches latérales, comme dans le *plantago-psyllium*.

18. Fusiforme [*fusiformis*] lorsqu'elle est épaisse, alongée, & qu'elle va en diminuant comme dans la carotte, le panais, la rave, &c.

19. Pivotante [*perpendicularis*] lorsqu'elle s'enfonce profondément & perpendiculairement à l'horizon, comme celle de la rave.

20. Horizontale, [*horizontalis*] lorsque sans s'étendre beaucoup, elle est disposée parallèlement à l'horizon, comme dans l'iris.

21. Tronquée [*truncata, præmorsa*] lorsqu'elle ne se termine pas en pointe, mais que

fon extrémité paroît tronquée ou rongée, comme dans la fcabieufe des bois.

22. Articulée *[articulata]* lorfqu'elle forme différens nœuds & plufieurs articulations, comme dans la *convallaria polygonatum*.

23. Traçante ou rampante *[repens]* lorfqu'elle s'étend horizontalement & qu'elle jette des brins de tous côtés fans pénétrer profondément dans la terre, comme dans le *panicum dactylon*.

24. Stolonifère *[ftolonifera]* lorfqu'étant traçante, elle pouffe çà & là des rejets rampans qui portent eux-mêmes des racines, comme dans le chiendent.

[D]

Les racines fibreufes, & même les autres efpèces, fe diftinguent auffi par leur durée, & alors on dit qu'elles font

25. Ligneufes *[fruticofæ]* lorfqu'elles ont beaucoup de confiftance, que leurs fibres font dures & difficiles à rompre, & qu'elles fubfiftent avec leur tige pendant plus de trois ans, comme celles des arbres, des arbriffeaux & des fous-arbriffeaux. ♄

26. Vivaces

26. Vivaces [*perennes*] lorsqu'elles fubfiftent pendant plufieurs années, quoique
leur tige périffe, comme celles de l'ofeille,
de la violette. ♃

27. Bifannuelles [*biennes*] lorfqu'elles
durent avec leur tige pendant deux ans feulement, comme le perfil, le falfifix. ♂

28. Annuelles [*annuæ*] lorfqu'elles pé-
riffent avec leur tige dans l'année même
qu'elles font nées, comme celles du blé, de la
laitue, &c. ☉

Obs. Une racine n'a pas toujours befoin
d'être entière pour produire une plante. Une
petite tranche de la racine du *folanum tube-*
rofum mife en terre, vit & reproduit très-
aifément une plante complète; & de fimples
brins de celle du *triticum repens*, donneront
de même une nouvelle plante, comme feroit
une racine entière.

On remarque un rapport & une corref-
pondance fingulière entre les racines & les
tiges; car les unes & les autres fe développent
& fe divifent affez uniformément dans beaucoup de plantes: en effet une tige qui fournit
peu de branches, ou qu'on empêche de s'élever,

Tome I. B

n'a ordinairement que de médiocres racines. Cette obfervation, qu'il eft intéreffant de connoître pour la culture de certains arbres, n'eft cependant pas générale, car il y a des plantes dont les racines n'ont prefque aucune proportion avec les tiges; certaines herbes baffes, comme plufieurs *geranium, hieracium,* &c. ayant de fort groffes racines, & certains arbres comme les fapins, n'en ayant que de médiocres par comparaifon avec les tiges auxquelles elles appartiennent.

Les racines font quelquefois pleines d'un fuc laiteux, blanc & doux, comme dans la laitue, la chicorée; âcre, comme dans le tithymale, le colchique; & de couleur jaune, comme dans la chelidoine.

Elles font quelquefois plus odorantes que les autres parties de la plante, comme celles de la valériane, de la benoite, &c.

En général, les racines font recouvertes d'un épiderme un peu coloré fous lequel on trouve ordinairement une écorce affez épaiffe.

II. *Du Tronc et de la Tige.*

29. Le tronc ou la tige eft cette partie

de la plante qui part directement de l'extrémité supérieure de la racine qu'on nomme le
collet, qui s'élève ensuite perpendiculairement
dans l'air, ou rampe sur la terre, ou enfin
grimpe & s'entortille autour des différens
corps qu'elle rencontre. C'est de cette même
partie que sortent ordinairement les rameaux,
les feuilles, les supports & les organes de la
fructification de la plante.

Cette partie reçoit différens noms, selon
les différences des plantes qui en sont pourvues; ce qui fait qu'on en distingue de plusieurs
espèces; savoir:

[A]

30. Le tronc, proprement dit, *[truncus]*
c'est la partie qui soutient les branches & les
feuilles dans les arbres & les arbrisseaux. Elle
a communément des dimensions considérables:
elle est toujours d'une matière ligneuse, &
s'élève le plus ordinairement dans une direction
perpendiculaire à l'horizon.

31. Le tronc est environné extérieurement
d'une petite peau qu'on nomme épiderme,
[cuticula] qui est entière & très-lisse dans

certains arbres, & qui est crevassée & déchirée dans beaucoup d'autres, sur-tout lorsqu'ils ont vieilli.

32. Sous l'épiderme on trouve une peau épaisse qui porte le nom d'écorce, *[cortex]* & dont la partie intérieure se nomme le livret. *[liber]* Cette peau est composée d'un tissu cellulaire assez lâche, & recouvre les différens vaisseaux qui charient les sucs nourriciers de la plante, ainsi que les espèces de trachées qui reçoivent & transmettent l'air nécessaire à la circulation de ces sucs qu'on nomme *sève*.

33. Au-dessous de l'écorce & du tissu vasculeux, se trouve placé l'aubier, *[alburnum]* qui est une jeune couche imparfaitement ligneuse, que la partie intérieure du tissu vasculeux produit en se resserrant & en se durcissant, lorsqu'elle se trouve oblitérée par le froid de l'hiver qui a suspendu la circulation de la sève, ou par la pression de nouveaux vaisseaux extérieurs qui se développent tous les ans.

34. Le bois *[lignum]* est cette partie du tronc qui est parfaitement ligneuse, & qui est placée sous l'aubier. C'est une masse de fibres

compacte & très-dure, qui est produite par la continuité du resserrement de l'aubier : elle est la cause de la force des arbres, fait leur soutien, & peut être comparée à la charpente osseuse sur laquelle se trouve étayé le corps des animaux.

35. Enfin la moëlle [*medulla*] est cette partie, ou cet organe essentiel à la vie des plantes qui occupe le centre du corps ligneux : c'est un composé de vaisseaux très-lâches & d'utricules assez larges, qui ne se desséchent que par la vieillesse, ce qui produit alors la mort de l'individu.

36. La tige [*caulis*] est le tronc propre des herbes & sous-arbrisseaux ; elle s'élève en général beaucoup moins que le tronc, & a, sur-tout dans les herbes, beaucoup moins de consistance.

37. Il y a des plantes qui sont dépourvues de tige, [*plantæ-acaules*] & alors les fleurs & les feuilles ou les pétioles partent immédiatement du collet de la racine. On pourroit en françois les nommer *plantes sessiles.*

38. Celles qui au contraire produisent des tiges, sont nommées *caulescentes ;* [*plantæ-*

caulefcentes] dénomination qui ne leur eft donnée que lorfqu'on a befoin de faire ufage de ce caractère pour les diftinguer des plantes feffiles.

39. Le chaume [*culmus*] eft la tige propre des graminées ; c'eft une efpèce de tuyau fiftuleux ordinairement fimple, & très-fouvent garni de plufieurs nœuds ou articulations particulières, comme dans le blé, l'avoine, &c.

40. La hampe [*fcapus*] eft une tige herbacée qui eft parfaitement fimple, terminée par les parties de la fructification, & dénuée de feuilles ; ainfi la tige du piffenlit eft une hampe.

[B]

La tige en général reçoit différens noms, felon les différens caractères qu'on y obferve : ainfi quand on confidère fa durée ou fa confiftance, on dit qu'elle eft

41. Herbacée [*herbaceus*] lorfqu'elle eft tendre, qu'elle a peu de confiftance, & qu'elle périt entièrement tous les ans, ou tous les deux ans, comme celle de la laitue, du perfil, &c.

42. Sous-ligneuse [*suffruticosus, frutescens*] lorsque sa base subsiste sensiblement, tandis que les rameaux qu'elle produit, périssent presque entièrement tous les hivers, comme dans le *solanum dulcamara*, le *salix retusa*, &c.

43. Ligneuse [*fruticosus*] lorsqu'elle est d'une consistance solide assez semblable à celle du bois, & qu'elle subsiste pendant plus de trois ans de suite, comme dans le genêt commun.

44. Arborée [*arboreus*] lorsque dans une grande partie de sa hauteur elle est simple & nue à la manière des arbres, quoique moins élevée, & ne produisant ses rameaux & ses feuilles que vers son sommet où ces parties forment une espèce de tête, comme dans le *lavatera arborea*.

45. Solide [*solidus*] lorsqu'elle est tout-à-fait pleine, comme celle de l'*orchis-maculata*.

46. Spongieuse [*spongiosus, inanis*] lorsqu'elle est extérieurement ferme & solide, & intérieurement remplie d'une moëlle spongieuse, comme celle du sureau.

47. Creuse, fistuleuse [*fistulosus*] lorsqu'elle forme un tube ou un cylindre

évidé, comme celle de l'oignon, de l'angé-
lique, &c.

[C]

Si l'on confidère la grandeur de la tige,
on dit qu'elle eft

48. Haute d'une ligne, [*linearis*] c'eft-à-
dire de la douzième partie d'un pouce; & l'on
compare cette grandeur à la hauteur du petit
fegment circulaire blanchâtre, que l'on obferve à la racine de l'ongle du pouce.

49. Haute d'un pouce, [*pollicaris*] c'eft-à-
dire de la douzième partie d'un pied, & l'on
compare cette grandeur à la hauteur de l'ongle
du pouce.

50. Haute de trois pouces ou d'une palme,
[*palmaris*] c'eft-à-dire de la quatrième partie
d'un pied, & l'on compare cette grandeur à
la largeur de la furface que préfentent les
doigts de la main, rapprochés & étendus,
abftraction faite du pouce.

51. Haute de fept pouces, [*fpithameus*]
c'eft-à-dire d'un demi-pied plus un pouce; &
on détermine cette grandeur en mefurant l'efpace compris entre le fommet du pouce &

celui du doigt indicateur, tous deux étendus & le plus écartés qu'il est possible.

52. Haute de neuf pouces, *[dodrantalis]* c'est-à-dire des trois quarts d'un pied ; & l'on compare cette grandeur à l'espace compris entre le sommet du pouce & celui du petit doigt, tous deux étant étendus & écartés.

53. Haute d'un pied, *[pedalis]* c'est-à-dire de la sixième partie d'une toise ; & l'on compare cette grandeur à l'espace compris depuis la flexion du coude jusqu'à la base du pouce de la main.

54. Haute de six pieds, *[orgyalis]* c'est-à-dire d'une toise ; & l'on compare cette grandeur à l'espace compris depuis l'extrémité d'une main jusqu'à celle de l'autre, lorsque les deux bras sont étendus en croix : on la compare aussi à la hauteur humaine en général.

[D]

Si l'on considère la direction ou la situation de la tige, on dit qu'elle est

55. Droite *[erectus, perpendicularis, strictus]* lorsqu'elle s'élève dans une direction perpendiculaire à l'horizon. Le terme *strictus* signifie

non-feulement droite, mais encore amincie & annonçant à l'œil une forte de roideur. *Helianthus gigantæus.*

56. Lâche *[laxus, debilis]* lorfqu'ayant une fituation droite, fa délicateffe ou fa flexibilité la fait jouer librement en tous fens, comme celle de beaucoup de graminées.

57. Roide *[rigidus]* lorfqu'elle fe relève entièrement, & avec une efpèce d'élafticité, toutes les fois qu'on la courbe, comme dans le *carex vulpina.*

58. Oblique *[obliquus]* lorfqu'elle s'élève obliquement à l'horizon, comme dans le *poa annua.*

59. Montante *[afcendens]* lorfqu'étant d'abord un peu oblique ou même horizontale, elle fe recourbe en fe rapprochant de la verticale, comme dans le *panicum colonum,* *l'artemifia glacialis.*

60. Inclinée *[declinatus]* lorfqu'étant d'abord un peu oblique ou prefque droite, elle forme enfuite un arc dirigé vers la terre, comme dans le *convallaria polygonatum.*

61. Courbée, penchée *[incurvatus, nutans]* lorfqu'étant d'abord tout-à-fait droite, fon

extrémité s'incline, ou même retombe perpendiculairement, comme dans le *fritillaria
meleagris.*

62. Diffuse *[diffusus]* lorsque ses rameaux
forment des angles très-ouverts, ou divergens
dans tous les sens, comme dans le *polygonum
divaricatum.*

63. Couchée *[procumbens]* lorsqu'étant
trop foible pour se soutenir, elle s'étend
horizontalement ou s'appuie sur la terre,
comme dans l'*anagallis arvensis.*

64. Tombante *[decumbens]* lorsqu'étant
d'abord un peu redressée, elle retombe ensuite
sur la terre, comme dans le *beta maritima.*

65. Stolonifère ou traçante *[stoloniferus]*
lorsque du collet de la racine partent des
rejets particuliers qui rampent, s'étendent
au loin sur la terre, s'y attachent souvent
par des toupets de racines, & reproduisent
ainsi de nouvelles plantes, comme dans le
fraisier.

66. Rampante *[repens]* lorsqu'elle est
entièrement couchée sur la terre, qu'elle s'y
étend un peu au loin, & que souvent elle
s'y attache par de petites racines qu'elle pousse

de toutes parts, comme la nummulaire,
l'argentine.

67. Sarmenteuse *[ſarmentoſus]* lorſqu'étant
longue, mais très-foible, elle traîne ſur la
terre ſans s'y attacher par des racines, ou
grimpe ſur les corps voiſins qui s'offrent pour
la ſoutenir. Telle eſt celle de la vigne, de
la brioine, &c.

68. Radicante *[radicans]* lorſqu'elle s'attache aux corps élevés par le moyen des
racines qu'elle produit latéralement dans
toute ſa longueur, comme dans *l'arum
hederaceum.*

69. Articulée *[geniculatus]* lorſqu'elle eſt
interrompue dans toute ſa longueur par des
articulations ou par des nœuds placés de
diſtance en diſtance, comme dans la plupart
des graminées, les œillets, les poivres, &c.

70. En zig-zag *[flexuoſus]* lorſque d'un
nœud à l'autre elle ſe rejette en formant
alternativement des angles rentrans & ſaillans,
comme dans le *ſolidago flexicaulis.*

71. Grimpante *[ſcandens]* lorſqu'étant
ſarmenteuſe elle monte ſur les corps voiſins
auxquels elle s'attache ſouvent par des vrilles

ou par les pétioles tortillés de ses feuilles, comme celle de la vigne, de la clématite, &c.

72. Entortillée *[volubilis]* lorsqu'étant sarmenteuse, elle se roule en spirale autour des corps qu'elle rencontre, comme celle du haricot.

On distingue parmi ces spirales, celles qui se font de gauche à droite, c'est-à-dire dans le même sens que le mouvement diurne du Soleil, ⊂ comme dans le houblon, le chèvre-feuille des bois, &c. & celles qui se font dans un sens contraire au mouvement diurne du Soleil, c'est-à-dire de droite à gauche ⊃ comme dans le liseron, le haricot, &c. pour faire cette observation, il faut se supposer au centre de la spirale, & être tourné vers le Midi.

[E]

Si l'on considère la figure de la tige, on dit qu'elle est

73. Cylindrique *[teres]* lorsque, sem-blable à un bâton ou une canne, elle forme un cylindre, & n'a aucun angle remarquable, comme celle du *typha.*

74. Semi-cylindrique *[semi-teres]* lors-qu'elle approche de la forme cylindrique,

comme lorfqu'elle eft cylindrique d'un côté & un peu aplatie de l'autre, telle eft celle du *feftuca rubra*.

75. Comprimée *[compreffus]* lorfqu'elle eft aplatie des deux côtés dans toute fa longueur, comme celle du *poa compreffa*, du *poa annua*, &c.

76. Gladiée *[anceps]* lorfqu'elle a deux angles oppofés & un peu tranchans, comme celle du *convallaria polygonatum*.

77. Anguleufe *[angulatus]* lorfqu'elle eft chargée longitudinalement de plus de deux angles faillans, comme celle de l'airelle.

On confidère fouvent le nombre de ces angles, & on dit de la tige qu'elle eft triangulaire *[triangularis, trigonus]* lorfqu'elle a trois angles faillans ; à trois côtés *[triqueter]* lorfque fes trois faces font égales ; quadrangulaire *[quadrangularis]* lorfqu'elle a quatre faces & quatre angles, &c. &c.

D'autres fois on confidère la grandeur ou l'ouverture des angles, & on dit que la tige eft chargée d'angles aigus *[caulis acutangularis]* lorfque le fommet des angles paroît tranchant, ou d'angles obtus *[caulis obtufoangulatus]* lorfque le fommet des angles paroît émouffé.

[F]

Si l'on obſerve les acceſſoires de la tige, on dit qu'elle eſt

78. Nue *[nudus]* lorſqu'elle ne porte ni feuilles, ni écailles, ni ſtipules, ni autres parties remarquables, à moins que ce ne ſoit des rameaux. Cette expreſſion ne s'emploie pas toujours dans un ſens rigoureux; on s'en ſert quelquefois par comparaiſon pour établir la diſtinction de deux eſpèces.

79. Non feuillée, c'eſt-à-dire ſans feuilles, *[aphyllus]* ſalicornia.

80. Feuillée, ou garnie de feuilles, *[foliatus]* linum.

81. Engainée *[vaginatus]* lorſque les feuilles ou les ſtipules l'embraſſent en forme de gaine, comme dans le *polygonum*, les graminées, &c.

82. Écailleuſe *[ſquammoſus]* lorſqu'elle eſt chargée d'écailles ou de folioles courtes, éparſes & membraneuſes qui imitent des écailles, comme dans l'orobanche, le *tuſſilago*.

83. Embriquée *[imbricatus]* lorſque les feuilles ou les écailles dont elle eſt chargée,

font éparfes, très-rapprochées, & fe re-couvrent mutuellement comme les tuiles d'un toit. *Aretia helvetica, cupreſſus ſemper virens.*

[G]

Si l'on confidère la fuperficie de la tige, on dit qu'elle eft

84. Spongieufe *[ſuberoſus]* lorfqu'elle eft revêtue d'une écorce un peu molle, flexible, mais en même temps élaftique, comme celle du liége.

85. Crevaffée *[rimoſus]* lorfque fon écorce extérieure eft remarquable par des crevaffes nombreufes & irrégulières, comme encore celle du liége.

86. Feuilletée *[tunicatus]* lorfque fa fuper-ficie paroît recouverte par différentes mem-branes appliquées les unes fur les autres comme des feuillets.

87. Liffe *[lævis]* lorfque fa fuperficie eft par-tout égale & unie, comme dans le pavot, la fumeterre, &c.

88. Striée *[ſtriatus]* lorfque fa fuperficie eft chargée longitudinalement de petites côtes

nombreufes

nombreufes & rapprochées. *Chærophyllum sylveftre.*

89. Sillonnée *[fulcatus]* lorfque les excavations longitudinales de fa fuperficie font un peu profondes, un peu élargies, & imitent des fillons.

90. Glabre *[glaber]* lorfque fa fuperficie eft liffe, polie, & particulièrement lorfqu'elle n'eft chargée ni de poils, ni d'aucun duvet cotonneux : l'ofeille.

91. Rude *[fcaber]* lorfque fa fuperficie eft chargée d'éminences ou de points rudes & faillans. *Gallium parifienfe.*

92. Échinée *[echinatus, muricatus]* lorfque fa fuperficie forme des faillies aiguës & un peu piquantes. *Rubia tinctorum.*

93. Cotonneufe, laineufe *[tomentofus, lanatus]* lorfque fa fuperficie eft chargée de poils, tellement entrelacés les uns dans les autres, qu'on ne peut les diftinguer féparément, & que leur abondance donne à la plante un afpect cotonneux & blanchâtre, ou forme un tiffu qui imite une étoffe de laine. Telle eft celle du *gnaphalium dioicum,* du *verbafcum thapfus,* &c.

Tome I. C

94. Pubefcente [*pubefcens, villofus*] lorfque fa fuperficie eft chargée de poils foibles, mous & faciles à diftinguer.

95. Velue [*hirfutus, pilofus*] lorfque les poils qui couvrent fa fuperficie font un peu ramaffés, compacts & plus fermes que les précédens.

96. Hériffée, âpre [*hirtus, fcaber*] lorfque les poils font écartés les uns des autres, mais fouvent affez roides pour rendre la plante âpre au toucher, comme dans la plupart des borraginées.

97. Aiguillonnée [*aculeatus*] lorfque fa fuperficie eft garnie d'aiguillons piquans qui ne tiennent qu'à l'écorce, comme dans la ronce, le rofier, &c.

98. Épineufe [*fpinofus*] lorfqu'elle eft armée d'épines qui naiffent dans le bois où elles font adhérentes, comme dans le prunier épineux, l'aubepin, &c.

99. Cuifante [*urens*] lorfque fa fuperficie eft couverte d'aiguillons auffi petits que les poils, & dont la piqûre caufe une démangeaifon brûlante & prefque inflammatoire: l'ortie.

100. Stipulée *[stipulatus]* lorsqu'elle est garnie de stipules, comme celle de la persi-caire, de plusieurs cistes, &c.

101. Ailée *[alatus]* lorsqu'elle est garnie longitudinalement de membranes qui débordent sa superficie, & qui sont ordinairement une production des feuilles, comme celle de l'*onopordum.*

[H]

Si l'on considère la composition de la tige, on dit qu'elle est

102. Sans nœud *[enodis, æqualis]* lorsqu'elle se continue également sans être interrompue par des nœuds, ni par aucune articulation. *Scirpus lacustris.*

103. Simple *[simplex]* lorsqu'elle se continue uniformément & ne se divise que vers son sommet, ou même point du tout, comme celle du *campanula latifiola,* du *gnaphalium sylvaticum,* &c.

104. Articulée. *[articulatus]* Voyez le n.° 69.

105. Prolifère *[prolifer]* lorsqu'elle ne produit de rameaux qu'à son extrémité

d'où ils partent tous comme d'un centre commun.

106. Fourchue [*dichotomus*] lorſqu'elle ſe diviſe par-tout en formant la fourche, c'eſt-à-dire que ſes diviſions ſont toujours deux par deux & divergent entr'elles, comme dans le *valeriana locuſta*.

107. Branchue [*brachiatus*] lorſque ſes rameaux ſont oppoſés & forment des eſpèces de bras, comme dans le *mercurialis annua*.

108. Rameuſe [*ramoſus*] lorſqu'elle produit latéralement des rameaux qui ne ſont pas oppoſés, comme celle de l'abſinthe.

109. Effilée [*virgatus*] lorſqu'elle s'alonge en manière de baguette, ou lorſqu'elle produit des rameaux droits, alongés, très-menus & plians, comme dans le *ſalix vitellina*, le *ſalix viminalis*, &c.

110. Paniculée [*paniculatus*] lorſque ſes rameaux, par leurs fréquentes ſous-diviſions, imitent une panicule, (voyez ce mot) comme dans le *ſaxifraga cotyledon*.

111. En niveau [*faſtigiatus*] lorſque les rameaux ſont tous d'une égale hauteur, comme ſi on les avoit nivelés en les

coupant supérieurement. *Santolina chamæcy-pariſſus.*

112. Ouverte *[patens]* lorſque du collet de la racine partent pluſieurs tiges un peu divergentes & formant des angles aigus entre elles. *Heſperis triſtis.*

113. Étalée *[divaricatus]* lorſque du collet de la racine partent pluſieurs tiges très-écartées, formant preſque des angles obtus entr'elles, ou lorſque la tige ſe diviſe en rameaux nombreux très-étalés & très-ouverts. *Eryſimum officinale.*

[I]

114. Les rameaux ou les branches *[rami]* ne ſont que des productions ou même des diviſions de la tige. Si on les conſidère ſéparément, on dit qu'ils ſont

115. Alternes *[alterni]* lorſqu'ils ſont diſpoſés l'un après l'autre par gradation autour de la tige.

116. Oppoſés *[oppoſiti]* lorſqu'ils ſont diſpoſés par paires ſur la tige où leur inſertion ſe fait ſur deux points diamétralement oppoſés : le cornouiller.

117. Diftiques *[diflichi]* lorfqu'ils font difpofés fur deux rangs feulement, c'eft-à-dire qu'ils ne font tournés exactement que de deux côtés.

118. Épars *[fparfi]* lorfqu'ils font difpofés de tous les côtés, c'eft-à-dire qu'ils naiffent fans garder aucun ordre remarquable.

119. Ramaffés *[conferti]* lorfqu'étant épars ils font tellement nombreux qu'ils garniffent prefque toute la tige ou d'autres rameaux communs, & laiffent à peine quelque part un vide fenfible.

120. Verticillés *[verticillati]* lorfqu'ils font plus de deux à chaque articulation & qu'ils entourent ainfi la tige par étages, en manière de verticilles ou d'étoile; & dans ce cas, l'on confidère leur nombre à chaque verticille, & l'on dit qu'ils font ternés, quaternés, quinés, &c. *[terni, quaterni, quini, &c.]* *nerium.*

121. Droits *[erecti]* lorfque la tige étant dans une fituation droite, ils forment avec elle des angles très-aigus, *cupreffus.*

122. Serrés *[coarcti]* lorfqu'ils font ferrés contre la tige, quelle que foit fa direction.

123. Divergens [*divergentes*] lorsqu'étant opposés ou verticillés, ils s'écartent tellement de la tige qu'ils forment chacun un angle presque droit avec elle.

124. Étalés [*divaricati*] lorsqu'étant alternes ou épars, ils forment avec la tige & entr'eux des angles presque droits.

125. Courbés, pliés [*deflexi*] lorsqu'ils penchent en dehors en formant un peu l'arc, de sorte que leur extrémité est plus basse que leur insertion.

126. Pendans [*penduli*] lorsque par leur longueur ou par leur foiblesse ils tombent presque perpendiculairement. *Salix babylonica.*

127. Réfléchis [*reflexi, inflexi*] lorsque étant pendans, leur extrémité se recourbe vers la tige.

128. Repliés [*retroflexi*] lorsqu'étant courbés en dehors & presque pendans, leur extrémité se replie encore en différens sens.

129. Enfin on distingue ceux qui ont des supports [*voyez ce mot*] d'avec ceux qui n'en ont pas, & dans ce cas on nomme les premiers, *rameaux à supports* [*rami fulcrati.*]

OBS. Les tiges & les rameaux des plantes

fourniffent encore par leur confiftance, leur couleur, &c. beaucoup de caractères utiles pour les diftinguer.

La tige eft fucculente dans le pourpier, la bourache & la bète; sèche dans le fmilax, les graminés, &c. laiteufe dans les chicoracées, campanules, liferons, apocins, pavots, tithymales; verte dans l'hyeble, le fenouil, les oignons; cendrée dans le fureau, le charme, le peuplier; blanche dans le bouleau; rouge dans le cornouiller fanguin, dans la patience fang de dragon, dans la bète-rave, dans une variété de l'arroche des jardins; tachée dans la ferpentaire, la ciguë, la viperine; & gluante dans plufieurs filènes, dans l'aune, &c.

Elle eft tout-à-fait expofée à l'air dans le feneçon; cachée fous l'eau dans le *nymphea*, & enfoncée dans la terre ou fous la mouffe dans la clandeftine.

Les rameaux de la tige ont une difpofition remarquable dans certaines plantes; ils forment un buiffon fur le rofier, une tête fur le pommier & un cône fur le cyprès.

III. DES FEUILLES.

130. Les feuilles méritent à bien des égards

de fixer notre attention. L'époque même de
leur naiſſance qui annonce le retour du printemps & le renouvellement de la Nature; la
mobilité de ces parties qu'une légère épaiſſeur
& une queue molle & flexible rendent communément ſuſceptibles de ſe jouer au gré des
vents; ce vert riant & ami de l'œil, dont
la plupart ſont colorées; leur diſpoſition également agréable dans ſa ſymétrie & dans ſon
déſordre; tout contribue en elles à nous
préſenter la plante ſous un aſpect flatteur,
& à lui donner un air de vie & de ſanté.
Elles ſont le principal ornement de nos forêts,
où elles répandent de plus la fraîcheur &
l'ombre, & nous offrent un azyle contre les
ardeurs du ſoleil.

Mais l'objet du Naturaliſte eſt de les conſidérer par rapport au corps même de la plante,
à l'entretien de laquelle elles ſont très-utiles,
ſouvent même néceſſaires. On peut en effet
les regarder comme des extenſions particulières
de la tige & des rameaux, deſtinées à augmenter l'étendue de la ſurface extérieure de la
plante, & à préſenter à l'air un grand nombre
de pores qui pompent l'humidité ſalutaire de

ce fluide, & réparent les pertes caufées par la tranfpiration, auxquelles ne fuppléent pas fuffifamment les fucs fournis par les racines.

Toutes les plantes n'ont pas effentiellement des feuilles, les champignons [fi on peut les mettre au rang des végétaux] les falicornes, quelques joncs, plufieurs cactus, différens euphorbes, &c. paroiffent privés de cet organe.

Il y en a qui n'ont que des efpèces d'écailles qui en tiennent lieu, comme l'orobanche, la clandeftine, le nid d'oifeau, &c.

On diftingue en général dans cette partie, ce que l'on appelle proprement la *feuille*, & la queue qui cependant n'exifte pas toujours, & à laquelle on a donné le nom de *pétiole*, pour la diftinguer de la queue de la fleur que l'on appelle *péduncule*.

Le pétiole & le péduncule étant regardés comme des fupports, feront par cette raifon décrits dans un article féparé.

La feuille proprement dite *[folium]* n'eft que l'épanouiffement du pétiole, ou une continuité & une expanfion de l'écorce de la tige, formée de deux couches, l'une fupérieure

& l'autre inférieure, entre lesquelles se trouve un prolongement des vaisseaux de la plante, dont les principales ramifications forment les nervures de la feuille. Ce prolongement s'épanouit ensuite en un réseau souvent double, mais très-mince.

Entre les deux feuillets de ce réseau vasculeux, ou entre ses mailles, on observe un tissu cellulaire tendre & spongieux qu'on nomme *parenchime*, & qui est composé de vésicules, dont les unes contiennent des sucs propres à la nourriture de la plante, & les autres des liqueurs qui peuvent devenir nuisibles lorsqu'elles n'ont point été évacuées par l'évaporation.

Les sucs ou l'humidité dont les pores absorbans de la feuille dépouillent l'air, descendent & vont fournir à l'entretien des racines, tandis que celles-ci pompent d'autres sucs qui montent pour aller contribuer à l'accroissement des autres parties.

Il paroît que c'est par leur surface inférieure que les feuilles absorbent l'humidité de l'air, & que celle qui est tournée vers le ciel, ne sert qu'aux excrétions, & à garantir la furface oppofée du contact de la lumière directe qui la troubleroit dans fes fonctions ; car on a obfervé que la difpofition des feuilles étoit tellement conftante, que toutes les fois qu'on renverfoit une branche pour changer l'afpect de leurs furfaces, elles reprenoient en peu de temps leur première fituation.

Ainfi tout nous induit à croire que les feuilles entrent pour beaucoup dans la confervation de l'invidu ; qu'elles font aux racines ce que celles-ci font à l'égard des autres parties, puifque leur forme plane eft la plus convenable pour préfenter à l'air un contact plus étendu avec peu de matière, de même que la forme fibreufe des racines eft la plus propre pour percer, s'enfoncer & pénétrer dans tous les lieux où fe trouvent les fucs & l'humidité néceffaires à la nutrition de la plante.

Enfin, les feuilles offrent au Botanifte, par leur admirable diverfité, une foule de caractères fondés fur leur infertion, leur forme, leur fubftance, leur durée, &c. qui peuvent être d'un grand fecours pour faire diftinguer les plantes les unes des autres, lorfqu'on fait faire un heureux choix de ces mêmes caractères, & n'employer que ceux qui font tranchans & invariables.

[A]

Si l'on confidère le lieu où s'insèrent les feuilles, on dit qu'elles font

131. Radicales [*radicalia*] lorfqu'elles naiffent immédiatement du collet de la racine. La primevère, le piffenlit.

132. Caulinaires [*caulina*] lorfqu'elles s'insèrent fur la tige; c'eft le cas le plus commun. La laitue, la fauge.

133. Raméales [*ramea*] lorfque l'on veut exprimer celles qui s'insèrent fur les rameaux, comme celles du pommier, du cerifier.

134. Axillaires [*axillaria*] lorfqu'elles s'insèrent dans les aiffelles des branches, c'eft-à-dire, lorfqu'elles naiffent dans l'angle fupérieur formé par l'infertion de chaque branche fur la tige. Je ne connois point d'exemple de ce cas, mais très-ordinairement les feuilles naiffent immédiatement fous l'infertion des branches, de forte que ce font alors les branches qui font axillaires, puifqu'elles font placées dans

l'angle formé par les feuilles & la tige, d'où elles fortent immédiatement.

135. Florales *[floralia]* lorfqu'elles font très-voifines des fleurs. *[Voyez* Bractées *]*

On confidère fouvent leur nombre, & fi on l'exprime d'une manière indéterminée, on dit qu'elles font

136. Peu nombreufes, *[pauca]* nombreufes, *[numerofa]* très - nombreufes, *[numerofiffima]*

Et d'une manière déterminée, on dit qu'elles font

137. Géminées, ternées, &c. *[gemina, trina, vel ternata [* c'eft-à-dire, qu'elles font attachées deux par deux, ou trois par trois fur le même point de la tige, ou fur le même pétiole.

[B]

Si l'on confidère la fituation des feuilles, & leur pofition les unes à l'égard des autres, on dit qu'elles font

138. Alternes *[alterna]* lorfqu'elles font difpofées par degrés fur la tige, & qu'elles font-placées de côté & d'autre alternativement. Le chardon, le faule.

139. Distiques *[disticha]* lorsqu'elles sont toutes rangées alternativement sur deux côtés opposés de la tige ou des rameaux. Le sapin, l'if.

140. Éparses *[sparsa]* lorsqu'elles sont assez nombreuses, disposées alternativement autour de la tige ou des rameaux, mais qu'elles ne gardent entr'elles aucun ordre déterminé. *Lilium candidum, hieracium sabaudum.*

141. Ramassées *[conferta]* lorsqu'étant éparses, leur nombre est si grand que la tige ou les rameaux en sont par-tout couverts. *Euphorbia cyparissias.*

142. Fasciculées *[fasciculata]* lorsque s'insérant plusieurs ensemble sur un même point, elles forment de petits faisceaux ou paquets, distingués les uns des autres. *Asparagus retrofractus, pinus larix.*

143. Embriquées *[imbricata]* lorsque étant éparses & ramassées, elles se recouvrent l'une l'autre à moitié, comme les tuiles d'un toit. *[Voyez* n.° 83.]

144. Confluentes *[confluentia]* lorsque étant toutes situées les unes après les autres

d'une manière diſtincte, elles paroiſſent malgré cela ſe tenir & adhérer entr'elles.

145. Rapprochées [*approximata*] lorſqu'elles naiſſent toutes ſi près les unes des autres, qu'elles ne laiſſent que de très-petits vides entre les points de leur inſertion.

146. Éloignées [*remota*] lorſqu'elles laiſſent des eſpaces conſidérables entre les points de leur inſertion.

147. Oppoſées [*oppoſita*] lorſqu'elles ſont diſpoſées par paires, & que les points de leur inſertion ſont diamétralement oppoſés dans chaque couple. *Scabioſa, lonicera.*

148. Croiſées [*decuſſata*] lorſqu'étant oppoſées & plus ou moins rapprochées, la direction de chaque paire coupe à angles droits celles de la ſuivante & de la précédente, de ſorte que les feuilles paroiſſent diſpoſées ſur quatre rangs autour de la tige. *Veronica teucrium, hyſſopus myrtifolia.* Hort. reg.

149. Verticillées [*Verticillata, ſtellata*] lorſqu'elles ſont diſpoſées en anneau autour de la tige, c'eſt-à-dire, qu'elles ſont oppoſées au-delà de deux à chaque nœud, où elles forment une eſpèce d'étoile. *Gallium, lilium martagon.*

150.

150. En écailles [*squammosa*] lorsqu'elles s'insèrent sur la tige en manière d'écailles. *Cytinus hypocistis.*

[C]

Si l'on considère la direction des feuilles, on dit qu'elles sont

151. Droites [*erecta, stricta*] lorsque étant presque perpendiculaires à l'horizon, elles forment un angle très-aigu avec la tige. *Tragopogon pratense, colchicum autumnale.*

152. Roides [*rigida*] lorsqu'elles sont fermes, & qu'elles résistent à la flexion. *Gallium uliginosum.*

153. Appliquées [*adpressa*] lorsqu'elles sont rapprochées de la tige également dans toute leur longueur, & que leur disque ou leur partie moyenne y paroît appliquée.

154. Ouvertes [*patentia*] lorsque leur extrémité s'éloigne de la tige avec laquelle elles forment un angle de plus de vingt degrés, mais pas entièrement droit. *Hieracium sabaudum.*

155. Horizontales [*horizontalia*] lorsque

Tome I.   D

leurs surfaces forment un angle droit avec la tige. *Lactuca virofa.*

156. Relevées *[affurgentia]* lorfqu'étant inclinées ou fimplement horizontales, elles fe relèvent dans leur partie fupérieure, au point que leur fommet eft entièrement droit.

157. Courbées en-dedans *[inflexa, incurva]* lorfqu'elles font courbées en arc concave, de forte que leur fommet regarde la tige.

158. Réfléchies *[reflexa]* lorfqu'étant redreffées ou ouvertes dans leur partie inférieure, elles fe replient de manière que leur fommet devient horizontal ou même fe rabat vers la terre.

159. Renverfées *[reclinata]* lorfqu'elles font très-réfléchies, & que leur fommet eft plus bas que la pointe de leur infertion.

160. Roulées en-dehors *[revoluta]* lorfqu'elles font roulées fur elles-mêmes en-dehors en forme de fpirales, ou lorfqu'elles font fimplement roulées en leurs bords de deffus en-deffous. *Teucrium fupinum.*

161. Roulées en-dedans *[involuta]* lorfque les fpirales qu'elles forment aux dépens de leur longueur ou de leur largeur, fe font en-deffus.

162. Pendantes *[dependentia]* lorfque fans former aucun arc, leur fommet regarde la terre perpendiculairement.

163. Obliques *[obliqua]* lorfque leur furface, prife dans fa largeur, eft tellement inclinée, qu'elle s'écarte à peu-près également de l'horizontale & de la verticale. *Fritillaria perfica.*

164. Verticales *[verticalia, obverfa]* lorfque leur furface, prife dans fa largeur, eft perpendiculaire à l'horizon.

165. Submergées *[fubmerfa, demerfa]* lorfqu'elles font entièrement plongées, & qu'aucune de leurs parties n'atteint la furface de l'eau. *Ranunculus aquatilis.*

166. Flottantes *[natantia]* lorfqu'elles paroiffent à la furface de l'eau fans aucune immerfion. *Nymphæa, hydrocharis morfus ranæ.*

167. Radicantes *[radicantia]* lorfque couchées fur la terre ou fur d'autres corps, elles s'y attachent par de petites racines qu'elles fourniffent de leur propre fubftance. *Saxifraga cotyledon.*

D ij

[D]

Si l'on confidère l'infertion des feuilles, on dit qu'elles font

168. Pétiolées *[petiolata]* lorfqu'elles font portées fur un pétiole, c'eft-à-dire, fur une petite queue qui les joint à la tige. *Urtica dioica.*

169. Ombiliquées *[umbilicata peltata]* lorfque leur pétiole ne s'insère point fur leur bord, mais dans leur difque, c'eft-à-dire, dans le milieu de leur furface inférieure : on les nomme auffi alors feuilles en *rondache.* *Tropæleum majus. L.*

170. Seffiles *[feffilia]* lorfqu'elles s'insèrent immédiatement fur la tige, fans être foutenues par un pétiole. *Veronica teucrium.*

171. Appuyées *[adnata, adnexà]* lorfque étant feffiles, la bafe de leur furface fupérieure eft comme appuyée fur la tige ou fur les rameaux.

172. Coadnées *[coadnata]* lorfqu'elles naiffent plufieurs enfemble, & comme par paquets, fans s'inférer cependant comme celles du n.° 142, fur un même point.

173. Connées [*connata*] lorsqu'étant opposées deux à deux, elles sont tellement unies à leur base, que chaque paire ne paroît composée que d'une seule feuille. *Lonicera caprifolium, dipsacus laciniatus.*

174. Courantes [*decurrentia*] lorsque leur base se prolonge sur la tige ou sur les rameaux, & qu'elle y forme une saillie ou une espèce d'aile courante longitudinalement. *Verbascum thapsus.*

175. Amplexicaules [*amplexicaulia*] lorsqu'étant sessiles [170] elles embrassent par leur base le tour de la tige. *Hyoscyamus niger, brassica arvensis.*

176. Perfeuillées [*perfoliata*] lorsqu'elles sont enfilées dans leur disque par la tige, sans y adhérer par leurs bords. *Buplevrum rotundifolium.*

177. Engainées [*vaginantia*] lorsque leur base forme une espèce de tuyau qui entoure la tige en manière de gaine. La persicaire, les graminées.

[E]

Si l'on considère la figure des feuilles, on dit qu'elles sont

178. Orbiculaires [*orbiculata*] lorfque leurs extrémités font également éloignées d'un centre commun. *Hydrocotyle vulgaris, geranium fanguineum.*

179. Arrondies [*fubrotunda*] lorfqu'elles approchent de la figure orbiculaire. *Ranunculus hederaceus.*

180. Rondes [*rotunda*] lorfqu'ayant une figure orbiculaire, elles n'ont aucun angle remarquable. *Soldanella alpina.*

181. Ovale [*ovata*] lorfqu'étant plus longues que larges, elles font arrondies à leur bafe, & un peu plus étroites à leur fommet. *Scabiofa fuccifa.*

182. Elliptiques [*elliptica*] lorfque le diamètre de leur longueur furpaffe celui de leur largeur, & qu'elles font également arrondies & rétrécies à leurs deux extrémités. *Vicia fylvatica.*

183. Oblongues [*oblonga*] lorfque leur longueur contient plufieurs fois leur largeur. L'ofeille des prés, le bouillon blanc.

184. En parabole [*parabolica*] lorfque étant plus longues que larges, elle fe rétré-

ciſſent inſenſiblement vers leur ſommet, &
ſe terminent par un bord très-arrondi.

185. Cunéiformes *[cuneiformia]* lorſque
étant plus longues que larges, elles imitent
par leur forme un coin ou un triangle, dont
le ſommet un peu tronqué repoſe ſur la tige.
Le pourpier.

186. Spatulées *[spathulata]* lorſqu'étant
un peu cunéiformes, c'eſt-à-dire, rétrécies
à leur baſe & élargies à leur ſommet, elles
ſe terminent par un bord arrondi. *Bellis
perennis.*

187. Digitées *[digitata]* lorſqu'elles
imitent par leurs découpures les doigts de la
main. *Helleborus viridis.*

188. Oreillées *[aurita]* lorſqu'elles ont
deux appendices ou oreillettes à leur baſe,
ou près du pétiole. Quelques eſpèces de ſaule,
pluſieurs *hieracium.*

189. Lancéolées *[lanceolata]* lorſqu'étant
oblongues [183] elles ſe rétréciſſent inſenſiblement vers leur extrémité, & imitent un
fer de lance. *Gratiola officinalis.*

190. Pointues *[acuta]* lorſqu'elles ſe
terminent par un angle qui forme comme

D iv

une pointe affilée. *Lyſimachia nemorum, rumex acutus,* les graminées.

191. Linéaires [*linearia*] lorſqu'elles ſont étroites & d'une largeur preſque égale dans toute leur longueur, excepté à leur ſommet qui ſe termine en pointe. *Euphorbia cypariſſias.*

192. Subulées [*ſubulata*] lorſqu'elles ſont en forme d'alène, c'eſt-à-dire, lorſqu'elles ſont linéaires à leur baſe, & qu'elles ſe terminent inſenſiblement en une pointe très-aiguë.

193. En épingle [*aceroſa*] lorſqu'elles ſont linéaires, pointues, un peu dures, perſiſtantes pendant toute l'année, & qu'elles imitent à peu-près la forme d'une épingle. *Pinus, juniperus, taxus.*

194. Capillaires, filiformes, ſétacées [*capillaria, filiformia, ſetacea*] lorſqu'elles ſont tellement menues qu'elles imitent la forme d'un cheveu. *Feſtuca ovina, aſparagus officinalis.*

[F]

Si l'on conſidère les angles des feuilles, on dit qu'elles ſont

195. Entières [*integra*] lorfqu'elles ne font pas divifées & qu'elles n'ont aucun angle, excepté à leur fommet, ni aucune finuofité remarquable.

196. Triangulaires, quadrangulaires, quinquangulaires, &c. [*triangularia, quadrangularia, quinquangularia, &c.*] lorfque leur circonférence eft remarquable par un nombre déterminé d'angles faillans.

197. Anguleufes [*angulofa*] lorfque les angles qu'on remarque à leur circonférence ne forment point un nombre déterminé. *Chenopodium hybridum.*

198. Rhomboïdes [*rhombea*] lorfqu'elles ont quatre côtés parallèles formant quatre angles, dont deux aigus, & deux obtus. *Chenopodium vulvária.*

199. Deltoïdes [*deltoidea*] lorfqu'elles ont quatre angles, dont les deux latéraux font plus proches de la bafe que du fommet. *Chenopodium ferotinum.*

200. Trapéfiformes [*trapefiformia*] lorfqu'elles ont quatre côtés inégaux & point parallèles.

[G]

Si l'on confidère les finus ou les échancrures qui forment des angles rentrans fur le difque des feuilles, on dit qu'elles font

201. Cordiformes [*cordiformia, cordata*] lorfqu'elles font un peu en pointe à leur fommet, & échancrées à leur bafe, de manière qu'elles imitent à peu - près la forme d'un cœur. Le tilleul, la violette.

202. Réniformes [*reniformia*] lorfqu'elles ont la figure d'un rein, c'eft-à-dire, qu'elles font arrondies, un peu plus larges que longues, & échancrées à leur bafe. *Afarum europæum.*

203. Lunulées [*lunata, lunulata*] lorfqu'elles imitent la forme d'un croiffant, c'eft-à-dire, lorfqu'elles font arrondies & échancrées à leur bafe, dont chaque lobe fe termine par un angle.

204. Sagittées [*fagittata*] lorfqu'elles imitent un fer de flèche, c'eft-à-dire, lorfqu'elles font triangulaires & échancrées à leur bafe. *Convolvulus arvenfis.*

205. Haftées [*haftata*] lorfqu'elles imitent

un fer de pique, c'eſt-à-dire, lorſqu'elles ſont triangulaires, creuſées à leur baſe & ſur les côtés, & que les deux angles latéraux divergent & ſe rejetent un peu en dehors. *Rumex ſcutatus, arum maculatum.*

206. Runcinées [*runcinata*] lorſqu'elles ſont découpées latéralement en lobes profonds & écartés, qui ne vont pas en diminuant vers leur baſe commune. *Eryſimum officinale.*

207. Panduriformes [*panduriformia*] lorſqu'elles ſont à peu-près en forme de violon, c'eſt-à-dire, lorſqu'étant oblongues, un peu élargies ſur-tout vers leur baſe, elles ſont remarquables par une échancrure de chaque côté. *Rumex pulcher.*

208. Bifides, trifides, quadrifides, &c. [*bifida, trifida, quadrifida, &c.*] lorſqu'elles ſont fendues en deux, ou trois, ou quatre lanières, &c. *Callitriche autumnalis.*

209. Multifides [*multifida*] lorſque le nombre de leurs lanières ou découpures eſt indéterminé, *potentilla multifida, peganum harmala.*

210. Pinnatifides [*pinnatifida*] lorſqu'elles ſont imparfaitement ailées, c'eſt-à-dire, lorſ-

qu'elles font découpées de chaque côté en manière d'aile, affez profondément, mais point jufqu'à la côte. La berce, le tabouret, la fcabieufe des champs.

211. Lobées *[lobata]* lorfqu'elles font fendues en plufieurs parties dont les extrémités font arrondies en manière de lobes. Le lierre, la vigne, &c.

212. Partagées *[partita]* lorfqu'elles font fendues ou découpées en plufieurs parties jufqu'à leur bafe. Pour déterminer le nombre de ces parties, on dit partagées en deux, en trois, en quatre, &c. *[bipartita, tripartita, quadripartita, &c.]* & d'une manière indéterminée, partagées en beaucoup de parties *[multipartita]* lorfque le nombre de ces divifions eft peu fixe & au-delà de quatre.

213. Palmées *[palmata]* lorfqu'elles imitent une main ouverte, c'eft-à-dire, lorfqu'elles font divifées à peu-près depuis leur milieu en plufieurs parties prefqu'égales. *Paffiflora cærulea.*

214. Lyrées *[lyrata]* lorfqu'elles font en lyre, c'eft-à-dire, lorfqu'elles font découpées latéralement en lobes profonds, écartés, élargis

à leur base, pointus à leur sommet, & qui vont en diminuant de grandeur vers la partie inférieure de la feuille. Le pissenlit, plusieurs *sisymbrium.*

215. Sinuées [*sinuata*] lorsque leurs côtés sont remarquables par plusieurs sinuosités ou espèces d'échancrures arrondies & très-ouvertes. *Hyosciamus niger.*

216. Laciniées, déchiquetées [*laciniata, dissecta*] lorsque leurs divisions ou découpures sont elles-mêmes une ou plusieurs fois divisées. *Eryngium campestre, geranium dissectum.*

[H]

Si l'on considère la bordure des feuilles [*margo foliorum*] c'est-à-dire, leur bord ou limbe, abstraction faite de leur disque, on dit qu'elles sont

217. Très-entières [*integerrima*] lorsque leur limbe se continue par-tout sans aucune division quelconque. *Lonicera caprifolium.*

218. Crénelées [*crenata*] lorsque leur bord est divisé par des dents arrondies ou obtuses qu'on nomme crénelures. *Betonica officinalis.*

219. Dentées, dentelées [*dentata, denti-culata*] lorfque leur bord eft divifé par des dents pointues qui ne regardent pas le fommet de la feuille. *Androface maxima.*

220. En fcie [*ferrata*] lorfque leur bord eft divifé par des dents pointues qui regardent le fommet de la feuille. *Achillæa ptarmica.*

221. Ciliées [*ciliata*] lorfque leur bord eft garni de poils parallèles comme des cils. *Erica tetralix.*

222. Épineufes [*fpinofa*] lorfque leur bord eft garni de pointes aiguës, dures & piquantes. Les chardons, le houx.

223. Cartilagineufes [*cartilaginea*] lorfque leur bord eft diftingué par une efpèce de cartilage, ou de fubftance plus ferme & plus sèche que celle de la feuille. *Saxifraga coty-ledon.*

224. Déchirées [*lacera*] lorfque leur bord eft partagé par des découpures inégales & difformes.

225. Rongées [*erofa*] lorfqu'étant finuées [215], leurs échancrures ou finuofités en ont d'autres plus petites & inégales entr'elles. *Hyofcyamus aureus.*

[I]

Si l'on confidère le fommet des feuilles, on dit qu'elles font

226. Obtufes *[obtufa]* lorfque leur fommet eft prefque arrondi, & femble être émouffé. Le gui.

227. Échancrées *[emarginata]* lorfqu'elles ont à leur fommet une entaille médiocre qui les partage en deux portions peu alongées. *convolvulus brafilienfis.*

228. Émouffées *[retufa]* lorfque leur fommet eft très-obtus, prefque échancré & comme écrafé. *Vicia fativa.*

229. Mordues *[præmorfa]* lorfque leur fommet eft très-obtus, & terminé en même temps par de petites découpures ou déchirures inégales.

230. Tronquées *[truncata]* lorfque leur fommet fe termine par une ligne ou bord tranfverfal, comme s'il avoit été coupé.

231. Aiguës, pointues, *[acuta]* lorfqu'elles fe terminent en pointe, c'eft-à-dire, par un angle aigu. *Rumex crifpus.*

232. Mucronées *[mucronata]* lorfque la

pointe aiguë qui les termine forme une faillie, & ne paroît pas être la fuite du rétréciffement infenfible de la feuille. *Gallium uliginofum.*

233. Vrillées [*cirrhofa*] lorfqu'elles fe terminent par un ou plufieurs filets qui s'entortillent, s'accrochent aux corps voifins, & qu'on nomme *vrilles. Lathyrus, vicia.*

[K]

Si l'on confidère la fuperficiè des feuilles, on diftingue d'abord à raifon de leur forme aplatie en général, la furface fupérieure qui eft tournée vers le ciel [*pagina fuperior*] d'avec l'inférieure qui regarde en bas [*pagina inferior, vel prona pars*] & on dit qu'elles font

234. Nues [*nuda*] lorfqu'elles n'ont aucune excroiffance particulière, c'eft-à-dire, qu'elles ne font point chargées de glandes, de poils, d'épines, &c. Le lilac.

235. Glabres [*glabra*] lorfqu'elles font nues, & que leur furface eft de plus unie & fans inégalités remarquables. *Spinacia oleracea.*

236. Luifantes [*lucida, nitida*] lorfqu'elles font tellement glabres qu'elles femblent avoir le poli de l'acier. *Angelica lucida.*

237.

237. Colorées [*colorata*] lorsque leur couleur diffère de la couleur verte qu'elles ont en général. *Amaranthus tricolor.*

238. Nerveuses [*nervosa*] lorsqu'elles ont des côtes ou nervures saillantes, qui s'étendent de la base au sommet sans se ramifier. Le plantain. On exprime aussi très-souvent le nombre des nervures, lorsqu'il est assez constant & assez petit pour être déterminé facilement. *Helianthus divaricatus, smilax aspera.*

239. Non nerveuses [*enervia*] lorsque leurs surfaces ne sont marquées d'aucune nervures. La tulipe.

240. Striées, marquées de lignes [*striata, lineata*] lorsqu'elles portent des lignes longitudinales, parallèles, à peine saillantes, mais très-visibles. *Ixia scillaris.*

241. Sillonnées [*sulcata*] lorsqu'elles sont marquées de traces ou de petites excavations longitudinales, nombreuses & parallèles, qu'on nomme *sillons. Curcuma longa.*

242. Veinées [*venosa*] lorsqu'elles sont marquées de côtes ou nervures assez petites, mais extrêmement ramifiées, & qui commu-

Tome I. E

niquent les unes avec les autres. *Viburnum lantana, falix myrfinites.*

243. Ridées [*rugofa*] lorfque leurs veines font difpofées à l'aife, & que les portions de leur furface renfermées dans les ramifications des nervures, font élevées & forment des rides ou de petites éminences très-nombreufes. *Heliotropium Europæum, primula veris officinalis.*

244. Bullées [*bullata*] lorfque les rides ou les parties renflées de leur furface fupérieure font évidées en-deffous. *Ocymum bafilicum. δ.*

245. Ponctuées [*punctata*] lorfque leur furface eft parfemée de petits points nombreux, excavés ou en relief. *Alyffum montanum.*

246. Mamelonnées [*papillofa*] lorfqu'elles font chargées de points véficulaires un peu élevés & charnus, ou hériffées de tubercules nombreux. La glaciale.

247. Glanduleufes [*glandulofa*] lorfqu'elles font chargées de glandes [voyez ce mot] à leur bafe, ou dans les dentelures de leurs bords ou fur leur dos. *Viburnum opulus, falix alba, prunus lauro-cerafus.*

248. Vifqueufes, gluantes *[vifcida, glutinofa]* lorfqu'elles font enduites d'un fuc glutineux, tenace & collant. *Betula alnus, fenecio vifcofus.*

249. Pubefcentes *[pubefcentia, villofa]* lorfque leur fuperficie eft chargée d'un duvet très-fin, peu ferré & affez court, mais facile à diftinguer. *Sorbus domeftica.*

250. Cotonneufes, laineufes *[tomentofa, lanata]* lorfque leur fuperficie paroît comme drapée, c'eft-à-dire, qu'elle eft chargée de poils tellement entrelacés les uns dans les autres, qu'on ne peut les diftinguer féparément, & qu'ils lui donnent un afpect cotonneux ou laineux & blanchâtre. *Verbafcum thapfus.*

251. Soyeufes *[fericea]* lorfqu'elles font chargées de poils mous, parallèles, couchés, entaffés & luifans, c'eft-à-dire, qui donnent à la feuille un afpect foyeux & fatiné. *Potentilla anferina.*

252. Barbues *[barbata]* lorfqu'elles font chargées de poils ramaffés & prefque difpofés par faifceaux, mais à peu-près parallèles & point entrelacés. *Vincetoxicum.*

253. Velues *[hirfuta, pilofa]* lorfque

les poils qui couvrent leur superficie font alongés, mais point fasciculés ni entrelacés. *Hieracium pilosella.*

254. Rudes, raboteuses [*scabra, aspera*] lorsque leur superficie est parsemée de tubercules rudes, qui s'accrochent aisément aux étoffes. *Gallium apparine.*

255. Hérissées [*hispida, hirta*] lorsque leur superficie est couverte de poils rudes & fragiles, *echium vulgare;* ou de poils écartés les uns des autres, *daucus carota.*

256. Piquantes [*aculeata, strigosa*] lorsqu'elles sont chargées de petites pointes aiguës & piquantes, quoiqu'à peine visibles. *Gallium uliginosum, rubia tinctorum.*

[L]

Si l'on considère la longueur ou l'expansion des feuilles, on dit qu'elles sont

257. Très-longues ou très-courtes [*longissima, brevissima*] lorsque l'on considère leur longueur d'une manière absolue, ou seulement par rapport à la grandeur de la tige, ou à la grandeur des entre-nœuds. *Salix viminalis.*

258. Planes *[plana]* lorſque leurs deux ſurfaces ſont aplaties & parallèles dans toute leur étendue. *Juncus piloſus, thymus ſerpyllum.*

259. Canaliculées *[canaliculata]* lorſqu'il règne dans toute leur longueur un ſillon ou une gouttière profonde, en forme de canal. *Allium anguloſum.*

260. Concaves *[concava]* lorſque leur bord eſt plus élevé que leur diſque, qui paroît creuſé ou enfoncé. *Geranium cucullatum; cotyledon umbilicus.*

261. Convexes *[convexa]* lorſque leur bord eſt moins élevé que leur diſque, qui paroît former une boſſe.

262. Pliſſées *[plicata]* lorſqu'elles forment des plis remarquables, c'eſt-à-dire, lorſque leur diſque d'un bord à l'autre, forme des enfoncemens & des élévations, ſoit parallèles, ſoit rayonnées. *Alchimilla vulgaris.*

263. Ondées *[undata, undulata]* lorſque leur circonférence, plus grande à proportion que leur diſque, les fait flotter en replis obtus & ondoyans. *Potamogeton criſpum.*

264. Friſées *[criſpa]* lorſqu'étant ex-trêmement ondées, leurs bords paroiſſent

difformes & comme mal frifés. *Malva crifpa.*

[M]

Si l'on confidère la fubftance des feuilles en particulier, & relativement à leur forme, on dit qu'elles font

265. Membraneufes [*membranacea*] lorf-qu'elles ne font point épaiffes, & qu'elles n'ont prefque point de pulpe. *Lathyrus fylveftris.*

266. Scarieufes [*fcariofa, arida*] lorfque leur fubftance eft aride, sèche, blanchâtre, fonore au tact, & fouvent gercée ou remplie de cicatrices.

267. Épaiffes [*craffa*] lorfque leur fub-ftance eft compacte, ferme & folide. *aloe, agave.*

268. Charnues, pulpeufes [*carnofa, pul-pofa*] lorfqu'elles font épaiffes & compactes, & que leur fubftance eft tendre & fucculente. *Sedum; falfola vermiculata.*

269. Renflées [*gibba*] lorfqu'étant char-nues, elles font plus épaiffes dans leur milieu, & comme convexes des deux côtés. *Sedum acre.*

270. Cylindriques *[cylindrica, teretia]* lorfqu'elles imitent un cylindre, excepté dans leur fommet qui fe termine en pointe. *Allium fchænoprafum.*

271. Comprimées *[compreffa, depreffa]* lorfqu'étant fucculentes & épaiffes, elles ont quelqu'aplatiffement fenfible. Plufieurs *fedum, mefembryanthemum.*

272. Carinées *[carinata]* lorfqu'elles font en forme de carène, c'eft-à-dire, creufées en gouttière longitudinale dans leur milieu, & relevées en-deffous par une faillie anguleufe ou un peu tranchante. *Afphodelus ramofus.*

273. A trois côtés *[triquetra]* lorfqu'elles ont longitudinalement trois faces ou trois côtés planes, & qu'elles fe terminent par une pointe.

274. Ligulées *[ligulata, linguiformia]* lorfqu'elles font linéaires, charnues, obtufes & un peu convexes en-deffous. *Mefembryanthemum linguiforme.*

275. Enfiformes *[enfiformia]* lorfqu'elles imitent un glaive, une épée, c'eft-à-dire, qu'elles font alongées, un peu épaiffes dans

leur partie moyenne, prife quant à la largeur; qu'elles ont un bord tranchant de chaque côté, & qu'elles fe rétréciffent vers leur fommet, où elles fe terminent en pointe. *Iris Pfeudo-acorus.*

276. En fabre [*acinaciformia*] lorfqu'elles font alongées, un peu charnues, ayant un bord mince & tranchant, & l'autre épais & obtus. *Mefembryanthemum acinaciforme.*

277. En doloir [*dolabriformia*] lorfqu'elles imitent un couteau, ou cette efpèce de hache dont fe fervent les tonneliers, c'eft-à-dire, lorfqu'elles font un peu cylindriques à leur bafe, planes & élargies fupérieurement; qu'elles ont un côté tranchant, & que leur fommet fe termine par un bord arrondi. *Mefembryanthemum dolabriforme.*

[N]

Si l'on confidère la durée des feuilles, on dit qu'elles font

278. Caduques [*caduca, decidua*] lorf- qu'elles tombent avant la maturité du fruit, ou à la fin de l'été. *Quercus robur, carpinus, &c.*

279. Perſiſtantes [*perſiſtentia, ſempervirentia*] lorſqu'elles ne tombent point à la fin de l'année, & qu'elles perſiſtent pendant un ou pluſieurs hivers. *Quercus ilex, buxus, &c.*

[O]

Si l'on conſidère la compoſition des feuilles, c'eſt-à-dire, leur nombre, leur poſition, & leur inſertion ſur le même pétiole, on dit qu'elles ſont

280. Simples [*ſimplicia*] lorſque leur pétiole n'eſt terminé que par un ſeul épanouiſſement, c'eſt-à-dire, ne porte qu'une ſeule feuille. L'oſeille, la violette.

281. Compoſées [*compoſita*] lorſque leur pétiole eſt terminé par pluſieurs épanouiſſemens, c'eſt-à-dire, porte pluſieurs feuilles très-diſtinctes les unes des autres, auxquelles on a donné le nom de folioles. *Vicia, hippocaſtanum.*

282. Articulées [*articulata*] lorſqu'elles naiſſent ſucceſſivement du ſommet les unes des autres. *Cactus opuntia.*

283. Conjuguées [*conjugata*] lorſque leur pétiole très-ſimple, porte une ou pluſieurs

paires de folioles oppofées; ce qui fait qu'on nomme *bijuguées, trijuguées,* &c. *[bijugata, trijugata, &c.]* celles qui font formées par deux ou trois conjugaifons, c'eft-à-dire, deux ou trois paires de folioles oppofées. *Caffia.*

284. Binées, ternées, quaternées, quinées, &c. *[binata, ternata vel trina, quaternata, quinata, &c.]* lorfque leur pétiole commun porte deux ou trois, ou quatre, ou cinq folioles inférées fur le même point en manière de digitations. *Zygophyllum, trifolium,* plufieurs *cleome,* &c.

285. Pédiaires *[pedata]* lorfque leur pétiole fe divife en deux à fon extrémité, & que plufieurs folioles naiffent fur le côté intérieur de fes divifions. *Helleborus niger, arum dracunculus.*

286. Ailées, pinnées *[pinnata]* lorfque plufieurs folioles font rangées en manière d'ailes des deux côtés, & le long d'un pétiole commun. *Glycirrhiza, aftragalus.*

287. Ailées avec interruption *[interruptè-pinnata]* lorfque leurs folioles ont des dimenfions inégales, c'eft-à-dire, lorfqu'elles font

alternativement grandes & petites. L'Aigre-
moine.

288. Ailées avec une impaire [*impari-
pinnata*] lorſqu'elles ſont terminées par une
foliole impaire. Le térébinthe, le noyer.

289. Ailées ſans impaire [*abruptè-pinnata*]
lorſqu'elles ſont terminées par deux folioles
oppoſées, & point par une impaire. Le
lentiſque.

290. Les feuilles ailées [286] ont encore
diverſes marques qui ſervent à les diſtinguer;
les unes ſont terminées par un ou pluſieurs
filets qu'on nomme *vrilles* [*folia pinnata
cirrhoſa*], d'autres ont leurs folioles diſpoſées
alternativement [*folia alternè-pinnata*], d'autres
les ont oppoſées [*oppoſitè-pinnata*], d'autres
enfin les ont courantes ſur le pétiole commun
[*decurſivè-pinnata*].

[P]

Si l'on conſidère le degré de compoſition
des feuilles, on dit qu'elles ſont

291. Recompoſées [*decompoſita*] lorſqu'elles ſont en quelque ſorte compoſées
deux fois, c'eſt-à-dire, lorſque leur pétiole

au lieu de porter des folioles de chaque côté, porte d'autres petits pétioles, d'où fortent à droite & à gauche des folioles particulières. *Ruta graveolens.*

292. Bigeminées *[bigeminata]* lorfque leur pétiole fe bifurque, & foutient à fes extrémités quatre folioles difpofées par paires.

293. Biternées *[biternata]* lorfque leur pétiole fe divife en trois parties, qui portent chacune trois folioles. *Epimedium.*

294. Bipinnées *[bipinnata]* lorfqu'elles font deux fois ailées, c'eft-à-dire, lorfque leur pétiole porte de chaque côté des feuilles ailées. *Mimofa cinerea.*

295. Sur-compofées *[fupra-decompofita]* lorfqu'elles font plus de deux fois compofées, c'eft-à-dire, lorfque leurs pétioles plufieurs fois divifés portent des filets qui au lieu de fe terminer par des folioles, fe divifent encore en d'autres filets qui foutiennent des folioles. *Spiræa aruncus.*

296. Tergeminées *[tergemina, triplicato-gemina]* lorfque leur pétiole fe divife en trois parties, qui foutiennent chacune à leur fommet quatre folioles féparées par paires.

297. Triternées [*tri - ternata, triplicato-ternata*] lorsque leur pétiole se divise en trois parties, qui se subdivisent encore chacune en trois autres parties, chargées chacune de trois folioles.

298. Tripinnées [*tripinnata, triplicato-pinnata*] lorsqu'elles sont trois fois ailées, c'est-à-dire, lorsque leur pétiole porte de chaque côté, en manière d'ailes, plusieurs folioles bipinnées [294] avec ou sans impaire terminale.

IV. *DES SUPPORTS.*

299. Outre la tige, qui dans les Plantes où elle existe, est comme le support commun de toutes les autres parties, un grand nombre de vegétaux ont encore des supports particuliers en forme de queue, qui soutiennent leurs feuilles & leurs fleurs, & en diversifient de mille manières le port & la situation : ces espèces de queue méritent seules proprement le nom de *supports;* cependant, on a compris sous cette dénomination générale quelques-autres parties, dont les unes aident aux Plantes à se soutenir, ou servent à les

garantir & à les défendre, & les autres faci-litent l'excrétion de quelque humeur.

Nous parlerons d'abord du pétiole & du péduncule, qui font les fupports proprement dits : nous pafferons enfuite aux autres efpèces, qui font, la vrille, les ftipules, les bractées, les épines, les éguillons, les poils, les glandes, les écailles, & les humeurs extérieures.

Du Pétiole.

300. Le Pétiole [*Petiolus*] eft cette partie du tronc ou des rameaux des Plantes qui foutient les feuilles, mais jamais les fleurs ni le fruit, & qu'on nomme vulgairement *queue des feuilles.*

[A]

Le Pétiole, relativement à fa figure, eft appelé

301. Linéaire [*linearis*] lorfqu'il eft très-menu & égal dans toute fa longueur.

302. Ailé [*alatus*] lorfqu'il eft bordé de chaque côté d'une membrane courante & longitudinale. L'oranger.

303. Membraneux [*membranaceus*] lorfqu'il

eſt comprimé & tellement aminci , qu'il ne paroît contenir aucune ſubſtance pulpeuſe.

304. Cylindrique *[teres]* lorſqu'il eſt arrondi dans toute ſa longueur.

305. Demi-cylindrique *[ſemi-teres]* lorſqu'il eſt cylindrique d'un côté, & un peu comprimé de l'autre.

306. Anguleux *[angulatus]* lorſqu'il n'eſt ni parfaitement cylindrique , ni parfaitement plane, mais remarquable par pluſieurs angles ſaillans.

307. Plane *[planus]* lorſqu'il eſt aplati & comprimé des deux côtés , & qu'il a en même temps une épaiſſeur ſenſible.

308. Canaliculé *[canaliculatus]* lorſque ſa ſurface ſupérieure eſt creuſée par un ſillon, ou une gouttière profonde & longitudinale.

[B]

Le Pétiole conſidéré relativement à ſa grandeur, que l'on compare preſque toujours à l'extenſion longitudinale de la feuille, eſt appelé

309. Très - court *[breviſſimus]* lorſque

fa longueur eft furpaffée plufieurs fois par celle de la feuille.

310. Court *[brevis]* lorfque fa longueur eft moindre que celle de la feuille, mais en approche.

311. Médiocre *[mediocris]* lorfque fa longueur eft fenfiblement égale à celle de la feuille.

312. Long *[longus]* lorfque fa longueur furpaffe fenfiblement celle de la feuille, mais non de plufieurs fois.

313. Très-long *[longiffimus]* lorfque fa longueur furpaffe plufieurs fois celle de la feuille.

[C]

Si l'on confidère l'infertion du pétiole, on dit qu'il eft

314. Adhérent *[infertus]* lorfqu'il ne s'élargit point à fa bafe, & qu'il ne paroît adhérent à la plante que par un fimple contact, fans s'appliquer à la furface de la tige ou des rameaux dans aucune portion de fa longueur.

315. Cohérent *[adnatus]* lorfque fa bafe s'élargit, & qu'il s'applique dans une

partie

partie de fa longueur fur la furface de la tige ou des rameaux, de forte que l'on ne pourroit l'en détacher, fans déchirer en même temps une portion de l'épiderme de la plante, plus grande que celle qu'embrafferoit la fimple épaiffeur du pétiole.

316. Décurrent [*decurrens*] lorfque fa bafe fe prolonge fur la tige ou fur les rameaux, & y laiffe une ou plufieurs faillies courantes en manière d'aile.

317. Amplexicaule [*amplexicaulis*] lorfque fa bafe en s'élargiffant, embraffe ou environne la tige.

318. Engainé [*vaginans*] lorfque fa bafe forme une efpèce de gaine qui enveloppe un peu la tige.

319. Appendiculé [*appendiculatus*] lorfque fa bafe fe termine par une ou plufieurs appendices feuillées.

[D]

On confidère auffi la direction du pétiole, & alors on dit qu'il eft

320. Redreffé [*erectus*], montant [*affur-*

Tome I.   F

gens], ouvert *[patens]*, recourbé *[recurvatus]*, divergent *[patulus]*, &c.

[E]

Si l'on confidère fa fuperficie, on dit qu'il eft

321. Glabre *[glaber]*, garni d'aiguillons *[aculeatus]*, épineux *[fpinofus]*, glanduleux *[glandulofus]*, nu *[nudus]*, coloré *[coloratus]*, &c.

Du Péduncule.

322. Le Péduncule *[pedunculus]* eft ce prolongement de la tige ou des rameaux des Plantes qui foutient les fleurs & les fruits, & qu'on nomme vulgairement leur queue : le péduncule eft aux fleurs ce que le pétiole eft aux feuilles.

[A]

Le Péduncule, relativement à fa compofition, eft appelé

323. Commun *[communis]* lorfqu'il eft chargé de plufieurs fleurs, ou lorfqu'il fe divife en plufieurs autres péduncules particuliers, chargés de fleurs & de fruits.

324. Partiel *[partialis]* lorfqu'étant chargé d'une feule fleur, il ne s'insère pas directement fur la tige ou fur les rameaux, mais fur un péduncule commun dont il n'eft qu'une divifion.

325. Simple *[fimplex]* lorfqu'il ne porte qu'une feule fleur, & qu'il s'insère directement fur la tige ou fur les rameaux.

Obs. La Hampe [voyez ce mot] peut être regardée comme un péduncule fimple, qui s'insère immédiatement fur la racine de la plante.

[B]

Si l'on confidère le lieu de l'infertion du péduncule, on dit qu'il eft

326. Radical *[radicalis]* lorfqu'il s'insère immédiatement fur la racine, & alors il ne diffère pas de la hampe. *Anemone hepatica.*

327. Caulinaire *[caulinus]* lorfqu'il s'insère fur la tige ; raméal *[rameus]* lorfqu'il s'insère fur les rameaux ; pétiolaire *[petiolaris]* lorfqu'il s'insère fur le pétiole.

328. Cirrhifère *[cirrhiferus]* lorfqu'il porte ou produit latéralement une vrille ou un filet. *Vitis, cardiofpermum.*

329. Terminal [*terminalis*] lorfqu'il termine la tige ou les rameaux. *Lilium, tulipa.*

330. Axillaire [*axillaris*] lorfqu'il s'insère dans l'angle formé par les feuilles avec la tige, ou dans celui que forment les rameaux à leur naiffance. *Gratiola officinalis.*

331. Oppofé aux feuilles [*oppofiti-folius*] lorfqu'il s'insère dans un point oppofé à celui de l'infertion des feuilles. *Vitis.*

332. Au côté des feuilles [*laterifolius*], parmi les feuilles [*interfoliaceus*], au-deffus des feuilles [*fuprafoliaceus*], au-delà ou au-deffous des feuilles [*extrafoliaceus*], &c.

[C]

Si l'on confidère la fituation & le nombre des péduncules, on dit qu'ils font

333. Oppofés [*oppofiti*] lorfqu'ils s'insèrent fur deux points oppofés de la tige. *Teucrium pfeudo-chamæpitys.*

334. Verticillés [*verticillati*] lorfqu'ils font oppofés plus de deux à chaque nœud, & pour ainfi dire difpofés en anneau ou en étoile. *Marrubium.*

335. Alternes [*alterni*] lorsqu'ils sont disposés alternativement, mais seulement de deux côtés opposés de la tige ou des rameaux.

336. Épars [*sparsi*] lorsqu'ils sont disposés alternativement, mais de tous côtés & sans ordre.

337. Solitaires [*solitarii*] lorsqu'ils sont seuls chacun dans le lieu de leur insertion. *Pyrus cydonia.*

338. Geminés [*geminati*] lorsqu'ils sont disposés deux à deux sur chaque point de leur insertion.

[D]

Si l'on considère la direction des péduncules, on dit qu'ils sont

339. Appliqués [*adpressi*] lorsqu'ils sont rapprochés de la tige également dans toute leur longueur, & qu'ils y paroissent appliqués.

340. Droits [*erecti*] lorsqu'ils forment un angle très-aigu avec la tige, & qu'ils s'approchent de la verticale.

341. Serrés [*coarcti*] lorsqu'ils sont nombreux, rapprochés & très-serrés contre la tige.

F iij

342. Étalés, ouverts [*patentes, divaricati*] lorfqu'ils font nombreux & rapprochés dans le lieu de leur infertion , mais divergens & ayant leur fommet très-écartés de la tige qui les foutient.

343. Penchés [*cernui*] lorfque leur fommet eft courbé de façon que les fleurs qu'ils portent ont une nutation remarquable, & font tournées en-dehors ou vers la terre. *Carduus nutans.*

344. Retournés [*refupinati*] , inclinés [*declinati*], perpendiculaires [*ftricti*] , tortueux [*flexuofi*] , &c.

345. Débiles, foibles [*flaccidi*] lorfque leur foibleffe eft telle qu'ils fléchiffent entraînés par le poids de la fleur.

346. Montans [*afcendentes*] lorfqu'étant un peu inclinés à leur bafe, ils fe redreffent enfuite & fe rapprochent de la perpendiculaire.

347. Pendans [*penduli*] lorfqu'ils font tournés tout-à-fait vers la terre, & qu'ils pendent perpendiculairement.

348. Uniflores, biflores, triflores, &c. [*uniflori, biflori, triflori, &c.*] lorfque l'on veut exprimer le nombre des fleurs qu'ils portent chacun en particulier.

349. Multiflores *[multiflori]* lorfque l'on veut exprimer qu'ils portent chacun beaucoup de fleurs, dont on ne détermine pas le nombre.

350. Courts *[breves]*, très-courts *] breviſſimi]*, longs *[longi]*, très-longs *[longiſſimi]* &c. lorfque l'on veut déterminer leur grandeur comparée à celle de la fleur.

[E]

Si l'on confidère la ſtructure & la forme du péduncule, on dit qu'il eſt

351. Cylindrique *[teres]* lorfqu'il eſt arrondi dans ſa longueur comme un cylindre; trigone *[trigonus, triqueter]* lorfqu'il a trois faces égales; tétragone *[tetragonus]* lorfqu'il a quatre faces égales.

352. Filiforme *[filiformis]* lorfqu'il eſt égal dans toute ſa longueur, & que ſon épaiſſeur ſurpaſſe à peine celle d'un fil.

353. Aminci *[attenuatus]* lorfque ſon épaiſſeur va en diminuant vers ſon ſommet, de ſorte qu'il eſt plus grêle près de la fleur qu'à ſa baſe.

F iv

354. Épaiſſi *[incraſſatus]* lorſque ſon épaiſſeur eſt plus conſidérable vers ſon ſommet. *Tragopogon.*

355. En maſſue *[clavatus]* lorſqu'étant très - épaiſſi vers ſon ſommet , mais un peu reſſerré ſous la fleur , il reſſemble à une maſſue.

356. Nu *[nudus]* lorſqu'il ne porte ni feuilles , ni écailles , ni autres productions particulières.

357. Feuillé *[foliatus]* lorſqu'il eſt chargé de feuilles ; écailleux *[ſquammoſus]* lorſqu'il eſt garni d'écailles ; bractéifère *[bracteiferus, bracteatus]* lorſqu'il porte des bractées ; articulé *[articulatus, geniculatus]* lorſqu'il eſt diviſé dans ſa longueur par des nœuds ou articulations remarquables.

De la Vrille.

358. La Vrille *[cirrhus, capreolus]* eſt une production filamenteuſe , ordinairement roulée en ſpirale , & à l'aide de laquelle une plante s'attache aux différens corps de ſon voiſinage. *Vitis, bryonia.*

Elle eſt ſouvent formée par le prolongement

du péduncule ou du pétiole, & à peu-près organisée comme eux : on remarque sa forme, sa position & sa direction, & on dit qu'elle est

359. Foliaire [*foliaris*] lorsqu'elle naît de la substance même de la feuille, & particulièrement de son sommet. *Pisum ochrus.*

360. Pétiolaire [*petiolaris*] lorsqu'elle est un prolongement du pétiole. *Vicia, ervum, lathyrus.*

361. Roulée en-dedans [*convolutus*] lorsque ses spirales se roulent de dessous en-dessus.

362. Roulée en-dehors [*revolutus*] lorsque ses spirales se roulent de dessus en-dessous.

Obs. Dans le lière, le bignonia, &c. les vrilles font des espèces de griffes qui s'implantent comme les racines dans les murailles ou dans l'écorce des arbres voisins.

Des Stipules.

363. Les Stipules [*stipulæ*] font de petites productions ou des espèces d'écailles, qui naissent de chaque côté à la base des pétioles ou des péduncules.

On confidère ordinairement leur nombre, leur pofition, leur infertion & leur forme, & on dit qu'elles font

364. Solitaires [*folitariæ*] lorfqu'il n'y en a qu'une à la bafe de chaque pétiole ou péduncule. *Rufcus aculeatus.*

365. Géminées [*geminæ*] lorfqu'elles font deux à deux, c'eft-à-dire, une de chaque côté à la bafe des pétioles ou péduncules. *Orobus.*

366. Latérales [*laterales*] lorfqu'elles font fituées fur le côté des pétioles ou des péduncules.

367. En-dehors des feuilles [*extra fo-liaceæ*] lorfqu'elles ne font point axillaires, & qu'elles font fituées hors de l'infertion des feuilles. Plufieurs légumineufes, l'aune, le tilleul.

368. En-dedans des feuilles [*intra fo-liaceæ*] lorfqu'elles font placées entre les feuilles & au-deffus de leur infertion. Le figuier, le mûrier.

369. Oppofées aux feuilles [*oppofiti fo-liaceæ*] lorfqu'elles font entièrement oppofées à l'infertion des feuilles. *Anagyris fœtida, ebenus cretica.*

370. Caduques [*caducæ, deciduæ*] lorfqu'elles ne perfiftent point , & qu'elles tombent avant ou avec les feuilles.

371. Perfiftantes [*perfiftentes*] lorfqu'elles fubfiftent même après la chute des feuilles. *Rofa, fpiræa.*

372. Seffiles [*feffiles*], cohérentes [*adnatæ*], courantes [*decurrentes*], engainées [*vaginantes*], en forme d'alène [*fubulatæ*], en forme de lance [*lanceolatæ*], en forme de flèche [*fagittatæ*], en forme de croiffant [*lunatæ*].

373. Droites [*erectæ*], réfléchies [*reflexæ*], étendues [*patentes*], crochues [*uncinatæ*].

374. Très-entières [*integerrimæ*], crenelées [*crenatæ*], dentées en fcie [*ferratæ*], ciliées [*ciliatæ*], fendues en plufieurs parties [*fiffæ, multifidæ*].

375. Très-courtes [*breviffimæ*], médiocres [*mediocres*], longues [*longæ*], &c. & on détermine leur grandeur en la comparant avec celle des pétioles, ou des feuilles, ou des péduncules.

Des Bractées.

376. Les bractées ou les feuilles florales

[bracteæ] font de petites feuilles toujours fituées dans le voifinage des fleurs, ordinairement diftinguées des autres feuilles de la plante par leur forme & fouvent par leur couleur.

Ces parties fourniffent plufieurs caractères propres à la diftinction des efpèces : on confidère leur couleur, leur durée, leur nombre, leur fituation & leur forme, & on dit qu'elles font

377. Colorées *[coloratæ]* lorfqu'elles font tachées, ou que leur couleur eft différente de la couleur verte, qui eft commune aux feuilles de prefque toutes les Plantes. *Salvia horminum, melampyrum arvenfe.*

378. Caduques *[caducæ, deciduæ]* perfiftantes *[perfiftentes]*, lorfque l'on compare leur durée à celle des fleurs & des fruits.

379. En chevelure *[comofæ]* lorfqu'elles forment au-deffus des fleurs une touffe de feuilles, en manière de couronne ou de chevelure. *Fritillaria imperialis, bromelia ananas, lavandula ftæchas.*

380. Embriquées *[imbricatæ]* lorfqu'elles font placées entre les fleurs, avec lefquelles

elles forment par leur rapprochement une espèce d'épi ferré. *Brunella, origanum.*

OBS. Toutes les diftinctions que fournit la forme des bractées, s'expriment par les mêmes termes que celles qu'on tire de la forme des feuilles.

Des Épines & des Aiguillons.

[A]

381. Les Épines *[fpinæ]* font des productions dures, aiguës, fouvent ligneufes, & toujours adhérentes au corps de la Plante dont elles font partie.

Elles naiffent fur les rameaux, dans le *prunus fpinofa,* le *rhamnus catharticus,* l'*ononis fpinofa,* le *cichorium fpinofum,* &c. fur les feuilles, dans l'*ilex aquifolium,* l'*aloe,* le *carlina,* le *cynara,* &c. fur le calice, dans le *carduus,* l'*onopordum,* le *coris,* &c. fur le fruit, dans l'*agrimonia,* le *ftramonium,* &c. & on les nomme

382. Terminales *[terminales]* lorfqu'elles naiffent du fommet, foit des rameaux, foit des feuilles, &c. axillaires *[axillares]* lorfqu'elles

naiſſent dans les aiſſelles, ſoit des rameaux, ſoit des feuilles, ſoit des péduncules; cali-cinales *[calicinæ]* lorſqu'elles naiſſent immé-diatement du calice; foliaires *[foliares]* lorſqu'elles naiſſent ſur les feuilles; ſimples *[ſimplices]* lorſqu'elles ſe terminent ſans diviſion; diviſées *[partitæ]* lorſqu'elles ſont partagées vers leur ſommet; compoſées *[com-poſitæ]* lorſqu'elles portent elles-mêmes des épines qui naiſſent de leur ſubſtance.

Obs. Quelques Plantes perdent leurs épines, les unes par la culture, *prunus ſpi-noſa*, & les autres par la vieilleſſe, *ilex aquifolium*.

[B]

383. Les aiguillons ou piquans *[aculei]* ſont des productions dures, terminées par une pointe aiguë & fragile, & placées ſur les tiges & ſur les branches, où elles ſont attachées ſeulement ſur l'écorce, ſans adhérer à la ſubſtance propre des Plantes. *Roſa, berberis, rubus, ribes*.

On conſidère ordinairement la direction & la forme des aiguillons, & on dit qu'ils ſont

384. Droits *[recti]* lorfqu'ils n'ont aucune courbure dans leur longueur ; courbés
en-dedans *[incurvi]* lorfqu'ils fléchiffent du
côté de la tige ; courbés en-dehors *[recurvi]*
lorfqu'ils fléchiffent en-dehors ou vers la
racine ; fourchus, bifides, trifides *[furcati,
bifidi , trifidi]* lorfque l'on confidère le
nombre de leurs divifions.

OBS. Les épines & les aiguillons peuvent
être en général confidérés comme des armes,
qui fervent à défendre les Plantes contre les
animaux : on compare les épines qui adhèrent
à la fubftance même des Plantes, aux cornes
des animaux qui font corps avec les os du
crâne ; & les aiguillons qui n'adhèrent qu'à
l'écorce des Plantes, font comparés aux griffes
& aux ongles des animaux.

Des Poils.

385. Les poils *[pili]* font de petits filets
très-déliés, plus ou moins courts, plus ou
moins flexibles, & qui naiffent avec plus ou
moins d'abondance fur les différentes parties
des Plantes : leur fonction eft de les préferver

de l'action des frottemens, des injures de l'air, du vent, de la chaleur & du froid.

On les regarde aussi comme des canaux excrétoires; mais en considérant leur rapprochement, leur direction, leur manière de s'entrelacer, & le tissu qu'ils forment, on les compare ordinairement

[A]

386. À la laine ou au coton [*lana, tomentum*] lorsqu'ils sont nombreux, entassés, courbés & tellement entrelacés, qu'ils paroissent former un tissu qu'on nomme *laineux*, s'il a quelque chose de rude au toucher, & *cotonneux* s'il est fort doux.

387. À de la barbe [*barba*] lorsqu'ils sont un peu longs, parallèles ou disposés par faisceaux, mais point entrelacés.

388. Au duvet [*pubes, villus*] lorsqu'ils sont peu entassés, extrêmement déliés & doux au toucher.

389. À la rigidité de certains corps [*strigositas*] lorsqu'ils sont rudes, fermes, inclinés, & qu'ils rendent la superficie de la plante qu'ils couvrent, très-raboteuse & accrochante.

390.

390. À la rudesse *[scabrities]* lorsqu'ils ne forment que des corpuscules presque imperceptibles, mais très-rudes, dispersés sur la superficie des Plantes.

391. Aux crins coupés en brosse *[setæ]* lorsqu'ils sont droits, parallèles & peu flexibles.

[B]

Si l'on considère leur forme, on dit qu'ils sont

392. Simples *[simplices]* lorsqu'ils sont droits, non articulés, & sans aucune division quelconque.

393. Crochus *[hamosi]* lorsque leur extrémité est courbée en manière d'hameçon.

394. Rameux *[ramosi]* lorsqu'ils sont fourchus, & que leurs divisions se subdivisent en manière de rameaux.

395. Plumeux *[plumosi]* lorsqu'ils sont composés & chargés de chaque côté d'autres petits poils simples, rangés sur un filet commun & disposés en forme de plume.

396. Étoilés *[stellati]* lorsqu'ils sont simples, & que réunis plusieurs ensemble par

Tome I. G

leur bafe, ils divergent ou s'éloignent tous de leur point commun d'infertion, en formant des étoiles. *Alyffum montanum.*

[C]

397. On donne encore quelquefois les noms fimples de crochets ou d'agrafes *[hami]* aux poils qui font un peu longs, fermes, & dont l'extrémité fe courbe ou s'arrondit en manière de crochet. La bardane.

398. Double - agrafes *[glochides]* à ceux dont l'extrémité fe divife en deux parties, repliées chacune en crochet anguleux & non fimplement arrondi, ou encore à ceux dont les divifions terminales font chargées chacune de beaucoup de petites pointes réfléchies en bas & très - accrochantes.

399. Triple - agrafes *[triglochides]* à ceux dont l'extrémité fe divife en trois parties, repliées chacune en crochet anguleux, ou chargées toutes trois de beaucoup de petites pointes réfléchies & très - accrochantes.

Des Glandes.

400. Les glandes *[glandulæ]* font de

petits corps véficuleux, arrondis ou ovales, fitués fur différentes parties des Plantes.

Ces petits corps fourniffent fouvent une liqueur plus ou moins vifqueufe, & paroiffent être les organes de quelques fécrétions.

401. Les glandes font en forme de veffie [*veficulares*] *mefembryanthemum criflallinum ;* en écailles [*fquammofæ*] *filices ;* en globules [*globulares*] *atriplex ;* en lentilles [*lenticulares*] *betula alba ;* en grains milliaires [*miliares*] *pinus abies.*

402. Les unes font feffiles [*feffiles*] c'eft-à-dire, affifes & fans pédicules, *prunus cerafus ;* les autres font pédiculées, [*flipitatæ*] c'eft-à-dire, portées fur des petits pieds, qui les élèvent au-deffus de la furface des corps qui les produifent. La glaciale.

403. Elles font fituées ou dans les dentelures des feuilles, *falix alba ;* ou à la bafe des feuilles, *amygdalus communis ;* ou fur le dos des feuilles, *rofa eglanteria, prunus laurocerafus ;* ou fur les pétioles, *viburnum opulus ;* ou fur les bords des calices, *hypericum hirfutum ;* ou enfin à la bafe des étamines, *braffica, cheiranthus.*

G ij

OBS. M. Guettard eſt le premier qui ait examiné les glandes & les poils des Plantes, en Phyſicien profond & en Botaniſte éclairé : il a fait voir, par le plan d'une méthode fondée ſur la conſidération de ces parties, qu'elles ſont aſſez conſtamment uniformes dans les Plantes de même genre. On peut malgré cela ſe diſpenſer preſque toujours d'y avoir recours dans la citation des caractères, parce que les autres parties des Plantes en fourniſſent d'auſſi ſolides, & dont l'obſervation eſt beaucoup plus facile.

Des Écailles.

404. Les écailles *[ſquammæ]* ſont des productions minces, très-aplaties, un peu coriaces, & ſouvent sèches ou ſcarieuſes : elles forment l'enveloppe du bouton à fleur ou à feuilles *[voyez ces mots]* dans les arbres & les arbriſſeaux ; elles tiennent lieu de réceptacle ou de corolle, dans la plupart des fleurs à chatons ; elles font les fonctions de corolles & de calices dans preſque toutes les Plantes graminées ; elles compoſent les calices communs de preſque toutes les fleurs

syngénéfiques, ou compofées proprement dites ; en un mot, on en trouve fur les racines qui ne font quelquefois que des affemblages de ces mêmes parties, fur les tiges, les rameaux, les pétioles, & les péduncules de beaucoup de Plantes.

405. Elles font vertes & aiguës dans le calice commun du doronic; colorées & obtufes, dans celui du *gnaphalium ;* defféchées ou fcarieufes, dans celui du *catanance ;* épineufes, dans celui du *carduus ;* ciliées, dans celui des jacées; déchirées en leurs bords, dans les chatons du peuplier; membraneufes & tranfparentes, dans les tiges de l'orobanche, du tuffilage ; tendres & charnues, dans l'hypocifte, &c.

Des Humeurs extérieures.

Beaucoup de Plantes font enduites extérieurement de certaines humeurs épaiffes & vifqueufes. *Cucubalus vifcofus, ciftus ladaniferus, betula almus,* &c.

D'autres laiffent fuinter au travers de leurs pores, ou par les ouvertures de leur écorce, des liqueurs de différentes natures

G iij

qui s'épaiffiffent à l'air, & qu'on nomme

406. Réfines [*refinæ*] lorfqu'elles font folubles dans l'efprit-de-vin, & qu'elles font inflammables.

407. Gommes [*gummi*] lorfqu'elles font folubles dans l'eau, & qu'elles n'ont pas la propriété d'être inflammables.

408. Gommes-réfines [*gummi-refinæ*] lorfqu'elles font mélangées de gomme & de réfine, c'eft-à-dire, de principes très-folubles dans l'eau, & d'autres qui ne le font que dans l'efprit-de-vin.

Obs. Les Plantes doivent ces différentes humeurs à leur fuc propre, dont la fubftance & la couleur varient dans le plus grand nombre.

En effet, ce fuc eft jaune dans la chelidoine, le bocconia, &c. il eft rouge dans le *rumex fanguineus*, le *carlina lanata*, &c. vert dans la pervenche, le *folanum nigrum*, &c. il a la blancheur du lait dans les laitues, les campanules, les pavots, l'*afclepias*, le *convolvulus*, le *tithymalus*, &c. c'eft ce qui a fait appeler ces dernières lactefcentes [*plantæ lactefcentes*]; & quant à fa fubftance, il eft gommeux dans le cerisier, résineux dans le sapin, gummo-résineux dans l'aloës, &c.

Des parties de la fructification ou des organes qui concourent à la reproduction des Plantes.

409. Cette organisation, ce principe de vie qui élève la Plante au-dessus du minéral, suppose en même-temps en elle les causes d'une altération, qui commence aussi-tôt que l'individu a acquis le dernier degré de son développement, & qui le conduit à une mort plus ou moins prochaine, selon que le développement lui-même a été plus prompt ou plus tardif. Les approches de l'hiver, cette saison à laquelle on a si naturellement comparé la vieillesse, sont l'époque d'une décrépitude réelle, pour un grand nombre de végétaux qui ne voient jamais deux printemps. Au-dessus de ce premier terme, se trouvent différentes durées, dont la limite s'étend bien au-delà du nombre d'années accordé aux animaux, même les plus vivaces ; & ce n'est souvent qu'après plusieurs siècles, que les grands arbres couvrent enfin de leur cime desséchée, le gazon où la scène des anemones

& des véroniques s'étoit tant de fois renou-
velée fous leur feuillage renaiffant.

Mais le Créateur qui a condamné l'individu
à périr tôt ou tard, a pourvu d'une manière
folide à la confervation de l'efpèce. Tandis
que la terre engourdie par les frimats, eft
jonchées par-tout de feuilles mortes, de
débris de tiges mutilées & méconnoiffables,
déjà elle recèle dans fon fein le dépôt précieux d'une multitude de germes deftinés à
la dédommager de fes pertes. Elle ne borne
pas même fes reffources aux graines détachées
du corps de l'individu : les cayeux ou les
bulbes qui naiffent aux racines & fur les tiges
de certaines plantes, font, ainfi que les rejets
& les drageons, des moyens de reproduction
que la Nature met en œuvre, & dans lefquels
elle offre à notre admiration de nouveaux
jeux de fa fécondité.

L'objet que nous nous propofons dans
cet article, eft feulement de donner une
idée de ces organes plus fenfibles & plus
univerfels, que l'on appelle en général les
parties de la fructification, & qui compofent
la fleur & le fruit.

De la fleur, de ses enveloppes, de ses parties accessoires, & de sa disposition.

410. L'homme n'a vu pendant long-temps dans les fleurs qu'une parure pour les Plantes, & un objet d'agrément pour lui-même. Il a dû ne les apprécier d'abord que d'après cette impression douce & vive à la fois qu'elles font sur nous, lorsque dans une belle matinée de printemps, sous un ciel pur & serein, la terre étale avec complaisance ses richesses ; lorsque la verdure émaillée de mille couleurs, devient le fond d'un tableau aussi varié que gracieux ; lorsqu'un parfum suave répandu de toutes parts, donne un nouveau prix à la fraîcheur de l'atmosphère ; & que le voyageur se trouvant tout-à-coup comme invité à une fête brillante, jouit avec transport de l'accueil innocent d'une solitude riante & animée, où tout semble en ce moment n'exister que pour lui.

Dans la suite, des Observateurs attentifs ont cru apercevoir que le mérite des fleurs ne se bornoit pas au don de plaire ; ils ont soupçonné qu'elles pourroient bien avoir une utilité réelle par rapport à la Plante même: des expériences ingénieuses ont confirmé ce soupçon ; & enfin l'on s'est convaincu que les différentes parties de la fleur, formoient autour de la graine ou de son embryon, autant d'organes destinés à assurer le succès de ses fonctions, relativement à la reproduction de l'individu.

411. Si l'on observe attentivement une fleur complète, c'est-à-dire, pourvue de toutes les parties qui entrent communément dans sa composition, on remarquera au centre même de la fleur un ou plusieurs mamelons, qui souvent se prolongent supérieurement en manière de petites colonnes, & auxquels on a donné le nom de *pistils :* cette partie est unique & très-sensible dans le lys & la tulipe.

Extérieurement aux pistils, se trouvent les étamines qui en sont distinguées par une forme particulière. Ce sont communément des filets dont le sommet porte une espèce de petite bourse remplie d'une poussière résineuse : les étamines sont encore très-marquées dans le lys & la tulipe, où elles sont au nombre de six.

Toutes les parties dont nous venons de parler, sont environnées en général d'une ou de deux enveloppes : celle qui est intérieure se nomme la *corolle*. C'est la partie la plus apparente de la fleur, & celle qui lui donne le plus de lustre, par les vives couleurs dont elle brille dans un grand nombre d'individus; dans l'œillet, par exemple.

L'enveloppe extérieure est ordinairement verte, & a reçu le nom de *calice :* pour se former une idée de cette partie, il suffit de jeter les yeux sur un œillet ou une renoncule.

Parmi les différens organes qui composent la fleur, les étamines & pistils paroissent seuls essentiels à la fructification, & constituent par cette raison la fleur proprement dite : c'est sur quoi il est nécessaire d'entrer dans un plus grand détail.

De la fleur proprement dite.

412. Dans l'étamine *[stamen]* on distingue deux parties, savoir, le filet & l'anthère.

413. Le filet *[filamentum]* est une espèce de support délicat qui soutient le sommet de

l'étamine, à l'égard de laquelle il fait la fonction d'un petit péduncule. Il n'existe pas dans toutes les fleurs : celles de l'*aristolochia*, de l'*arum*, &c. en sont privées.

414. L'anthère *[anthera]* est cette espèce de petite bourse ou de capsule qui est supportée par le filet, & qui constitue l'essence de l'étamine.

415. Dans l'anthère, est renfermée cette poudre fine qu'on appelle la *poussière fécondante [pollen]*, & dont nous expliquerons l'usage, après que nous aurons donné une idée du pistil.

416. Le pistil *[pistillum]* est ordinairement composé de trois parties, qui font l'ovaire, le style & le stigmate.

417. L'ovaire ou le germe *[germen]* est la partie inférieure du pistil : il renferme les embryons des semences, ainsi que les organes qui servent à leur nutrition. Cette partie est ordinairement portée immédiatement par le réceptacle *(voyez ce mot)*; quelquefois aussi elle est soutenue par un petit pédicule particulier, comme dans le *passiflora*, l'*euphorbia*,

le *capparis ;* dans le premier cas, qui eſt le plus commun, on nomme l'ovaire ſeſſile *[germen ſeſſile] ;* dans le ſecond cas, on dit qu'il eſt pédunculé *[germen pedunculatum]*.

418. Le ſtyle *[ſtylus]* eſt une eſpèce de tuyau fiſtuleux, plus ou moins alongé, ordinairement grêle, très-menu, qui eſt porté ſur l'ovaire, ou qui s'inſère quelquefois à ſon côté ou à ſa baſe.

419. Le ſtigmate *[ſtigma]* eſt la partie ſupérieure du piſtil : il ſe préſente ſous différentes formes que nous décrirons plus bas. Il repoſe ou ſur le ſtyle, ou immédiatement ſur l'ovaire, quand le ſtyle n'exiſte pas : car il en eſt de cette dernière partie, à peu-près comme du filet de l'étamine qui ne ſe trouve pas dans toutes les fleurs ; & c'eſt une obſervation à faire, que parmi les différentes eſpèces de ſupports que nous avons conſidérées juſqu'ici, ſavoir, la tige, le pétiole & le péduncule, auxquels il faut ajouter le filet & le ſtyle, il n'en eſt aucun dont l'exiſtence ſoit univerſelle ; ce qui fait que la dénomination de *ſeſſile* peut convenir, ſelon les différens cas, ſoit au corps même de la

plante, foit aux feuilles, foit aux fleurs, foit à l'anthère ou enfin au ftigmate.

420. Lorfque l'anthère a acquis un certain degré de perfection ou de maturité, le fachet qui la compofe extérieurement s'ouvre de lui-même. La pouffière dont il eft rempli s'en échappe alors, fouvent même jaillit par une efpèce d'explofion, & tombe fur le ftigmate du piftil, qui la tranfmet au germe, foit à l'aide du ftyle, foit immédiatement, pour féconder les femences. On a découvert, par des obfervations réitérées *(a)*, que fi les

(a) Si l'on ôte de bonne heure toutes les étamines à un pied de tulipe, de lys, ou de toute autre plante à fleurs hermaphrodites, les ovaires non-fécondés de ces fleurs avorteront, & l'on n'obtiendra point de graines. Si au lieu de toucher aux étamines, on coupe les ftigmates de tous les piftils, ou que l'on enduife ces ftigmates de quelque matière graffe, capable d'empêcher le contact de la pouffière des étamines, on fupprimera encore la fécondation, & les Plantes ne fructifieront point.

Si l'on ôte toutes les fleurs mâles d'un pied ifolé de melon ou de concombre, avant qu'elles aient produit leur pouffière fécondante, toutes les fleurs femelles auxquelles on n'aura point touché, demeureront cependant tout-à-fait ftériles. Il en feroit de même d'un pied femelle, de chanvre, de houblon ou d'épinars, que l'on cultiveroit dans un lieu où l'on fe feroit affuré qu'à de très-grandes diftances, il n'exifteroit aucun individu mâle de ces Plantes.

graines ne font vivifiées par cette émiffion de la pouffière fécondante, elles demeurent ftériles, & incapables de reproduire l'individu.

On peut donc confidérer l'étamine comme l'organe mâle des fleurs, & le piftil comme leur organe femelle : ces deux parties n'exiftent pas toujours enfemble dans la même fleur ; c'eft ce qui a donné lieu à la diftinction des fleurs mâles, femelles & hermaphrodites.

421. Les fleurs mâles [*flores mafculi*] font celles qui n'ont que des étamines, & qui ne donnent jamais de fruit.

422. Les fleurs femelles [*flores fœminei*] font celles qui n'ont que des piftils, & dans lefquelles fe trouve toujours le fruit.

423. On appelle fleurs hermaphrodites [*flores hermaphroditi*] celles dans lefquelles les deux fexes font réunis par la co-exiftence des étamines & des piftils.

On a auffi donné différens noms aux Plantes, à raifon des différentes manières dont les fexes fe combinent dans les individus qui appar- tiennent à une même efpèce.

424. On entend par Plantes monoïques ou androgynes [*plantæ monoicæ, androgynæ*]

celles qui portent des fleurs mâles & femelles féparées fur un même individu. *Corylus, cucumis melo.*

425. On a nommé Plantes dïoiques [*plantæ dioicæ*] celles qui conftituent des efpèces dans lefquelles certains individus ne portent que des fleurs mâles, & d'autres des fleurs femelles. Dans ce cas, fur-tout, le vent fert de véhicule à la pouffière fécondante, qui fe tranfporte des étamines de l'individu mâle fur les piftils des individus femelles, que leur proximité met à portée de la recevoir. *Mercurialis annua, fpinacia oleracea.*

426. Il y a des Plantes dont les tiges portent des fleurs hermaphrodites avec des fleurs unifexuelles, c'eft-à-dire, qui n'ont que des étamines ou des piftils : ces Plantes fe nomment en général polygames [*plantæ polygamæ*] ; on en diftingue de plufieurs efpèces, favoir,

427. Les polygamiques monoïques mâles [*polygamæ-monoicæ mares*] lorfque fur le même individu fe trouvent des fleurs hermaphrodites & des fleurs mâles, comme dans le *celtis*, le *veratrum*, &c.

428.

428. Les polygamiques-monoïques femelles *[polygamæ-monoicæ fæmineæ]* lorſque ſur le même individu ſe trouvent des fleurs hermaphrodites & des fleurs femelles, comme dans l'*atriplex*, le *parietaria*.

429. Les polygamiques - dioïques mâles *[polygamæ-dioicæ mares]* lorſqu'un individu porte uniquement des fleurs hermaphrodites, tandis que d'autres individus de la même eſpèce portent des fleurs hermaphrodites, & en même temps des fleurs mâles. *Fraxinus, dioſpyros*, &c.

430. Les polygamiques-dioïques femelles *[polygamæ - dioicæ fæmineæ]* lorſqu'un individu porte uniquement des fleurs hermaphrodites, tandis que d'autres individus de la même eſpèce portent des fleurs hermaphrodites, & en même temps des fleurs femelles. *Rhodiola, rumex alpinus*, &c.

OBS. I. La pouſſière fécondante eſt ordinairement de couleur jaune: elle fournit aux abeilles la vraie cire brute, que ces inſectes recueillent à l'aide des broſſes de poils dont leurs cuiſſes ſont couvertes. Après avoir été triturée & préparée dans leur eſtomac, elle

Tome I.   H

devient la vraie cire, efpèce d'huile végétale, rendue concrète par la préfence d'un acide que la Chimie en retire lorfqu'elle veut la rendre fluide.

OBS. II. On nomme *flétries* les parties des fleurs qui fe fannent & fe décolorent fans tomber. Fleur flétrie [*flos marcefcens*], ftyle flétri [*ftilus marcefcens*], &c.

Caractères qui fe tirent de l'étamine.

[A]

Si on confidère les anthères de l'étamine, quant à leur forme, on dit qu'elles font

431. Oblongues [*oblongæ*], *lilium;* arrondies [*fubrotundæ*], *afparagus;* globuleufes [*globofæ*], *mercurialis;* anguleufes [*angulatæ*], *tulipa;* en fer de flèche [*fagittatæ*], *crocus;* cornues [*cornutæ*], *pyrola,* &c.

Si l'on confidère leur difpofition, on dit qu'elles font

432. Réunies, connées [*coalitæ, connatæ*] lorfqu'elles font tellement adhérentes qu'elles ne compofent qu'un feul corps, ou qu'elles forment une gaine traverfée par le piftil, comme dans prefque toutes les compofées. *Carduus, leontodon, chryfanthenum.*

433. Conniventes [*conniventes*] lorsqu'elles font fimplement réunies fans adhérer entr'elles. *Primula, cyclamen, capficum.*

434. Écartées [*diftinctæ*] lorfqu'elles font fenfiblement féparées les unes des autres. *Anagallis, fcabiofa.*

435. Mobiles, vacillantes [*verfatiles, incumbentes*] lorfque le filet qui les foutient s'insère dans leur partie moyenne, & fait à leur égard comme l'office d'un pivot, fur lequel elles font en équilibre & fe balancent facilement. *Albuca, plantago, gramina.*

436. Latérales [*laterales*] lorfqu'elles font attachées fur le côté, ou fur la partie moyenne de leur filet.

437. Souvent on confidère auffi leur nombre fur le même filet, comme dans le *mercurialis*, où chaque filet en porte deux ; le *fumaria*, où il en porte trois, &c. & enfuite la manière dont elles s'ouvrent pour fournir leur pouffière féminale ; c'eft ainfi que dans l'*épimedium* elles s'ouvren de bas en haut ; latéralement dans le *leucoium*, & fimplement par leur fommet dans le *folanum.*

H ij

[B]

438. La confidération des filets fournit auffi plufieurs caractères avantageux. Si l'on obferve leur longueur par rapport au piftil ou à la corolle, on dit qu'ils font

439. Très-longs *[longiffima]*, *plantago*; très-courts *[breviffima]*, *ftellera*, *triglochin*, &c.

Si l'on a égard à leur proportion ou à leur difpofition refpective, on dit qu'ils font

440. Égaux *[æqualia]* c'eft-à-dire, tous de même grandeur. *Parnaffia*, *lyfimachia*, *lilium*.

441. Inégaux *[inæqualia]* lorfqu'il s'en trouve dans la fleur qui diffèrent des autres par leur grandeur, la forme étant la même de part & d'autre. *Saxifraga*, *ceraftium*, *cruciformes*.

442. Irréguliers *[irregularia]* lorfqu'ils diffèrent dans la même fleur, par leur gran-deur, leur figure & leur direction. *Lonicera*, *alftroemeria*, *labiati*, *perfonati*, &c.

443. Libres *[libera]* lorfqu'ils font fen-fiblement détachés les uns des autres. *Alfine*, *papaver*.

444. Réunis *[connata, coalita]* lorfqu'ils font raffemblés en un feul ou plufieurs faifceaux. *Columniferæ, papilionaceæ, hyperici,* &c.

Si l'on confidère leur figure & leur infertion, on dit qu'ils font

445. Capillaires *[capillaria]* lorfqu'ils font femblables à des cheveux par leur ténuité, qui eft la même dans toute leur longueur. *Plantago.*

446. En forme d'alène *[fubulata], tulipa;* en forme de coin *[cuneiformia], thaliɛtrum.*

447. Planes *[plana]* lorfqu'ils font élargis & aplatis en manière de membrane. *Ornithogalum, allium porrum.*

448. Velus *[hirta]* lorfqu'ils font chargés de poils ou d'un duvet laineux. *Verbafcum thapfus, anagallis, tradefcantia.*

449. Oppofés aux divifions de la corolle, comme dans l'*urtica,* ou difpofés alternativement par rapport à ces mêmes divifions, *æleagnus.*

450. Inférés fur la corolle, *anchufa, convallaria, colchicum;* inférés fur le calice, *rofa, fragaria, potentilla;* inférés fur le piftil, *paffiflora, orchis, ariftolochia;* inférés fur le

H iij

réceptacle *(voyez ce mot, n.° 516) ciftus, braffica,* &c.

OBS. Le nombre des étamines dans chaque fleur, leur proportion, foit refpective, foit à l'égard du piftil ou de la corolle, leur difpofition, leur infertion; enfin, les différences fexuelles qui réfultent de leur préfence ou de leur abfence, ont fourni à M. Linné le fondement des grandes divifions de fon fyftème; & on ne peut difconvenir qu'il n'ait tiré tout l'avantage poffible de ce point de vue, auffi varié que neuf & intéreffant. Le mal eft, que pour établir un fyftème fur la confidération de cette partie unique, il a fallu l'envifager fous toutes fes faces, & en épuifer toutes les reffources: or, comme je l'ai remarqué, ces mêmes reffources fe trouvent infuffifantes dans un grand nombre de cas, outre que le caractère qui fe tire d'un organe auffi délicat, échappe fouvent aux yeux, ou devient extrêmement difficile à obferver. Ainfi, la fimplicité du fyftème, fi féduifante dans la fpéculation, eft précifément ce qui en rend l'application défavantageufe, & en fait une fource de méprifes

& d'incertitudes perpétuelles. L'analyse, au contraire, toujours libre & indépendante dans sa marche, saisit les caractères lorsqu'ils se trouvent tranchans, & les rejette par-tout où ils sont défectueux & variables; & si d'un côté elle paroît enlever en partie à la Botanique le mérite d'être une science, ce n'est que pour mieux lui assurer d'une autre part le principal avantage de la science, qui est de porter par-tout la certitude dans ses opérations.

Caractères que fournit le pistil.

[A]

Je n'entrerai point dans le détail des caractères que j'ai empruntés, soit du nombre des ovaires, soit des divisions, de la forme ou des dimensions de cette partie, parce que les titres dans lesquels j'ai employé ces mêmes caractères sont intelligibles à la simple lecture.

J'observerai seulement ici, que l'on dit de l'ovaire qu'il est

451. Supérieur [*superum*] lorsqu'il ne porte point la corolle, au milieu de laquelle il paroît en entier. *Primula, scrophularia, lilium.*

452. Inférieur *[inferum]* lorſqu'il porte la corolle, au fond de laquelle il ne paroît que peu ou point du tout. *Campanula, epilobium, daucus.*

[B]

À l'égard du ſtyle, on peut conſidérer dans les fleurs ſa préſence ou ſon abſence, & on dit qu'il eſt

453. Nul *[nullus]* lorſque le ſtigmate eſt porté immédiatement par l'ovaire. *Papaver, nymphæa, caltha.*

Si l'on conſidère l'exiſtence multipliée ou les diviſions du ſtyle, on dit qu'il eſt

454. Solitaire *[ſolitarius]* quand l'ovaire n'eſt chargé que d'un ſeul ſtyle, comme dans le *lilium*, le *prunus*; tandis qu'il en porte deux dans le *cratægus*, le *dianthus* ; trois dans l'*alſine*, l'*arenaria*; quatre dans l'*elatine*, le *paris*; cinq dans le *linum*, le *ſtatice*, &c.

455. Bifide *[bifidus]* ribes; trifide *[trifidus]* bryonia, cucurbita; quadrifide *[quadrifidus]* philadelphus; quinquefide *[quinquefidus]* hibiſcus, &c.

Quelquefois enfin on confidère la figure du ftyle, & on dit qu'il eft

456. Cylindrique [*cylindricus*] lorfqu'il eft arrondi comme un cylindre, & n'a aucun angle remarquable. *Ceanothus, lilium.*

457. Filiforme [*filiformis*] lorfqu'il a la forme & la ténuité d'un fil ordinaire. *Primula, anagallis.*

458. Sétacé [*fetaceus*] lorfqu'il reffemble à un fil de foie. *Blæria, corylus.*

459. En alène [*fubulatus*] lorfqu'il va en diminuant, & fe termine par une pointe aiguë. *Cynogloffum, ornithogalum.*

460. Très-long [*longiffimus*] par rapport aux étamines, *campanula,* ou à la corolle, *trachelium.*

Les termes par lefquels on exprime beaucoup d'autres caractères que fournit le ftyle, ne font que la répétition de ceux que nous avons déjà employés dans des cas analogues: ainfi, je les fupprime pour paffer au ftigmate.

[C]

461. On peut confidérer les ftigmates par rapport à leur nombre: la plupart des Plantes

n'en ont qu'un. On en trouve deux dans le *jasminum*, le *syringa;* trois dans le *campanula*, le *juncus;* quatre dans l'*epilobium*, *œnothera;* cinq dans le *pyrola*, *le geranium*, &c.

Si l'on obferve la forme du ftigmate, on dit qu'il eft

462. Sphérique [*globofum*], *primula;* en maffue [*clavatum*], *genipa;* en tête [*capitatum*], *vinca;* ovale [*ovatum*], *gentiana;* obtus [*obtufum*], *andromeda;* en cœur [*cordatum*], *rhus;* tronqué [*truncatum*], *lathræa;* échancré [*emarginatum*], *cynogloffum;* en rondache [*orbiculatum*], *berberis;* en plateau [*peltatum*], *nymphæa;* en crochet [*uncinatum*], *viola;* canaliculé [*canaliculatum*], *colchicum;* triangulaire [*triangulare*], *lilium;* plumeux [*plumofum*], *gramina;* pubefcent [*pubefcens*], *cucubalus;* barbu [*barbatum*], *lathyrus;* rayonné [*radiatum*], *papaver;* feuillé ou pétaliforme [*foliaceum*], *iris*, &c.

OBS. Le ftigmate eft perfiftant dans le *papaver*, le *nymphæa;* fes divifions font contournées dans le *crocus*, capillaires dans le *rumex acetofa*, roulées en-dehors dans le *dianthus*, & infléchies de droite à gauche dans le *silene*, &c.

Des enveloppes de la fleur.

463. Si la fonction intéreſſante de féconder les germes, a été confiée à des parties que la Nature n'a travaillées, pour ainſi dire, qu'en miniature, ce n'a pas été ſans un ſoin particulier du Créateur, pour ſuppléer à la délicateſſe des organes par la ſageſſe des précautions. Suppoſons les étamines & piſtils deſtitués de tout abri; les variations de l'atmoſphère, les pluies, les brouillards & d'autres cauſes ſemblables, ſeront un obſtacle perpétuel à la formation & à l'accroiſſement de ces organes, ſi déliés & ſi foibles: c'eſt pour parer à ces divers inconvéniens qu'ils ont été pourvus d'enveloppes, dont l'emploi eſt de protéger leur enfance, & de fermer pendant un certain temps tout accès à l'action des corps extérieurs.

Ces enveloppes, en effet, ne s'ouvrent que quand les parties qu'elles garantiſſoient ont acquis aſſez de conſiſtance, pour n'avoir plus rien à craindre de l'impreſſion des fluides environnans ; & non-feulement ces fluides ceffent alors d'être pour elles autant d'ennemis , mais plufieurs même , par leurs impreffions falutaires , tels que le mouvement de l'air & le contact de la lumière , ne peuvent que feconder puiffamment la Nature , & mettre le dernier fceau aux préparatifs de cette opération vivifiante , qu'elle femble avoir amenée à fon point, par une fuite d'attentions délicates & recherchées.

Si cette efpèce de membrane qui environne immédiatement la fleur proprement dite, n'a, dans tous les cas , d'autre deftination que de la mettre à l'abri , jufqu'à ce qu'elle ait pris fes premiers accroiffemens , il me femble que quelle que foit la forme, la couleur, la confiftance & la durée de cette enveloppe, elle ne doit point changer arbitrairement de nom, & que celui qu'elle aura une fois reçu, doit être auffi invariable que fa fonction même *(b)*.

____

(b) La couleur plus ou moins vive de la plupart des fleurs, & principalement de leur corolle, n'eft point, en général, l'effet direct d'une organifation particulière favorable à cette couleur, ni d'une partie colorante différente de la fubftance même de la Plante ; mais cette couleur provient

D'après l'établissement de ce principe, qu'on ne peut rejeter, ce me semble, sans livrer la Botanique à des équivoques & à des incertitudes nuisibles aux progrès de cette science, la première enveloppe, celle qui environne immédiatement les étamines & les pistils, portera toujours dans cet Ouvrage le nom de corolle, & jamais celui de calice,

---

très-certainement de l'altération même de la matière colorante, qui subit des changemens plus ou moins prompts dans ces parties, où les sucs nourriciers propres à les conserver, ne se portent bientôt plus avec la même affluence.

Il est un phénomène digne de notre attention, & qui sans doute formeroit un coup-d'œil attrayant pour nous, sans l'expectative affligeante de la dégradation de la Nature; c'est lorsqu'à l'entrée, ou vers le milieu de l'automne, la fraîcheur de l'atmosphère, qui s'accroît par degrés, condense les liqueurs, ralentit ou même suspend tout-à-fait la végétation : alors la partie colorante des végétaux qui est naturellement verte, & qui se trouve en abondance dans les feuilles des arbres & des autres Plantes, s'altère, se décompse insensiblement, & parcourt différentes intensités de couleurs que les principes salins développent, & rendent plus ou moins brillantes.

On sait en effet que, dans cette circonstance, les feuilles des peupliers, des tilleuls, de l'érable, &c. passent au plus beau jaune, & que celles des cornouillers, des sorbiers, des ronces, &c. se peignent d'un rouge extrêmement vif : il n'est point de Botaniste qui n'ait remarqué cette même couleur

quelles que foient les modifications qui puiffent en diverfifier l'afpect.

[A]

464. La corolle [*corolla*] eft donc cette enveloppe immédiate des parties fexuelles, qui eft très-colorée, mais très-caduque dans le *papaver*, le *chelidonium*; très-colorée & point

---

dans les feuilles de l'*hypericum pulchrum*, du *geranium robertianum*, du *polygonum convolvulus*.

La corolle de la plupart des fleurs éprouve précifément le même effet, & pour la même caufe. Cette partie dont l'utilité ne dure qu'un inftant, qui eft celui où elle favorife le développement des organes précieux qu'elle renferme, cette partie, dis-je, n'eft point ouverte alors, ainfi que je l'ai déjà remarqué ; & comme fa préfence eft néceffaire dans ce moment, la Nature lui fournit des fucs affez abondans pour la conferver, ce qui fait que fa couleur eft encore verte, comme celle de la Plante même. Mais bientôt le fervice qu'elle rendoit devient inutile ; il pourroit même être nuifible, s'il étoit prolongé : alors la Nature l'abandonne & tend à s'en débarraffer ; fes fibres fe roidiffent, & acquièrent une élafticité qui les force de s'ouvrir : fes vaiffeaux s'obftruent ; les fucs s'altèrent par l'inaction ; la matière colorante s'élabore & fubit divers changemens, felon la nature des principes falins de chaque Plante, & alors on dit que la fleur s'épanouit.

Cet inftant peut bien être celui où les organes effentiels qui la compofent, ont acquis le degré de vigueur & de perfection néceffaires pour remplir leur fonction ; mais la

caduque dans l'*hyacinthus*, le *narciſſus;* colorée
& perſiſtante dans le *polygonum*, le *juncus;*
colorée ſeulement en ſes bords dans l'*ornitho-*
galium, l'*helleborus niger;* colorée en-dedans,
& point en-dehors, dans le *theſium*, l'*herniaria;*
& point colorée, c'eſt-à-dire toujours verte,
dans le *chenopodium*, le *mercurialis*, le *cannabis*,
&c.

---

corolle, qui efface alors tout ce que la Peinture a jamais
étalé de plus brillant à nos regards, ne doit point être
regardée pour cela comme dans un état de perfection réelle;
c'eſt au contraire une partie ſouffrante, dans un état de
dépériſſement, une partie qui languit, ſe deſsèche &
approche de ſa deſtruction.

Il y a des fleurs, telles que celles des pavots, dont les
corolles, ſans être encore épanouies, ſe trouvent fortement
colorées : mais ce fait n'eſt point contraire à notre explication; car on peut obſerver que ces mêmes corolles ſe
détachent bientôt après leur épanouiſſement, ce qui prouve
qu'elles avoient déjà ſubi une altération conſidérable, lorſqu'elles étoient encore enfermées dans le calice.

La circulation plus facile dans les vaiſſeaux extérieurs,
toujours plus ſouples, moins ſerrés & moins affaiſſés, peut
être regardée comme la principale raiſon pour laquelle les
calices communément ne ſe colorent point, & tombent plus
tard que les corolles, qui s'inſèrent ſur un cercle de fibres
ramaſſées dans un eſpace plus étroit : auſſi, dans les cas où
le calice eſt ſuſceptible de ſe colorer, cet effet n'a-t-il
jamais lieu lorſque la corolle eſt encore verte.

On la diſtinguera toujours facilement du calice, en ce que celui-ci n'eſt qu'une enveloppe ſecondaire, qui ſuppoſe la préſence de la corolle, dont il diffère d'ailleurs néceſſairement par quelque qualité particulière, comme la forme, la couleur, la conſiſtance ou la durée.

La corolle eſt en général, de toutes les parties végétales, celle qui fournit les caractères les plus nombreux, les plus aiſés à obſerver, & les plus favorables pour diſtinguer les Plantes. Auſſi, M. de Tournefort a-t-il ſu profiter des reſſources que lui offroit ce bel organe, pour former les claſſes de ſa méthode, la plus facile & la plus commode, à cet égard, de toutes celles qui aient jamais paru. Mais cette méthode qui étoit ſuffiſante juſqu'à un certain point pour le temps où elle a été compoſée, a bien perdu de ſon prix par la multitude des nouvelles découvertes qui lui ſont devenues, ſi j'oſe le dire, funeſtes. L'intervalle d'une claſſe à l'autre ſe comble de jour en jour, à meſure que l'on obſerve des Plantes inconnues à ce célèbre Botaniſte, & dont les caractères mitoyens

participant

participant à la fois des divisions voisines, ne leur permettent plus de trancher, & font disparoître les contrastes si nécessaires dans une méthode.

La corolle n'est pas absolument essentielle aux fleurs, puisqu'il y en a qui en sont tout-à-fait privées, comme celles du fresne commun, & qui ne laissent pas malgré cela d'être fécondes; mais le très-petit nombre des exceptions *(c)*, ne doit point nous faire abandonner les principes établis précédemment sur l'utilité & les fonctions de cette partie. Tout ce que nous pouvons conclure de ces exceptions, c'est que la Nature, dont les ressources sont infiniment variées, a suppléé à l'absence de la corolle par d'autres moyens équivalens.

Obs. Les écailles ou paillettes des fleurs graminées, pourroient, à la vérité, être considérées comme les corolles de ces fleurs; mais comme ces parties ont une disposition qui leur est particulière & suffit pour les

___

(c) Je ne connois pas dix Plantes, dont les fleurs soient absolument dépourvues de toute enveloppe.

faire aifément diftinguer, & que donner à la corolle une étendue vague & fans bornes, ce feroit s'expofer à de nouveaux inconvéniens, j'ai trouvé plus avantageux & plus commode pour l'analyfe, de ne regarder ces écailles, ni comme corolle, ni comme calice, mais comme une enveloppe à part, défignée fous le nom de *bâle* (*voyez ce mot,* n.° 508).

On confidère dans la corolle, fa forme, fa régularité, fes divifions, le nombre de fes pièces, le lieu de fon infertion, & enfin fa couleur.

465. On défigne ordinairement fous le nom de pétale [*petalum*] les pièces dont eft compofée la corolle d'un grand nombre de fleurs : ainfi, une corolle formée de quatre pièces, comme celle du *papaver,* du *braffica,* &c. eft dite à quatre pétales ; par où l'on voit que le mot *pétale* peut exprimer même la corolle entière, lorfqu'elle eft d'une feule pièce : c'eft pourquoi l'on nomme

466. Monopétale [*monopetala*] toute corolle qui eft formée d'une pièce unique, c'eft-à-dire, dont les divifions, fi elle en a, ne font point prolongées jufqu'à fa bafe,

de manière qu'on peut l'enlever en entier du lieu de son insertion : telle est celle du *convolvulus*, du *salvia*, du *veronica* ou même du *malva*.

467. Polypétale *[polypetala]* toute corolle qui est composée de plusieurs pièces, c'est-à-dire, dont les divisions sont prolongées jusqu'à sa base, au point que l'on peut les détacher les unes après les autres du lieu de leur insertion, sans déchirer la corolle. *Dianthus, leucoium, rosa.*

468. On appelle régulière *[regularis, æqualis]* toute corolle, soit monopétale, soit polypétale, dont les divisions sont uniformes, semblables entr'elles, & présentent un ensemble très-symétrique. *Cistus, potentilla, borrago.*

469. Irrégulière *[irregularis, inæqualis]* toute corolle, soit monopétale, soit polypétale, dont les divisions ou les pièces diffèrent les unes des autres, & ne présentent qu'un ensemble irrégulier. *Lamium, viola, phaseolus.*

470. On a donné le nom de limbe *[limbus]* au bord supérieur de la corolle ou des pétales : le limbe est presque entier dans la corolle du

convolvulus sepium; il eſt denté ou déchiré dans celle du *dianthus.*

471. Onglet *[unguis]* eſt le nom que porte la partie qui termine inférieurement chaque pièce d'une corolle polypétale : les onglets ſont fort longs dans le *dianthus,* le *ſilene,* le *cucubalus,* & fort courts dans le *ranunculus,* le *papaver,* le *pœnia.*

472. Lame *[lamina]* eſt le nom de l'épanouiſſement ou de la partie ſupérieure de chaque pétale : la lame des pétales eſt ſouvent fendue en deux dans le *cucubalus,* le *lychnis;* elle eſt crénelée ou dentée dans le *dianthus,* & obtuſe dans l'*agroſtemma.*

473. On nomme évaſement *[faux]* l'entrée, l'ouverture ou la gorge de la corolle : il eſt étroit & très-reſſerré dans l'*androſace,* le *lithoſpermum,* & libre ou très-ouvert dans le *convolvulus,* le *pulmonaria.*

On dit d'une corolle monopétale régulière, qu'elle eſt

474. Campanulée *[campanulata]* lorſqu'elle a la forme d'une cloche, comme celle du *convolvulus,* du *mandragora,* de l'*atropa,* du *campanula.*

475. Infundibuliforme [*infundibuliformis*] lorsqu'elle ressemble à un entonnoir, c'est-à-dire, lorsqu'elle est conique à sa partie supérieure, & terminée inférieurement par un tube. *Mirabilis, primula, anchusa.*

476. Tubulée [*tubulata*] lorsqu'elle est formée, ou qu'elle se termine par un tuyau un peu alongé qu'on nomme *tube*, comme toutes les infundibuliformes, le *trachelium*, le *gentiana centaurium minus.*

477. Hypocratériforme [*hypocrateriformis*] lorsqu'elle ressemble à la soucoupe des Anciens, c'est-à-dire, qu'elle s'évase supérieurement en manière de soucoupe ordinaire, & qu'elle se termine par un tube. *Androsace, samolus, phlox.*

478. En roue [*rotata*] lorsqu'elle ressemble à une roue ou à une molette d'éperon, c'est-à-dire, qu'elle est très-aplatie supérieurement, & n'a point de tube bien sensible. *Borrago, verbascum, lysimachia.*

On dit d'une corolle monopétale irrégulière, qu'elle est

479. En masque ou labiée [*ringens, labiata*] lorsque son limbe forme deux

lèvres, l'une supérieure & l'autre inférieure. *Lamium, pedicularis, melissa.* La lèvre supérieure imite souvent un casque, & porte alors le nom de *galea.*

480. À éperon *[calcarata]* lorsqu'elle porte à sa base un prolongement corniforme que l'on nomme *éperon. Antirrhinum linaria, utricularia, pinguicula.*

On dit d'une corolle polypétale régulière, qu'elle est

481. Cruciforme, cruciée *[cruciformis, cruciata]* lorsqu'elle est composée de quatre pétales disposées en croix, & que de plus ses étamines sont au nombre de six. On appelle plantes crucifères *[plantæ cruciferæ]* celles dans lesquelles la corolle est cruciforme.

482. Rosacée *[rosacea]* lorsqu'elle est composée de plusieurs pétales égaux, disposés en rose. *Cistus, prunus, hypericum.*

Si l'on considère le nombre de pétales dont la corolle est composée, on dit qu'elle est

483. À deux pétales *[dipetala]*, *circæa*; à trois pétales *[tripetala]*, *alisma*; à quatre pétales *[tetrapetala]*, *chelidonium*; à cinq

pétales *[pentapetala]*, *geranium ;* à fix pétales
[hexapetala], *lilium ,* &c.

Quant à la corolle polypétale irrégulière,
on dit qu'elle eft

484. Papillonnacée *[papilionacea]* lorfqu'elle eft compofée de quatre ou cinq pétales,
dont la forme & la difpofition la rendent
à peu-près femblable à celle du pois commun :
lathyrus, ononis ; & alors on nomme

485. Étendard *[vexillum]* le pétale fupérieur qui eft plié en dos d'âne, ou quelquefois
tout-à-fait relevé & étendu : il eft ordinairement rayé dans l'*ononis.*

486. Carène *[carina]* le pétale inférieur
qui repréfente l'*avant* d'une nacelle, & qui
renferme prefque toujours les étamines & le
piftil. La carène eft quelquefois compofée de
deux pièces ; *glycirrhiza, ulex :* elle eft contournée dans le *phafeolus.*

487. Les ailes *[alæ]* les deux pétales
latéraux, qui portent ordinairement à leur
naiffance deux appendices ou oreillettes : elles
font ouvertes ou redreffées dans le *trigonella.*

Nous donnerons plus bas une idée des
corolles flofculeufes, femi - flofculeufes &

I iv

radiées, quand nous traiterons de la difpofition des fleurs (n.° *573 & fuiv.*)

La corolle fait fon infertion de trois
manières :

488. Elle s'insère fur l'ovaire, & alors
on la nomme fupérieure [*corolla fupera*].
Daucus, paflinaca, carduus, epilobium.

489. Elle s'insère fous l'ovaire ou fur le
réceptacle de l'ovaire, & alors on la nomme
inférieure [*corolla infera*]. *Primula, gentiana,
alyffon, ciflus.*

490. Elle s'insère fur le calice, & dans
ce cas elle eft toujours polypétale. *Rofa,
potentilla, lythrum, pyrus.*

491. Nectaire [*nectarium*] eft le nom
que l'on donne à une partie de la corolle
ou de la fleur, qui contient le miel que les
abeilles vont y chercher. Le nectaire eft très-
remarquable dans la corolle du *fritillaria imperialis ;* mais comme toutes les fleurs n'ont
pas de réfervoir particulièrement deftiné à
contenir la liqueur dont il s'agit, on a donné
une extenfion illimitée au mot de nectaire,
en l'appliquant indiftinctement à toutes fortes

de productions de la fleur, qui n'ont aucun rapport entr'elles; de sorte que l'on a appelé de ce nom, tantôt des poils, des filets, des glandes, des écailles, des folioles ou des cornets; tantôt des enfoncemens, des fossettes ou rainures; tantôt enfin, le prolongement postérieur de la corolle en forme d'éperon, ou même le prolongement antérieur de cette partie, tel que celui qu'on remarque dans les *orchis*. J'ai déjà observé (*Discours préli-minaire, 1.ere Partie*) combien c'étoit jeter d'équivoque dans l'étude de la Botanique, & pervertir l'usage des noms, qui doivent toujours réveiller dans l'esprit une idée nette & précise : en conséquence, j'ai cru devoir plutôt indiquer & décrire séparément les différens organes dont je viens de parler, à mesure qu'ils se sont présentés dans le cours de l'analyse.

492. La fleur, considérée quant à sa couleur *[color]* est en général, ou blanche *[albus, candidus]*, ou cendrée *[cinereus]*, ou jaune *[luteus]*, ou couleur de chair *[carneus, incarnatus]*, ou rouge *[ruber]*, vermeille *[roseus]*, pourpre *[purpureus]*,

ou bleue [*cæruleus*], ou brune [*fufcus*], ou aqueufe [*hyalinus*], ou noire [*niger*].

Quand on veut exprimer les nuances, on dit de la fleur qu'elle eft d'un pourpre clair [*dilutè purpureus*], tirant fur le pourpre [*purpurafcens*], pourpre foncé [*atro-purpureus*], tirant fur le bleu [*fub-cæruleus*], &c. & quand il y a diverfité de couleur fur le même individu, on dit de la fleur qu'elle eft panachée [*variegatus*] : on le dit auffi d'une feuille [*folium variegatum*], lorfque le vert eft mélangé de quelqu'autre couleur, comme cela a lieu dans une variété du houx, & dans une de l'érable platanier.

Obs. Parmi les différens préjugés qui ont retardé les progrès de la Botanique, on doit certainement ranger l'efpèce d'averfion qu'ont eue la plupart des Auteurs, & fur-tout M. Linné, pour citer comme caractère la couleur de la corolle. Vraifemblablement ils ont regardé cette couleur comme une modification trop variable, pour fournir aucune marque diftinctive, folide & tranchante ; & ce qui leur aura fait prendre le change, ce font les variétés inépuifables que l'on obtient

par la culture, dans les anémones, les tulipes
& les oreilles-d'ours.

Mais il me semble que s'ils avoient distingué le lieu natal des Plantes, d'avec ces
parterres où elles font comme dans un climat
étranger, ils auroient pu regarder le caractère
qui se tire de la couleur, comme presque
aussi constant que les autres : en effet, à
peine trouve-t-on une Plante, parmi celles
qui doivent tout à la Nature & rien à l'art,
dont la corolle varie dans sa couleur, lorsqu'elle est parvenue à son vrai point de
développement; car après cette époque, il
peut arriver que la couleur subisse des altérations, comme cela arrive dans le mélilot,
où la fleur en se flétrissant, passe peu-à-peu
du jaune au blanc.

J'avoue encore, qu'assez souvent les
corolles, avant de se flétrir, diffèrent pour
la couleur parmi les individus d'une même
espèce; mais dans ce cas, les variations ont
toujours des limites bien décidées, que l'on
peut assigner pour caractères : ainsi, dans
l'anémone des bois & la paquerette, la couleur
pourra bien se nuancer, ou même former

une faillie du blanc au rouge ; mais jamais on ne la verra dégénérer en jaune. Le *botanicon parifienfe* de M. Vaillant, nous indique une multitude de variétés femblables, dont les unes tiennent à l'âge de la Plante, & les autres font des jeux de la végétation; mais qui toutes tranchent fortement, par rapport à d'autres couleurs que la Nature paroît leur avoir refufées pour jamais.

Les exceptions qui font dûes à l'art du Fleurifte, ne doivent donc point arrêter le Botanifte, qui n'eft comptable, pour ainfi dire, qu'à la Nature des principes qu'il établit. La couleur n'eft point d'ailleurs, à beaucoup près, la feule modification qui s'altère dans les Plantes, dont le développement eft fecondé par la culture: fouvent les tiges penchées fe redreffent, le feuillage s'épaiffit, les parties velues deviennent prefque glabres, quelquefois même le nombre des divifions de la corolle augmente. Cependant, les Botaniftes em-ploient les caractères tirés de ces différentes circonftances de port & de figure; & en effet, s'en interdire l'ufage, ce feroit appau-vrir une fcience qui, à raifon de l'immenfe collection d'objets qu'elle embrasse, ne peut être trop féconde en ressources : seulement, il eût été à souhaiter que les Botanistes n'eussent jamais observé les Plantes, que dans le sol qui les avoit vû naître & se développer, & non pas dans les jardins, où elles sont souvent altérées par des traits d'emprunt, qui passent ensuite eux-mêmes dans les descriptions, & ne permettent plus d'y retrouver les vrais caractères de l'espèce.

[B]

493. Le calice est, comme nous l'avons dit *(n.º 464)*, l'enveloppe secondaire qui environne les fleurs d'un grand nombre de Plantes : il suppose toujours l'existence de cette autre enveloppe, plus voisine des étamines & pistils, à laquelle on donne le nom de *corolle ;* il est de plus nécessairement distingué de cette dernière, par une ou plusieurs qualités quelconques, que l'Observateur saisira toujours facilement.

Par exemple, le calice se trouve communément vert sous une corolle bleue, ou rouge ou jaune, &c. tantôt il est à dix divisions sous une corolle à cinq pétales, comme dans le *potentilla*, le *fragaria*, &c. tantôt il a un nombre égal de divisions, mais placées dans les intermédiaires de celles de la corolle; *alsine*, *arenaria*; ou bien ses divisions, placées sous celles de la corolle en nombre égal, sont beaucoup plus courtes [*ranunculus*], plus longues & plus étroites [*agrostemma gitago*], &c. &c.

Il résulte de ce qui vient d'être dit, que le rang extérieur des pétales de l'anémone ou de toute autre corolle semblable, ne peut jamais être pris pour un calice.

494. Il paroît que la destination du calice est de venir à l'appui de la corolle, & de doubler l'espèce de rempart que celle-ci forme autour des parties sexuelles, encore foibles & délicates. Le secours qu'il leur prête est même communément plus durable que celui de la corolle (*voyez la note au* n.° 463): aussi, quand il n'existe pas, la corolle supplée-t-elle en partie à son défaut, parce que les vaisseaux qui la composent jouissant alors d'une plus grande aisance, sont moins sujets à s'oblitérer, & ne lui permettent

de se colorer que lentement, souvent même la maintiennent toujours verte ; & par une suite nécessaire, prolongent son existence aux dépens de ses agrémens.

La Nature, toujours très-libérale dans les effets, mais économe dans les moyens, se sert quelquefois du calice pour garantir le fruit, jusqu'à sa parfaite maturité : cette observation a fait regarder le calice, à plusieurs illustres Naturalistes, comme étant par sa destination l'organe conservateur du fruit. D'après ce point de vue, ils se sont trouvés embarrassés, dans une multitude de cas, pour déterminer la partie que l'on devoit appeler calice, la corolle remplissant aussi souvent la même fonction auprès du fruit ; mais quelles inductions solides pouvoit-t-on tirer d'un principe ruineux en lui-même, puisqu'il est reconnu que dans plus de la moitié des végétaux, les deux enveloppes périssent avant la maturité du fruit !

M. Linné distingue sept espèces de calice ; mais comme dans l'énumération qu'il en fait, il comprend des parties qui n'ont aucun rapport avec cet organe, j'ai cru devoir n'admettre que l'efpèce qu'il nomme *périanthe*, dont il faut encore reftreindre l'extenfion, aux feuls cas qui peuvent fe rapporter à la définition que j'ai donnée de cette partie.

Si l'on confidère le calice relativement à fa durée, on le nomme

495. Caduc *[caducus]* lorfqu'il tombe avant les pétales, *papaver, epimedium;* tombant *[deciduus]* lorfqu'il tombe avec les pétales, *braffica, raphanus;* & perfiftant *[perfiftens]* lorfqu'il furvit à la fleur, *falvia, meliffa.*

Si l'on fait attention à fes divifions, on l'appelle

496. Monophylle *[monophyllus]* lorfqu'il eft d'une feule pièce, c'eft-à-dire, que fes divifions ne s'étendent pas jufqu'à fa bafe. *Primula, dianthus.*

497. Polyphylle *[polyphyllus]* lorfqu'il eft compofé de plufieurs pièces, c'eft-à-dire, lorfque fes divifions s'étendent jufqu'à fa bafe ou jufqu'au réceptacle *(voyez ce mot* n.° 516); car au-deffous de cette partie, le calice paroîtra toujours monophylle, puifqu'il n'eft que l'épanouiffement de l'écorce du péduncule.

Parmi

Parmi les calices polyphylles, on nomme

498. Diphylle, celui qui eſt compoſé de deux pièces, *papaver, fumaria;* triphylle, celui qui en a trois, *aliſma, tradeſcantia;* tétraphylle, celui qui en a quatre, *leucoium, ſagina;* pentaphylle, celui qui en a cinq, *alſine, ciſtus,* &c.

On diviſe le calice en propre & en commun :

499. Le calice propre [*proprius*] eſt celui qui ne renferme qu'une ſeule fleur, comme dans l'œillet, la julienne : il eſt ſimple ou double.

500. Il eſt ſimple [*ſimplex*] lorſqu'il n'eſt compoſé que d'une ſeule enveloppe, qui eſt tantôt nue, & tantôt garnie de poils ou d'épines, & quelquefois même d'écailles placées à ſa baſe : ainſi, le calice eſt nu dans l'*alſine,* velu dans le *papaver rheas,* épineux dans le *coris,* & écailleux dans le *dianthus.*

501. Il eſt double [*duplex*] lorſqu'il eſt compoſé de deux ou pluſieurs enveloppes remarquables, toutes très-diſtinguées de la corolle. *Malva, hibiſcus, epigæa.*

Tome I. K

502. Le calice commun [*communis*] eſt celui qui renferme pluſieurs fleurs, toutes diſpoſées ſur le même réceptacle, & qui peuvent encore avoir chacune leur calice propre : tel eſt le calice du *carduus*, du *lactuca*, du *chryſanthemum* & du *ſcabioſa*. On en diſtingue de trois ſortes, & l'on nomme

503. Calice commun ſimple [*calix communis ſimplex*] celui qui n'eſt compoſé que d'une ſeule pièce, comme dans le *tagetes*, l'*othonna* ; ou celui qui n'eſt compoſé que d'un ſeul rang d'écailles, qui ne ſe recouvrent point les unes les autres, comme dans le *tragopogon*, le *ſeriola*.

504. Embriqué [*imbricatus*] celui qui eſt compoſé d'écailles ou de folioles diſpoſées ſur plus d'un rang, & qui ſe recouvrent par gradation comme les tuiles d'un toit. *Carduus*, *ſcorzonera*, *heliantus*.

505. Caliculé [*caliculatus*] celui qui eſt ſimple, mais garni à ſa baſe extérieure de petites écailles, qui forment preſque un ſecond calice plus court que l'autre au moins de moitié. *Cacalia*, *ſenecio*, *lampſana*.

506. On conſidère auſſi dans le calice,

foit propre, foit commun, fa forme extérieure, & fa pofition par rapport à l'ovaire
ou aux différentes parties de la fleur dont il
eft quelquefois chargé ; ainfi on dit qu'il eft
arrondi *[fubrotundus]* dans le *cyclamen,* tu-
bulé *[tubulofus]* dans le *ceftrum,* fupérieur
[fuperum] dans le *lonicera,* corollifère &
ftaminifère *[corolliferus & ftaminiferus]* dans
le *rofa,* raboteux *[fquarrofus]* dans le *conyza,*
&c.

507. On nomme communément fleur
complette *[flos completus]* celle qui eft
ornée d'une corolle & d'un calice ; & fleur
incomplette *[flos incompletus]*, celle qui n'a
qu'une corolle & point de calice.

Des parties acceffoires de certaines fleurs.

On trouve dans le voifinage d'un grand
nombre de fleurs, diverfes parties que l'on
doit néceffairement diftinguer de la corolle
& du calice : ce font des efpèces d'acceffoires
ou de défenfes, que la Nature a placées auprès
de ces fleurs, qui font ordinairement plus
imparfaites que les autres, ou qui, à raifon
de leur délicateffe, exigent de plus grands

ſecours. On ne doit point non plus confondre ces mêmes parties avec les feuilles de la Plante, dont elles diffèrent eſſentiellement : on peut en compter de quatre ſortes, ſavoir, la bâle, le ſpathe, la collerette & la bractée; mais je ne parlerai point ici de cette dernière, qui a été ſuffiſamment décrite dans l'article des ſupports.

[a]

508. La bâle [*gluma*] eſt cette partie qui tient lieu de corolle & de calice dans toutes les Plantes graminées, telles que les blés, les chiendents, les ſouchets, &c. elle eſt compoſée de paillettes ou d'écailles, inégales entr'elles, tantôt oppoſées les unes aux autres, ſimples ou doubles de chaque côté; tantôt ſolitaires entre les fleurs, tantôt enfin em-briquées en aſſez grand nombre, mais jamais inſérées circulairement ſur le réceptacle, ce qui les fera toujours aiſément diſtinguer de la corolle & du calice des autres Plantes.

509. Ces paillettes ſont ordinairement tranſparentes, coriaces, ovales - oblongues, pointues & peu colorées : on leur a donné

le nom de valves ou valvules *[valvæ]*; ainſi, un aſſemblage de deux, de trois paillettes autour d'une même fleur, s'appelle une bâle à deux, à trois valves *[gluma bivalvis, trivalvis]*, &c.

510. Elles portent ſouvent, ſoit à leur extrémité, ſoit ailleurs, un filet pointu qu'on nomme barbe *[ariſta]*, & qui eſt très-long dans l'*hordeum*, aſſez court dans le *bromus*, droit dans le *ſecale*, & tors ou articulé dans l'*avena*.

Les deux valves qui renferment immédiatement les étamines & le piſtil, repréſentent la corolle de la fleur, & lorſque ces valves ſont doubles de chaque côté, les deux extérieures tiennent lieu de calice.

Lorſque pluſieurs petites fleurs qui ont chacune leur bâle propre, ſont réunies entre deux valves communes, ces valves repréſentent un calice commun; & l'aſſemblage des petites fleurs qui y ſont contenues ſe nomme *épillet*. (*Voyez ce mot*, n.° 568).

[*b*]

511. Le ſpathe *[ſpatha]* eſt une eſpèce

de coiffe ou de gaine membraneufe, qui s'ouvre tantôt de bas en haut & tantôt de côté, & dont l'emploi eft de renfermer une ou plufieurs fleurs avec leurs enveloppes; leurs péduncules, & fouvent même des bouquets entiers de fleurs en panicule.

Cette partie eft ordinairement d'une feule pièce; elle périt & fe sèche prefque auffitôt qu'elle eft ouverte dans l'*allium*, le *narciffus*, & perfifte auffi long-temps que les fleurs, dans l'*arum*, le *calla*, &c. elle contient les panicules de fleurs que portent la plupart des palmiers.

OBS. On trouve fous certaines fleurs des écailles membraneufes, plus ou moins blanchâtres & tranfparentes, mais qui n'ont jamais contenu ces fleurs; on doit les mettre au rang des bractées, & ne point les confondre avec les fpathes, comme ont fait quelques Botaniftes, donnant ainfi à cette partie une extenfion trop vague, & qui ne s'accorde plus avec l'idée qu'on attache communément au mot de fpathe.

[*c*]

512. La collerette [*involucrum*] eft une

eſpèce d'enveloppe qui environne une ou pluſieurs fleurs; mais qui eſt toujours placée à quelque diſtance de ces fleurs, & jamais contiguë à leur réceptacle.

Elle diffère du ſpathe, d'abord en ce qu'elle ne s'ouvre pas comme lui en forme de gaine; enſuite, en ce qu'elle eſt preſque toujours découpée en pluſieurs eſpèces de folioles dont le nombre eſt aſſez conſtant; & enfin en ce qu'elle ſe ſoutient, en général, dans une poſition horizontale.

La plupart des Plantes ombellifères *(voyez ce mot,* n.° 551) ont des collerettes remarquables, dont on diſtingue deux eſpèces, à raiſon du lieu de leur inſertion, ſavoir, la collerette partielle, & la collerette générale ou univerſelle.

513. La collerette partielle *[involucrum partiale]* eſt celle qui eſt ſituée à la baſe des péduncules propres de chaque fleur, comme dans le *chærophyllum* & le *ſcandix.*

514. La collerette univerſelle *[involucrum univerſale]* eſt celle qui eſt ſituée à la baſe des péduncules communs des fleurs, c'eſt-à-dire,

K iv

à la bafe de l'ombelle univerfelle (*n.° 556*).

Les fleurs du *daucus* & de l'*ammi*, outre leurs collerettes partielles, en ont une univerfelle, qui d'ailleurs eft remarquable par fes pièces ou folioles découpées & pinnatifides : le *chærophyllum* & le *fcandix* n'ont point de collerette univerfelle.

On confidère dans la collerette fa forme, & particulièrement le nombre de fes pièces, & on dit qu'elle eft

515. Monophylle [*monophyllum*], dans l'*apium petrofelinum*; diphylle [*diphyllum*], dans l'*euphorbia*; triphylle [*triphyllum*], dans le *butomus*; tétraphylle [*tetraphyllum*], dans le *cornus*; pentaphylle [*pentaphyllum*], dans le *bubon*, hexaphylle [*hexaphyllum*], dans l'*hæmanthus*; polyphylle en général [*polyphyllum*], dans l'*athamantha*, le *daucus*, &c.

Du Réceptacle.

516. Le réceptacle [*receptaculum*] eft l'efpèce de bafe fur laquelle repofent immédiatement la fleur & le fruit : c'eft, en général, l'extrémité du péduncule, & ordinairement le centre de la cavité du calice ; on lui donne le

nom de *placenta*, lorfqu'il reçoit les vaiffeaux ombilicaux, deftinés à tranfmettre la nourriture aux femences.

On divife le réceptacle en propre & en commun:

517. Le réceptacle propre *[receptaculum proprium]* eft celui qui ne porte que les organes d'une fructification fimple; c'eft-à-dire, une feule fleur non compofée. *Lilium, convolvulus, rofa.* Il y a deux fortes de réceptacles propres, favoir, le complet & l'incomplet.

518. Le réceptacle complet *[receptaculum completum]* eft celui qui porte d'abord la fleur, & enfuite le fruit: tel eft celui du *dianthus*, du *primula*, du *leucoium*.

519. Le réceptacle incomplet *[receptaculum incompletum]* eft celui qui ne porte que le fruit & jamais la fleur; celle-ci s'inférant alors fur l'ovaire, comme dans le *daucus*, l'*epilobium*; ou fur le calice, comme dans le *pyrus*, le *rubus*, &c. ce qui fait que l'on diftingue fouvent le réceptacle du fruit d'avec celui de la fleur.

520. Le fruit adhère immédiatement au réceptacle dans la plupart des Plantes; mais dans quelques-unes, la communication se fait à l'aide d'un pédicule qui soutient le fruit d'une part, & de l'autre repose sur le réceptacle, comme dans le *passiflora*, l'*euphorbia*, le *capparis*, &c.

521. Le réceptacle commun *[receptaculum commune]* est celui qui porte plusieurs petites fleurs, dont l'assemblage forme une fleur composée *(voyez ce mot* n.° *573)*; dans ce cas, il conserve le nom de réceptacle, soit qu'il ait une figure plane, concave ou convexe, comme dans le *carduus*, le *leontodon*, le *chrysanthemum*; arrondie, comme dans l'*echinopus*, le *sphæranthus*; ou conique, comme dans le *dipsacus*, le *bellis*, &c.

522. Mais on le nomme chaton *[julus, amentum]* lorsqu'il forme une espèce d'axe, de filet ou de poinçon, imitant en quelque sorte la queue d'un chat, & environné dans toute sa longueur d'un amas de petites fleurs, ordinairement unisexuelles : ces fleurs sont presque toujours dépourvues de corolle & de calice; mais le chaton qui les porte est garni

d'écailles qui y suppléent. *Salix, populus, pinus, typha.*

523. Le chaton porte particulièrement le nom de poinçon [*spadix*] dans l'*arum*, le *dracontium*, le *calla*, l'*acorus*, l'*orontium* & le *ruppia*: il porte celui de rape [*rachis*] dans plusieurs graminées, telles que le *lolium*, le *triticum*, l'*hordeum*, le *secale*, l'*elimus*. (*Voyez le mot* Épi, n.° 568).

La considération de la surface du réceptacle commun, fournit plusieurs caractères avantageux pour distinguer la plupart des fleurs composées: c'est pourquoi on dit qu'il est

524. Nu [*nudum*] lorsqu'il n'est chargé d'aucunes productions particulières disposées entre les fleurs, & différentes de la corolle ou du calice: tel est le réceptacle du *leontodon*, qui paroît après la chute des graines comme une tête entièrement chauve.

525. Velu [*villosum, pilosum, setosum*] lorsqu'il est chargé de poils plus ou moins flexibles. *Carduus, arctium lappa, centaurea cyanus.*

526. Lamellé [*paleaceum*] lorsqu'il porte

des paillettes, ou des efpèces de lames plus ou moins linéaires, très-aplaties & difpofées entre les fleurs. *Cichorium, fcolymus, achillæa millefolium.*

527. Alvéolé [*favofum*] lorfqu'il eft chargé de rets alvéolaires, c'eft-à-dire, de cellules membraneufes & tétragones, comme dans l'*onopordum.*

De la difpofition des fleurs.

La Botanique attentive à profiter des fecours multipliés que les fleurs lui offrent de toutes parts, a heureufement combiné la forme des organes intéreffans qui les compofent, avec les différentes manières dont elles font diftribuées fur la tige : elle a trouvé dans ce double point de vue des moyens fûrs & faciles, non-feulement pour diftinguer les genres & les efpèces, mais même pour former des groupes nombreux de Plantes, dont un modèle commun femble avoir fourni les traits les plus parlans.

Les fleurs, confidérées relativement à leur difpofition, fe divifent principalement en fimples & en compofées.

[A]

De la Fleur simple.

528. La fleur simple *(d)* [*flos simplex*] eſt celle qui eſt unique ſur ſon réceptacle : telle eſt la fleur de l'*anagallis*, de l'*alſine*, du *phaſeolus*, & d'une multitude d'autres Plantes.

[a]

Les fleurs ſimples ſe nomment

529. Terminales [*terminales*] lorſqu'elles ſont diſpoſées à l'extrémité de la tige ou de ſes rameaux. *Anemone, digitalis.*

530. Latérales [*laterales*] lorſqu'elles ſont placées ſur les côtés de la tige. *Teucrium chamæpitys, aſperugo procumbens.*

531. Unilatérales [*ſecundi*] lorſqu'elles ſont rangées du même côté de la tige.

532. Éparſes [*ſparſi*] lorſqu'elles ſont diſtribuées ſans ordre autour de la tige ou des rameaux. *Campanula rapunculoides.*

533. Seſſiles [*ſeſſiles*] lorſqu'elles n'ont

(d) Il ne faut point confondre la dénomination de *fleur ſimple*, dont il s'agit ici, avec celle que les Fleuriſtes emploient par oppoſition à la fleur double.

point de péduncules, & qu'elles repofent immédiatement fur la tige ou fur fes rameaux. *Herniaria, ftellera pafferina.*

534. Pédunculées [*pedunculati*] lorfqu'elles font portées par des péduncules. *Rofa, prunus.*

535. Solitaires [*folitarii*] lorfqu'elles font ifolées dans le lieu de leur infertion. *Anagallis, geranium fanguineum.*

536. On dit auffi d'une fleur qu'elle eft folitaire [*flos folitarius*] lorfqu'elle fe trouve feule fur la tige où elle eft ordinairement terminale. *Galanthus, tulipa.*

537. Ramaffées [*congefti*] lorfqu'elles font raffemblées en un feul ou plufieurs paquets. *Daphne cneorum, illecebrum ficoideum.*

538. Deux à deux, trois à trois, &c. [*bini, terni,* &c.] lorfqu'on détermine le nombre de fleurs réunies enfemble & inférées fur le même point. *Geranium robertianum, daphne mezereum,* &c.

539. Droites [*erecti*] lorfqu'elles font difpofées prefque perpendiculairement, & qu'elles regardent le ciel. *Dianthus, gentiana centaurium minus.*

540. Penchées [*cernui, nutantes*] lorſqu'elles s'inclinent un peu vers la terre. *Tulipa ſylveſtris.*

541. Verticales [*verticales*] lorſqu'elles pendent perpendiculairement, & qu'elles ſont tout-à-fait tournées vers la terre. *Convallaria maialis.*

542. Axillaires [*axillares*] lorſqu'elles ſont diſpoſées dans les aiſſelles des feuilles ou des branches, c'eſt-à-dire, lorſqu'elles naiſſent dans le point de concours des feuilles ou des branches avec la tige. *Hyoſcyamus, vicia.*

543. Radicales [*radicales*] lorſqu'elles naiſſent immédiatement de la racine. *Colchicum.*

[*b*]

544. Verticillées [*verticillati*] lorſqu'elles ſont diſpoſées par étages en forme d'anneaux autour de la tige. *Phlomis, clinopodium, ſalvia.*

Dans ce cas, chaque anneau ou verticille s'appelle

545. Seſſile [*verticillus ſeſſilis*] lorſque

les fleurs qui le compofent n'ont point de péduncules fenfibles. *Marrubium, leonurus.*

546. Pédunculé [*verticillus pedunculatus*] lorfqu'il eft formé par des fleurs fenfiblement pédunculées. *Nepeta, meliffa.*

547. Colleté [*involucratus*] lorfqu'il eft garni en-deffous d'une efpèce de collerette, comme dans le *phlomis*, le *clinopodium.*

548. Feuillé [*foliatus, bracteatus*] lorfque inférieurement il eft accompagné de feuilles d'une forme particulière ou de bractées. *Lamium, lavandula.*

549. Nu [*nudus*] lorfqu'il n'a aucun acceffoire, à moins que ce ne foit des feuilles tout-à-fait femblables à celles de la Plante.

550. Ramaffé [*confertus*] lorfqu'il eft compofé d'un grand nombre de petites fleurs très-ferrées entr'elles. *Phlomis, marrubium.*

[*c*]

551. On nomme fleurs en ombelle [*flores umbellati*] celles dont les péduncules fe réuniffent tous en un point commun, d'où ils divergent comme les rayons d'un parafol.

552.

552. Cette difposition des péduncules fuffit pour conftituer en général l'ombelle [*umbella*]; mais il y a un ordre particulier de Plantes auxquelles on a donné dans un fens plus ftrict le nom de Plantes ombellifères [*Plantæ umbelliferæ*], ce font celles dont les fleurs, outre le caractère commun qui fe tire des péduncules, font de plus remarquables par cinq étamines, par leur ovaire placé fous la corolle qui eft compofée de cinq pétales, par deux ftyles, & par un fruit nu , formé de deux femences adoffées l'une contre l'autre. *Paftinaca, heracleum, apium*, &c.

On dit d'une ombelle qu'elle eft

553. Fauffe ou bâtarde [*umbella fpuria*] lorfque les péduncules après être partis en divergeant d'un point commun , fe divifent & fe ramifient irrégulièrement. *Sambucus, viburnum.*

554. Simple [*fimplex*] lorfque les péduncules propres des fleurs n'ont qu'un feul point de concours. *Hydrocotile.*

555. Compofée [*compofita*] lorfque plufieurs péduncules communs, chargés chacun d'une ombelle fimple, fe réuniffent en un

Tome I. L

même point, & forment ainſi une ombelle plus compoſée.

556. L'enſemble de toutes les parties d'une ombelle compoſée, forme l'ombelle univerſelle [*umbella univerſalis*].

557. On donne le nom d'ombelle partielle [*umbella partialis, umbellula*] à chacune des petites ombelles qui concourent à la formation de l'ombelle univerſelle. Les péduncules communs qui portent les ombelles partielles s'appellent les rayons de l'ombelle univerſelle; ces rayons ſont au nombre de trois ou quatre dans le *ſanicula*, l'*aſtrantia*: il y en a un grand nombre dans l'*angelica*, le *peucedanum*.

Les ombelles partielles ſont globuleuſes dans le *ſanicula*, l'*angelica*; planes dans l'*heracleum*, le *chærophyllum*, &c.

[*d*]

558. On nomme corymbe [*corymbus*] ou fleurs en corymbe [*flores corymboſi*], une diſpoſition de fleurs dont les péduncules partent graduellement de différens points d'un axe ou péduncule commun, & arrivent tous à la

même hauteur. *Spiræa opulifolia, achillæa millefolium.*

Le corymbe ressemble à l'ombelle par son sommet aplati, & en diffère par l'insertion graduée de ses péduncules.

559. Ce que les Botanistes appellent fleurs en niveau [*flores fastigiati*] se rapproche si sensiblement du corymbe, que je ne crois pas devoir en donner une définition à part; ainsi, *flores corymbosi, flores fastigiati,* seront employés dans le cours de cet Ouvrage, comme expressions synonymes.

[e]

J'ai aussi fait quelques changemens aux définitions que l'on donne communément du bouquet & de la grappe, parce que ces définitions n'expriment point de limites assez déterminées.

560. J'appellerai donc fleurs à bouquet [*flores thyrsoidei*] celles dont les péduncules partent graduellement de différens points d'un axe ou péduncule commun, toujours disposé dans une situation droite, & arrivent à des hauteurs différentes, c'est-à-dire, que les inférieurs

se terminent les premiers, & ainsi de suite, *syringa vulgaris*.

561. Les fleurs en grappe [*flores racemosi*] sont celles au contraire dont le péduncule commun est toujours dans une direction inclinée ou pendante, & dont les péduncules particuliers sont d'ailleurs étagés comme dans le bouquet.

Ainsi le bouquet [*thyrsus*] est distingué du corymbe par son sommet, qui n'est jamais plane; d'un autre côté, la grappe [*racemus*] diffère sensiblement du bouquet par la situation du péduncule commun, qui est droit dans la première, & penché dans le second.

La grappe est en général

562. Simple [*simplex*] lorsque les péduncules propres de ses fleurs n'ont aucune division.

563. Composée [*compositus*] lorsque ces mêmes péduncules sont divisés, ou que l'axe commun est tellement ramifié, qu'on a peine à le distinguer.

564. Unilatérale [*unilateralis, secundus*] lorsque les péduncules propres sont tous situés ou insérés du même côté.

[f]

565. On appelle fleurs en panicule [*flores paniculati*] celles qui font difpofées fur des péduncules dont les divifions font très-nombreufes & très-diverfifiées. La panicule [*panicula*] eft ordinairement affez courte, lâche & très-étalée. *Panicum miliaceum, agroftis capillaris.* Elle fe nomme

566. Diffufe [*diffufa*] lorfque les péduncules font très-ouverts & très-divergens : refferrée [*coarctata*] lorfque les péduncules font rapprochés & à peu-près parallèles entr'eux.

La panicule peut être regardée comme un bouquet, dont les parties font éparfes & difpofées à l'aife.

[g]

567. Les fleurs en épi [*flores fpicati*] font des fleurs prefque feffiles, raffemblées fur un péduncule commun, alongé & très-fimple.

568. Si les fleurs font entièrement feffiles, comme dans plufieurs graminées, telles que le

Iolium, le *triticum*, l'*hordeum*, le *fecale*, l'*elimus*, &c. alors le péduncule qui les porte eft regardé comme un réceptacle commun qui prend le nom de *rape*, efpèce de chaton particulier à certaines Plantes graminées (*voyez Rape*, n.º 522). L'épi s'appelle dans ce cas, épi faux ou épi chatonnier [*fpica amentacea*]. & on le diftingue de l'épi proprement dit, qu'on nomme fimplement [*fpica*], & dont le caractère eft d'avoir les fleurs non-feffiles, quoique portées fur de courts péduncules. *Panicum viride*, *phalaris canarienfis*.

En général, l'épi eft folitaire & terminal; on trouve cependant quelquefois fur la même tige plufieurs épis portés par des péduncules fimples.

569. On trouve auffi des graminées, telles que les *bromus*, les *feftuca*, les *poa*, &c. dans lefquelles les péduncules divifés & rameux, foutiennent de petits épis particuliers, ~~dont~~ chacun fe nomme épillet [*fpicula*, *locufta*].

[*h*]

570. On nomme fleurs en tête [*flores capitati*] celles qui font ramaffées & difpofées

en espèce d'épi fort court , plus ou moins arrondi. *Psoralea bituminosa.*

571. La tête *[capitulum]* est globuleuse *[globosum]* , dans le *trifolium globosum ;* arrondie *[subrotundum]* , dans le *trifolium strictum ;* arrondie d'un côté & un peu aplatie de l'autre *[dimidiatum]* , dans le *trifolium lupinaster ;* garnie de feuilles , soit à sa base , soit entre les fleurs *[foliosum]* , dans l'*anthyllis vulneraria,* l'*ebenus cretica ;* nue , c'est-à-dire , sans bractées quelconques *[nudum]* , dans le *trifolium agrarium,* &c.

572. Si les fleurs sont redressées , parallèles , & réunies en manière de faisceau , on les nomme fasciculées *[flores fasciculati]* ; telles sont celles du *dianthus barbatus,* du *silene armeria,* &c.

[B]

De la fleur composée.

573. La fleur composée *[flos compositus]* est celle qui est formée de la réunion de plu-sieurs petites fleurs particulières , disposées toutes sur le même réceptacle , & ordinai-rement environnées par un calice commun.

L iv

(*n.° 501*). On distingue deux sortes de fleurs composées, savoir, la fleur composée proprement dite, & la fausse qu'on nomme aussi fleur agrégée.

574. La vraie fleur composée [*flos compositus verus*] est remarquable par un caractère commun à toutes les fleurettes dont elle est l'assemblage ; chacune de ces fleurettes a cinq étamines, réunies par leurs anthères en forme de gaine ou de cylindre creux, au travers duquel passe le pistil. *Carduus, cichorium, calendula.*

Les corolles de ces mêmes fleurettes sont toujours monopétales & placées sur l'ovaire : on en distingue de deux espèces, à raison de leur forme, savoir, le fleuron & le demi-fleuron.

575. Le fleuron ou la corolle tubulée [*flosculus, corolla tubulosa*] est une petite corolle tout-à-fait en cornet ou en tube, dont le bord supérieur est taillé plus ou moins régulièrement en quatre ou cinq parties, mais sans avoir aucun prolongement particulier.

576. Le demi-fleuron ou la corolle ligulée

[semi - flosculus, corolla ligulata] eſt une petite corolle tubulée vers ſa baſe, mais dont le limbe ſe termine par une ſeule lame ou languette remarquable.

Les différentes manières dont les fleurons & demi-fleurons ſe combinent dans les fleurs vraiment compoſées, ont donné lieu à la diviſion de ces dernières, en fleurs floſculeuſes, ſemi-floſculeuſes & radiées.

577. La fleur floſculeuſe *[flos floſculoſus]* eſt celle qui eſt uniquement compoſée de fleurons. *Carduus, centaurea.*

578. La fleur ſemi - floſculeuſe *[flos ſemi - floſculoſus]* eſt celle qui n'eſt compoſée que de demi-fleurons. *Scorzonera, lactuca.*

579. La fleur radiée *[flos radiatus]* eſt celle dont le milieu, qu'on appelle diſque *[diſcus]* eſt occupé par des fleurons, & dont la circonférence eſt garnie de demi-fleurons, qui repréſentent autant de rayons ; cependant, ce qu'on nomme communément le rayon *[radius]* dans la fleur radiée, c'eſt la totalité des demi-fleurons qui environnent le diſque. *Chryſanthemum, bellis, &c.*

580. La fleur fauſſement compoſée, ou

la fleur agrégée [*flos aggregatus*] est auffi un affemblage de fleurettes difpofées fur un même réceptacle, mais dont les étamines ne font point réunies par les anthères. *Scabiofa, dipfacus*, &c.

Obs. Diverfes circonftances particulières peuvent faire fubir aux fleurs des altérations ou des changemens confidérables, foit dans la forme, foit dans le nombre de leurs parties : on en trouve qui dérogent à leur efpèce par le défaut de quelques pétales, ou même de quelques étamines ; & dans ce cas les autres parties fe rapprochent pour l'ordinaire, & la fymétrie de la fleur n'en eft point troublée. J'ai obfervé cette efpèce d'altération fur plufieurs pieds de l'*ornithogalum album*, dont toutes les fleurs n'avoient que quatre ou cinq pétales & autant d'étamines, placées refpectivement à des diftances égales. Certaines Plantes des pays chauds perdent entièrement leur corolle, lorfqu'on les cultive dans un climat froid ; c'eft ce qui arrive au *campanula perfoliata*, au *glaux maritima*, &c.

Mais les variations par excès font beaucoup plus communes que celles qui fe font par

défaut, & la Nature jufque dans fes écarts,
tend prefque toujours vers l'accroiffement &
la richeffe. Qu'une Plante qui demande une
féve abondante & vigoureufe, foit portée
dans un terrein maigre & appauvri, elle fera
grêle, foible, chargée d'un petit nombre de
feuilles & de fleurs ; mais communément
chacune de fes fleurs fera pourvue de toutes
les parties qui caractérifent fon efpèce : au
contraire, que la force des engrais & le foin
de la culture, occafionnent dans certaines
Plantes une affluence extraordinaire de fucs
nourriciers, outre que leurs parties fe multiplieront & prendront de l'embonpoint, le
nombre des pétales pourra croître dans
chaque fleur, & cet accroiffement fe fera le
plus fouvent aux dépens des étamines *(e)*,
dont les unes dégénéreront en nouveaux
pétales, & les autres refteront la plupart
fans anthères & ne feront qu'ébauchées : enfin,

(e) Si l'on décompofe un narciffe double, on obfervera
que la partie inférieure des filets des étamines fubfifte encore
dans le tube de la corolle, tandis que la partie fupérieure
a acquis par la furabondance de la féve une force expanfive
qui l'affimile aux pétales ordinaires de la fleur.

toutes les étamines, & les piftils eux-mêmes, pourront fe convertir en pétales, & alors il n'y aura plus de fleur proprement dite, & par conféquent plus de fruit à attendre. On a diftingué des fleurs de plufieurs fortes, à raifon de ces différentes variations, & l'on a appelé

581. Fleur fimple [*flos fimplex*] celle qui n'a que le nombre de pétales qui convient à fon efpèce.

582. Fleur double [*flos multiplex*] celle qui acquiert un plus grand nombre de pétales qu'elle ne doit avoir naturellement, mais dans laquelle les organes fexuels fubfiftent encore en partie, & fourniffent quelques graines fécondes : l'œillet offre des exemples de la fleur double. Les Fleuriftes diftinguent encore un degré intermédiaire entre la fleur fimple & la fleur double, favoir la fleur femi-double : cette dernière variété eft très-commune parmi les renoncules & les anémones.

583. Fleur pleine [*flos plenus*] celle dont la corolle eft occupée toute entière par des pétales, provenus de l'expanfion des étamines & des piftils, & qui par cette raifon refte

abfolument ftérile, ou ne peut fe multiplier qu'à l'aide des rejets & des boutures. On trouve fouvent des fleurs pleines fur la matricaire, la pivoine, certaines efpèces de rofiers, &c.

La fleur pleine eft le but vers lequel tendent les foins du Fleurifte, dont les intérêts font à tous égards féparés de ceux du Botanifte. Le premier, en effet, plus jaloux de jouir que de connoître, appelle continuellement l'art au fecours de la Nature, pour exciter celle-ci à des efforts inconnus, & ménager à l'œil des furprifes par la nouveauté des couleurs & par le luxe pompeux des ornemens : il facrifie tout au brillant & à l'apparence ; il néglige l'efpèce en faveur de quelques individus qu'il a adoptés, auxquels il prodigue fes foins, & qu'il transforme en de nouveaux êtres, qui, fous les dehors de la fécondité & de l'abondance, cachent une dégradation réelle.

Le Botanifte, au contraire, uniquement attentif à étudier, à épier la Nature, fe plaît à la contempler dans cette naïve fimplicité, plus précieufe fans doute que ces agrémens dont on ne l'embellit que par la contrainte : il n'adopte les nuances qu'autant qu'elles n'altèrent point d'une manière fenfible la conftance des formes primitives ; en un mot, l'individu qui s'offre à lui dans fes recherches, n'eft point à fes yeux un être ifolé ; il y voit comme le type & le modèle de l'efpèce entière, & il aime à y retrouver ces traits unis, mais vrais, que la Nature a fidèlement prononcés dans les productions qui lui appartiennent tout entières.

Une grande partie des fleurs qui naiffent à l'aide de la culture, font donc de véritables monftres végétaux ; mais la multiplication ou le développement contre Nature des parties fimples, qui dans le règne animal produit des difformités choquantes, ne fait ici qu'ajouter à l'individu de nouvelles grâces, & un nouveau prix, pour ceux qui fe bornent à la fatif-faction momentanée du coup-d'œil ; au refte, la Botanique n'aura jamais rien à craindre de l'art du Fleurifte. La Nature eft fi riche & a des reffources fi multipliées, que l'abandon qu'elle fait dans nos parterres de fes plus beaux droits, eft moins une perte pour elle,

que l'occasion d'une des plus agréables jouis-
fances qu'elle puisse accorder à l'amateur des
jardins.

584. Il arrive quelquefois que la féve,
qui se porte toujours avec plus d'affluence
dans la direction de l'axe de la Plante, tend
à faire éclore une seconde fleur à côté de celle
qui doit occuper le centre : mais insuffisante
pour fournir à ce double emploi, elle laisse
son opération imparfaite, & il n'en résulte
qu'une monstruosité d'un genre particulier,
une fleur jumelle dans laquelle le nombre
des étamines varie au-dessus de celui qui est
affecté à l'espèce, sans cependant être jamais
doublé. Cette variation, que l'on peut observer dans le *teucrium nissolianum*, a fait
regarder par plusieurs Botanistes le caractère
qui se tire des divisions de la corolle, comme
équivoque & fautif : cette difficulté, si elle
étoit solide, porteroit également contre le
nombre des étamines ; mais on auroit dû
remarquer que dans le cas même dont il
s'agit, l'intention de la Nature est toujours
marquée, outre que la constance des autres
fleurs de l'individu, empêchera qu'un accident

de l'efpèce de celui dont je parle, puiffe être une caufe de méprife pour un Obfervateur tant foit peu attentif.

585. On appelle fleur prolifère [*flos prolifer*] celle qui produit de fon centre une feconde fleur ordinairement femblable à la première, & même quelquefois accompagnée de feuilles : la camomille devient prolifère par la piqûre d'une petite mouche appelée *ichneumon*.

Du Fruit, & de fes dépendances ou acceffoires.

586. Parmi les différens moyens de reproduction qui concourent à perpétuer la fucceffion des êtres végétaux, on fait que la fructification eft le plus univerfel, & comme l'opération familière de la Nature ; elle eft en même temps le but vers lequel font dirigées les principales fonctions de la végétation : à mefure qu'elles s'avancent vers ce but, à mefure que le fruit s'accroît & fe perfectionne, les organes qui avoient eu le plus de part à fa formation, l'abandonnent, dépériffent, & le laiffent parvenir à fon entier développement

développement à l'aide des feuls fucs nourriciers, qui ceffent à leur tour de lui fournir,
dès qu'il a atteint fa maturité.

C'eft dans cet organe, confervateur de
l'efpèce, que la Nature déploie fes plus fécondes reffources : ce n'eft point affez pour
elle d'avoir multiplié les fleurs fur la plupart
des individus, elle a encore donné plufieurs
femences à un grand nombre de fleurs ; il en
eft même à l'égard defquelles fes profufions
en ce genre ne connoiffent plus de mefures :
on ne fait quelquefois ce qu'on doit le plus
admirer, ou de la quantité innombrable, ou
de l'extrême fineffe de ces corpufcules, qui ne
font eux-mêmes que des enveloppes groffières
par rapport aux germes qu'ils recèlent *(f)*.
Ce terme, qui étonne déjà notre imagination,
n'eft cependant pas encore le dernier effort
de la Nature ; l'expérience prouve qu'une
feule graine eft comme le réfervoir commun

(f) Un feul pied du *zea* ou *maïs* a donné jufqu'à deux
mille graines ; de l'*inula*, trois mille ; de l'*helianthus*, quatre
mille ; du *papaver*, trente-deux mille ; du *typha*, quarante
mille ; & du *nocotiana*, trois cents foixante mille, au rapport
de Rai.

Tome I. M

d'un grand nombre de jets, que des circonſtances favorables peuvent faire éclorre &
développer *(g)* : en un mot, la multitude
dés ſemences qui ſe diſperſent de toutes parts
après la maturation eſt ſi prodigieuſe, que,
par le calcul qui en a été fait, le produit
complet d'un terrein de quelques lieues de
contour, pourroit ſuffire au bout de quelques
années, pour peupler de végétaux la ſurface
entière du globe.

Mais la Nature qui ne ſemble fuir l'in-
digence & la diſette qu'en ſe portant vers
l'excès de l'abondance, ſe trouve pour ainſi
dire arrêtée ſur ſa route par divers obſtacles,
qui reſſerrent dans de juſtes bornes l'emploi
de ſes facultés. La plupart des ſemences
avortent & demeurent ſtériles, par les accidens
qu'elles eſſuient dans leur diſperſion, par
l'intempérie de l'air, & plus encore par le
défaut de préparation dans le ſol même :
par-là, l'immenſité des reſſources ſe tourne
en précaution contre les dangers, & la terre

(g) Pline rapporte que l'on envoya à Néron trois cents
quarante tiges provenues d'un ſeul grain de blé. *Hiſt. Nat.*
liv. XVIII, chap. 10.

fans ceffer d'être prodigue, nous montre jufque dans les préfens qu'elle nous refufe, des traits marqués de la Sageffe infinie qui préfide à fa fécondité.

Mais d'ailleurs, quel parti ne tire pas le Cultivateur laborieux, de cette tendance prefque fans bornes de la Nature vers la re-production! Sollicitée par des mains affidues, dégagée des obftacles qui captivoient fes puiffances, nourrie par des engrais falutaires, elle recouvre une grande partie de fes droits : elle nous reftitue avec ufure les femences que nous lui avons confiées avec économie; elle nous dédommage d'un léger facrifice, pris fur fes libéralités, par ces moiffons abondantes qui nous rendent le fer qui leur a préparé la voie, mille fois plus précieux que l'or dont on les paie, & qui d'un fimple gramen, rejeté dans nos fpéculations vers la limite du règne végétal, font à notre égard la plus parfaite & la première de toutes les Plantes.

587. Le fruit [*fructus*] n'eft donc, comme on a déjà pu le voir, que l'ovaire même qui a furvécu à la plupart des autres organes de la fleur, & que la maturité a

groſſi & développé. Cette partie prend quelquefois des accroiſſemens très - conſidérables ; tout le monde ſait que le fruit dans le potiron, le melon, &c. ſurpaſſe de beaucoup en volume tout le reſte de la Plante.

On diſtingue dans le fruit, la graine que l'on appelle auſſi la *ſemence*, & ſon enveloppe qui porte le nom de *péricarpe* : il faut y joindre ſon réceptacle propre, que l'on nomme *placenta*.

De la Semence.

588. La ſemence *[ſemen]* eſt cette partie du fruit qui renferme le principe d'une nouvelle Plante, de la même eſpèce que celle dont elle eſt une production.

Si l'on décompoſe une ſemence, & que pour faire plus facilement cette opération, on choiſiſſe une fève, un pois ou un pepin de courge, que l'on aura laiſſé pendant quelques momens dans l'eau chaude, on y diſtinguera pluſieurs parties plus ou moins eſſentielles, ſavoir,

589. La tunique propre *[arillus]* ; on nomme ainſi cette eſpèce de membrane ou

d'écorce qui enveloppe la femence : on l'appelle *robe* dans la féve ; elle eft très-vifible encore dans les pepins de poire, de pomme, &c. dans la graine du jafmin, &c.

590. Les lobes ou cotyledons [*cotyle-dones*] ; ce font deux corps charnus appliqués l'un fur l'autre, mais qui ne fe tiennent réellement que par un point commun, placé tantôt latéralement, tantôt vers leur extrémité, & auquel aboutiffent les vaiffeaux nombreux dont les ramifications fe difperfent dans leur fubftance.

Ces corps que l'on peut remarquer dans la féve, où ils fe détachent aifément après que l'on a enlevé la tunique, font ordinairement convexes à l'extérieur, aplatis du côté où ils fe touchent, & un peu concaves vers le point où fe fait leur réunion : leur fubftance eft mucilagineufe, fermentefcible dans les graminées, les légumineufes, &c. elle eft comme cornée dans le café, les ombelles, &c.

Dans le plus grand nombre des Plantes connues, les femences ont deux lobes ou cotyledons bien diftincts ; mais dans les liliacées, les graminées & les palmiers, on n'en obferve qu'un feul, & l'on croit que les mouffes & les lichens en font abfolument privés.

591. La plantule ou l'embrion [*plantula, corculum*] eft le vrai germe qui eft comme emboîté dans les cotyledons , & placé au point où fe réuniffent les vaiffeaux dont on a parlé. On diftingue dans le germe deux parties, favoir, la radicule & la plumule.

592. La radicule [*radicula, roftellum*] eft le rudiment de la racine : fa forme approche d'un petit bec qui fort des lobes, & eft couché fur la ligne de leur jonction ; ç'eft la partie inférieure de la plantule, d'où fortiront les petites racines deftinées à aller chercher dans le fein de la terre les fucs propres à la nour- riture du jeune fujet.

593. La plumule [*plumula*] eft le rudi- ment de la tige, elle occupe la cavité des lobes , & fe termine par un petit rameau femblable à une plume ; c'eft la partie de la Plante qui monte & tend à fortir de la terre.

En obfervant avec plus d'attention le petit

rameau qui forme l'extrémité de la plumule
(je suppose toujours que l'on fait cette
observation sur une féve), on remarquera
que cette partie est composée de deux petites
feuilles cordiformes, dont chacune est pliée
en deux, & que l'on pourra étendre avec la
tête d'une épingle : on les appelle *feuilles
séminales (h)*.

Dans un grand nombre de Plantes, & en
particulier dans la féve, les lobes ou cotyledons s'alongent & sortent de terre en même
temps que la tige naissante, sous la forme de
deux feuilles épaisses, qui après avoir garanti
son enfance, se defsèchent & périssent; mais
il y a des semences, comme le pepin d'orange,
le pois, le gland, &c. dont les cotyledons
restent dans la terre où ils pourrissent, &
alors ce sont les feuilles séminales qui servent
d'abri à la jeune Plante, après qu'elle est

____

(*h*) Si on jette dans l'eau bouillante quelques grains de
café, au bout d'une ou deux heures on trouvera que
plusieurs auront germé; la radicule sortira d'environ une
ligne, & en ouvrant le grain avec précaution, on détachera
la plantule entière, dont la plumule est formée par deux
petites feuilles séminales, ouvertes & exactement appliquées
l'une sur l'autre.

M iv

levée : il réfulte de cette obfervation que l'on ne doit pas confondre, comme l'ont fait la plupart des Botaniftes, les feuilles féminales avec les lobes ou cotyledons.

On a remarqué que les feuilles féminales avoient très-fouvent une forme tout-à-fait différente de celles qui par la fuite naiffent fur la tige.

Telle eft en général l'organifation inté-rieure de la femence, d'après laquelle on voit que la plantule eft la feule partie vrai-ment effentielle qui la conftitue. Quant aux caractères que fournit l'afpect de la femence, ils fe tirent principalement de fa forme & de fes appendices ; ainfi on dit qu'elle eft

594. Réniforme [*reniforme*], dans le *phafeolus ;* globuleufe [*globofum*], dans le *pifum ;* arrondie [*fubrotundum*], dans l'*orobus,* le *vicia ;* triangulaire [*triangulare, triquetrum*], dans le *polygonum,* &c.

595. On la nomme échinée [*muricatum, echinatum*] lorfqu'elle eft couverte de pi-quans, *caucalis,* ou de poils rudes, *daucus,* &c.

596. Nue [*nudum*] lorfqu'elle n'a d'autre

enveloppe que fa tunique propre , comme dans les graminées, les labiées, les bourraches, les ombelles, &c.

597. Couverte [*teƈlum*] lorfqu'indépen-damment de fa tunique propre, elle eſt renfermée dans une feconde enveloppe que l'on nomme péricarpe (*voyez ce mot*, n.° 602).

598. Couronnée [*coronatum*] lorfqu'elle eſt chargée du calice propre de la fleur, qui eſt perfiſtant, comme dans le *fcabiofa*, l'*œnanthe*, &c.

599. Aigretée [*pappofum*] lorfqu'elle eſt furmontée d'un panache ou d'une efpèce de plumet; telles font les femences de la plupart des fleurs compofées.

600. L'aigrette eſt fimple [*pappus fimplex*] lorfqu'elle eſt compofée d'un feul faifceau de poils ou de filets, *laƈluca, fonchus*, &c. elle eſt branchue [*plumofus*] lorfqu'elle fe divife en rameaux, *fcorzonera, cnicus*, &c. elle eſt pédiculée [*ſtipitatus*] lorfqu'elle eſt portée fur un pivot ou pédicule particulier, *leontodon, hypochœris*, &c. elle eſt feffile [*feffilis*] lorfqu'elle repofe immédiatement fur le fommet de la femence, &c.

601. On appelle encore femence ailée *[femen alatum]* celle qui porte une efpèce de membrane faillante, plus ou moins ferme. L'aile *[ala]* fe remarque fur les femences de *l'acer,* du *bignonia,* &c.

Obs. Les aigrettes & les ailes ont été vifiblement deftinées à faciliter la difperfion des femences. On voit quelque temps après la maturité, celles qui ont été pourvues de ces acceffoires légers & délicats, voltiger de toutes parts au gré du vent, & entretenir entre les différentes portions de terrein une forte de commerce & de circulation de richeffes. Dans certaines Plantes, l'élafticité que la capfule acquiert en fe defsèchant, fupplée aux aigrettes & aux ailes : c'eft une furprife agréable de voir cette enveloppe éclater fubitement avec explofion, & faire pour ainfi dire l'office de la main du femeur, en lançant à quelques pieds de diftance les graines qu'elle tenoit renfermées : on peut faire cette obfervation fur le genêt, le *geranium,* le *momordica elaterium,* &c. L'im-*patiens noli me tangere* a été ainfi nommé, parce que quand fon fruit eft mûr, il s'ouvre avec effort au plus léger choc, & fait jaillir une multitude de femences entre les doigts de celui qui l'a touché.

Du Péricarpe.

602. Le péricarpe [*pericarpium*] eft cette partie du fruit qui enveloppe & défend les femences ; ainfi on peut dire qu'il eft à l'égard des femences, ce que la corolle eft par rapport aux étamines & piftils : lorfqu'il n'exifte pas, c'eft ordinairement le calice ou le réceptacle qui le remplace dans fes fonctions.

Le péricarpe varie dans fa forme & dans fa confiftance ; ce qui fait qu'on en diftingue de plufieurs fortes, favoir, la capfule, le follicule, la filique, la gouffe, la prunette, la pommette, la baie & le cône.

[A]

603. La capfule [*capfula*] eft une enveloppe ordinairement formée de plufieurs panneaux, qui fe joignent par leurs bords avant la maturité, & s'ouvrent enfuite comme autant de valves ou de battans, pour laiffer une iffue libre aux femences.

Le péricarpe, à raison du nombre des capsules dont il est quelquefois composé, se nomme

604. Unicapsulaire [*unicapsulare*], *lychnis, gentiana, verbascum*, &c. bicapsulaire [*bicapsulare*], *pænia, acer, asclepias;* tricapsulaire [*tricapsulare*] *veratrum, delphinium;* quadricapsulaire [*quadricapsulare*], *rhodiola, tetracera;* quinquecapsulaire [*quinquecapsulare*], *aquilegia, nolana;* & en général multicapsulaire [*multicapsulare*], *trollius, sempervivum*, &c.

Lorsque l'on considère la forme de la capsule, on dit qu'elle est

605. Cylindrique [*cylindrica*], *saponaria, dianthus, gentiana*, &c. globuleuse [*globosa*], *hydrophyllum, cyclamen*, &c. ovale [*ovata*], *alsine;* courbée [*incurvata*], *cerastium vulgatum;* anguleuse [*angulata*], *campanula*, torse [*contorta*], *spiræa ulmaria;* scrotiforme [*scrotiformis*], c'est-à-dire, composée de deux globes réunis & un peu comprimés du côté où ils se touchent, comme dans le *mercurialis.*

606. On considère aussi les différentes manières dont s'ouvre la capsule : elle s'ouvre

par le haut dans le *papaver*, le *dianthus*; par
le bas dans le *campanula*; en travers dans
l'*anagallis*, & alors on la nomme *circumcissa*,
c'eſt-à-dire, découpée circulairement; enfin
elle s'ouvre longitudinalement dans l'*aquilegia*,
&c.

Quelquefois on conſidère le nombre des
valves que la capſule forme en s'ouvrant, &
on dit qu'elle eſt

607. Univalve *[univalvis]* lorſqu'elle ne
s'ouvre que par un côté, *delphinium, pænia*,
&c. bivalve *[bivalvis]* lorſqu'elle forme en
s'ouvrant deux panneaux bien diſtincts, *chry-
ſoſplenium, mitella, tiarella*, &c. trivalve
[trivalvis] lilia, polycarpon, holoſteum, &c.
quadrivalve *[quadrivalvis] epilobium, œnothera*,
erica, &c. quinquevalve *[quinquevalvis]*
lychnis, coris, &c.

D'autrefois on conſidère dans la capſule le
nombre de ſes cavités que l'on nomme *loges*,
& on dit qu'elle eſt

608. Uniloculaire *[unilocularis]* lorſque
ſa cavité n'eſt point diviſée, comme dans le
primula, le *viola*, le *ſamolus*; biloculaire ou
à deux loges *[bilocularis] hyoſciamus, lythrum*,

digitalis, &c. triloculaire [*trilocularis*] *lilia*, *phlox*, *croton;* quadriloculaire [*quadrilocularis*] *evonimus*, *vaccinium;* quinqueloculaire [*quinquelocularis*] *pyrola*, *andromeda;* sexloculaire [*sexlocularis*] *asarum*, *aristolochia;* à huit loges [*octolocularis*] *linum radiola;* à dix loges [*decem locularis*] *linum;* à loges nombreuses [*multilocularis*] *nymphæa*, &c.

[B]

609. Le follicule ou la coque [*folliculus*, *conceptaculum*] est une espèce de péricarpe alongé, membraneux, qui s'ouvre longitudinalement d'un seul côté, & auquel les femences ne font point adhérentes. *Vinca*, *asclepias*, &c.

La coque est ordinairement gonflée par l'air qui s'y dilate, *periploca*, *plumeria*, *asclepias*, &c. ou bien elle est remplie d'une pulpe qui entoure les femences, *tabernæmontana*.

[C]

610. La filique [*filiqua*] est une espèce de péricarpe bivalve, ou composé de deux panneaux réunis par des futures longitudinales.

Les femences font attachées à l'une & à l'autre de ces futures, à l'aide d'un filet qui fait l'office de cordon ombilical. *Cruciformes, chelidonium glaucium*, &c.

611. On lui donne le nom de filique proprement dite, lorfque fa longueur furpaffe fenfiblement, c'eft-à-dire, une fois au moins, fa largeur; & on l'appelle filicule [*filicula*] lorfque fa longueur eft égale à fa largeur, ou ne la furpaffe pas d'une quantité fenfible; ainfi le *cheiranthus* porte de vraies filiques, & le *lepidium* n'a que des filicules.

Tantôt on confidère la figure de la filique, & on dit qu'elle eft

612. Articulée [*articulata*] lorfqu'elle eft rétrécie & renflée alternativement comme celle du *raphanus*.

613. Comprimée [*compreffa*] lorfqu'elle eft aplatie, & que fes bords font minces & tranchans; telle eft celle du *thlafpi*.

614. Tétragone [*tetragona*] lorfqu'elle a quatre angles & quatre faces oppofées deux à deux, *eryfimum*.

615. Arrondie [*fubrotunda*], *bunias*; lancéolée [*lanceolata*], *ifatis*; lobée [*lobata*],

bifcutella; orbiculée *[orbiculata]*, *clypeola;* un peu en cœur *[obcordata]*, *lepidium*, *thlafpi burfa paftoris*, &c.

Tantôt on confidère la pofition de la cloifon à l'égard des panneaux, & on dit de cette dernière qu'elle eft

616. Parallèle *[diſſepimentum parallelum]* lorfque fes deux côtés tranchans s'infèrent dans les futures des panneaux. *Lunaria, draba, alyſſum,* &c.

617. Tranfverfale *[diſſepimentum tranf-verſum]* lorfque fes deux côtés tranchans coupent longitudinalement les panneaux par le milieu. *Thlafpi, lepidium.*

[D]

618. La gouffe *[legumen]* eft affez fem-blable à la filique par la forme & la réunion de fes panneaux, que l'on nomme *coſſes;* mais elle en diffère par la difpofition de fes femences, qui font attachées feulement à l'une des futures qui forment la ligne de jonction des panneaux.

On confidère ordinairement la figure de la gouffe,

la gousse, ou sa structure intérieure, & on dit qu'elle est

619. Ovale [*legumen ovatum*], *astragalus, aspalathus;* arrondie [*subrotundum*], *geoffræa, ebenus;* linéaire [*lineare*], *clitoria;* cylindrique [*teres*], *galega, coronilla;* gonflée [*turgidum*], *cicer, ononis;* enflée ou vésiculaire [*inflatum*], *colutea;* articulée [*articulatum*], *hedysarum, coronilla;* contournée [*contortum*], *medicago sativa, scorpiurus.*

620. Uniloculaire, à une seule loge [*uniloculare*], telle est celle de la plupart des légumineuses; biloculaire [*biloculare*] *astragalus, bisserula.*

OBS. La gousse de l'*hippocrepis* est remarquable par les échancrures profondes de l'un de ses bords; celle du *coronilla* est partagée suivant sa longueur par divers étranglemens; celle du *lotus* semble interrompue par des espèces de petites lames perpendiculaires & transversales; enfin celle de l'*ornithopus* paroît formée de plusieurs petites portions soudées les unes à la suite des autres.

Tome I.   N

[E]

621. La prunette ou le fruit à noyau [*drupa*] eft une efpèce de péricarpe double, compofé à l'extérieur d'une pulpe ou d'une enveloppe charnue, plus ou moins fucculente, & intérieurement d'une petite boîte ligneufe connue fous le nom de noyau, & dans laquelle eft renfermée la femence que l'on appelle *amande. Prunus, amygdalus, amyris, eugenia,* &c.

[F]

622. La pommette, ou le fruit à pepin [*pomum*] eft une efpèce de péricarpe compofé d'une pulpe charnue & folide, divifée vers fon centre en plufieurs loges membraneufes, qui contiennent des femences que l'on nomme *pepins. Pyrus, malus, cucumis, cucurbita,* &c.

623. On dit de la pommette qu'elle eft ombiliquée [*pomum umbilicatum*] lorfqu'elle a une petite cavité dans fa partie fupérieure, avant le développement du fruit; cette cavité étoit le réceptacle propre de la fleur, porté

fur l'ovaire : on remarque encore en fes bords
les débris du calice defféché , ce qui forme
cette efpèce d'ombilic que les Jardiniers
nomment *œil*.

[G]

624. La baie *[bacca]* eft une efpèce de
péricarpe, d'une forme ordinairement arrondie
ou ovale, mou dans fa maturité, ce qui le
diftingue principalement de la pommette, &
renfermant une ou plufieurs femences au
milieu d'une pulpe fucculente ; tantôt fans
aucune apparence de loge, comme dans le
vitis, le *ribes*, &c. & tantôt avec des loges,
comme dans le *cactus*, le *folanum*, l'*atropa*,
&c.

625. Lorfque les baies font petites &
ramaffées en grappes ou en corymbe , on
leur donne le nom de *grains* ; telles font
celles du *ribes*, du *berberis*, du *fambucus*, &c.
Les fruits du *morus* & du *rubus* font compofés de plufieurs petites baies, raffemblées
en tête arrondie ou ovale fur un réceptacle
commun.

La baie du *phyfalis* eft renfermée dans

une enveloppe membraneufe & colorée, qui
n'eft autre chofe que le calice de la fleur
renflé par la maturité ; celle du rofier provient de la bafe du calice, amplifiée, amolie
& colorée ; celle de l'if eft un réceptacle
devenu charnu & fucculent, qui s'ouvre par
degrés pour laiffer échapper la femence, après
l'avoir tenu enveloppée pendant quelques
temps.

On confidère fouvent le nombre des femences contenues dans la baie, & felon
qu'elle en renferme une, ou deux, ou trois,
&c. ou un nombre indéterminé, on l'appelle

626. Monofperme [*monofperma*], *daphne,
rhus;* difperme [*difperma*] , *coffea, berberis;*
trifperme [*trifperma*], *convallaria, hæmanthus;*
tétrafperme [*tetrafperma*], *adoxa, callicarpa;*
polyfperme [*polyfperma*], *ceftrum, capparis,*
&c.

[H]

627. Le cône [*ftrobilus*] eft un compofé
d'écailles ligneufes, fixées par leur bafe fur
un axe commun, dont elles s'écartent par
leur partie fupérieure, & qu'elles entourent,

en se recouvrant les unes les autres par gradation. Sous chacune de ces écailles on trouve
une ou deux semences anguleuses, & ordinairement garnies d'un feuillet saillant, ou
d'une espèce d'aile, comme dans le pin, &c.

On peut regarder le cône comme une
espèce de péricarpe, puisque les écailles en
font les fonctions, & servent d'enveloppes
aux semences, jusqu'au temps de la maturité;
mais si l'on considère le cône dans le temps
de la floraison, alors c'est un vrai chaton ou
un réceptacle commun, autour duquel sont
disposées, entre des écailles, de petites fleurs
incomplettes.

La forme du cône est ovale ou un peu
oblongue dans les pins, les sapins & les
melèses ; celui du *thuya* est court & obtus,
& celui du cyprès est arrondi & presque
orbiculaire.

Obs. La noix [*nux*] doit être rangée
parmi les fruits à noyau; c'est une espèce de
fruit osseux, composé de deux pièces qu'on
nomme *écailles*, qui contiennent une semence
ovale à quatre lobes sinueux, & terminée
d'un côté par une pointe où se trouve la

N iij

plantule : ces lobes font féparés par une cloifon que l'on appelle *zeft*. Les deux écailles de la noix font recouvertes d'une enveloppe coriace, un peu charnue, liffe & d'un goût très - amer, que l'on nomme *brou*. Cette enveloppe répond à la pulpe fucculente de la prunette ; & la coque ligneufe ou offeufe qui renferme les lobes, répond au noyau de la prunette, dans lequel eft logée la femence.

Du Placenta.

628. Le placenta [*receptaculum feminale*] eft le réceptacle propre de la femence ; c'eft la partie du fruit fur laquelle porte immédiatement la femence, lorfqu'elle eft environnée d'un péricarpe, comme dans le *gentiana*, l'*epilobium*, &c. c'eft le réceptacle propre du fruit, lorfque la femence n'a point de péricarpe, & que l'ovaire étoit placé fous la corolle, comme dans les plantes ombellifères, & dans la plupart des compofées ; enfin c'eft en même temps le réceptacle du fruit & celui de la fleur, lorfque la femence n'a point de péricarpe, & que l'ovaire n'étoit

point placé fous la corolle, comme dans le *polygonum*, les graminées, &c.

Ce réceptacle eft fec & adhérent dans le *potentilla*; il eft charnu, fucculent & caduc dans le *fragaria*; il eft formé, comme on l'a remarqué, par une des futures de la gouffe, & par les deux futures de la filique; par les cloifons ou les bandelettes de la capfule dans le *nicotiana*, le *datura*, le *gentiana*; par un axe feuilleté & libre dans la coque de l'*afclepias*, de l'*apocynum*; & par une colonne dans les mauves, &c.

De la Végétation.

629. Après avoir décrit fucceffivement les différentes parties qui entrent dans la ftructure des végétaux, il ne fera pas inutile de réunir fous une même vue générale, les fonctions de ces mêmes parties, & de faire, pour ainfi dire, l'hiftoire de la Plante, en la fuivant dans les diverfes époques par lefquelles elle paffe, depuis le moment de fa naiffance, jufqu'au dernier terme de fon dépériffement.

630. Lorfqu'aux approches du printemps, la température de l'air s'eft adoucie, & qu'un

premier degré de chaleur a difposé toute la Nature au mouvement, les femences confiées à la terre commencent à s'imbiber des parties aqueufes qui les environnent, & en même temps des fucs nourriciers que ces parties entraînent avec elles. Les lobes ou cotyledons fe gonflent; la radicule qui a participé à leur nourriture, s'étend & fort par une petite ouverture pratiquée à la tunique qui les recouvre : cette première époque du développement de la Plante s'appelle *germination (germinatio)*.

631. Bientôt la dilatation de l'air fait crever la tunique & force les lobes de s'écarter; la plantule monte peu-à-peu, accompagnée des lobes ou feulement des feuilles féminales qui la tiennent comme empaquetée par fon extrémité. La partie moyenne eft affez fouvent la première qui fe montre, fous la forme d'un petit arc qu'elle avoit déjà lorfqu'elle étoit encore renfermée entre les lobes : on dit alors que la Plante lève.

Jufque-là les lobes avoient comme allaité le jeune fujet, & lui avoient fait une nourriture légère & délicate de la féve, qui s'étoit

épurée en paſſant à travers leur ſubſtance ;
mais à meſure que la Plante s'élève, ils lui
deviennent inutiles, & ceſſant eux-mêmes de
recevoir les ſucs nourriciers, que la radicule
tranſmet immédiatement à la petite tige, ils
ſe deſsèchent & périſſent : les feuilles ſémi-
nales qui n'ont auſſi qu'un uſage momentané,
éprouvent le même ſort.

632. Les graines en tombant dans la terre
comme au haſard, ont pris néceſſairement
toutes ſortes de ſituations, de manière qu'il
y en a une grande partie qui s'y trouvent
renverſées, c'eſt-à-dire, que la plumule eſt
tournée vers le bas, & la radicule vers le
haut. Dans ce cas, celle-ci monte d'abord,
& la plumule deſcend, ce qui dure tant que
l'une & l'autre ne tirent leurs ſucs que des
lobes ; mais bientôt la racine, à raiſon de
ſes canaux plus dilatés, ſe trouve en état
d'exercer ſur la féve même qui vient de la
terre, la force de ſuccion dont elle eſt douée,
ſur-tout à ſon extrémité. Alors elle ſe
recourbe, & ſe dirige inſenſiblement vers
cette même féve dont le mouvement ſe fait
de bas en haut, comme celui de toutes les

vapeurs qui s'exhalent par l'action de la chaleur; enfin elle va chercher dans le sein même de la terre une nourriture plus abondante. La féve, en continuant d'enfiler la racine de bas en haut, fait effort pour redreffer la tige à l'endroit où celle-ci forme un coude, & agiffant de proche en proche fur les parties enfoncées dans la terre, elle parvient à les relever, & à corriger le vice d'une fituation qui eût été mortelle pour l'individu.

633. Les tiges tendent conftamment à s'élever, à moins que leur foibleffe ne foit telle, qu'elles fe trouvent obligées de céder à leur poids : en général, elles fe portent toujours de préférence vers le côté d'où viennent l'air & la lumière, qui, comme nous le verrons plus bas, contribuent auffi à leur nourriture & à leur développement. Les Plantes qui croiffent dans des caiffes fur les fenêtres, ou dans des endroits qui d'un côté leur dérobent l'air & la lumière, prennent bientôt une direction inclinée qui les ramène vers la partie voifine de l'atmofphère. Si l'on détache de terre une tige du *feaum*

telephium, & qu'on la suspende par la partie inférieure à l'aide d'un fil dans un appartement, au bout de quelques jours, on verra cette tige se recourber de bas en haut, tendre vers la fenêtre; & comme la Plante est très-grasse, & ne se dessèche que difficilement, on pourra jouir de cette expérience pendant des mois entiers *(i)*.

634. Les Plantes s'accroissent, comme l'on sait, en longueur & en grosseur. Quand la Plante est parvenue à une certaine élévation, on voit sortir du milieu des feuilles séminales une nouvelle portion de tige, terminée ordinairement par une touffe de feuilles, qui sont disposées autour d'un axe très-raccourci, & qui iront se placer sur cet axe à différentes distances, à mesure qu'il se prolongera. Ce prolongement se fait d'une

---

(i) Quelques personnes se procurent un effet récréatif du même genre, à l'aide d'un navet que l'on a retiré de la terre, avant que la tige parût. On suspend ce navet par son extrémité, on pratique une ouverture sur le côté pour y verser de l'eau, que l'on a soin de renouveler à mesure que le creux se vide : la tige du navet sort à l'ordinaire, & après s'être recourbée, elle continue de croître de bas en haut, & donne même des fleurs.

manière graduelle, & n'eſt d'abord ſenſible que dans la partie inférieure, en ſorte que tous les entre-nœuds ſemblent être autant de jets qui ſortent ſucceſſivement les uns des autres, & dont chacun eſt comme prolifère par rapport au ſuivant. Souvent avec le jet principal, qui forme la continuation de la tige, il ſort d'autres jets latéraux qui donneront les branches, & pourront ſe ramifier eux-mêmes par de nouvelles extenſions.

635. Dans les Plantes qui ont une hampe, il n'y a qu'un ſeul jet, à compter depuis la racine ; c'eſt, comme on l'a remarqué, une eſpèce de péduncule dont l'extrémité ſe développe avec le temps pour donner des fleurs & quelquefois auſſi des feuilles. Dans les arbres, les arbriſſeaux & les plantes dont la tige eſt perſiſtante, chaque année ne donne communément qu'un ſeul jet, garni de quelques feuilles qui tomberont aux premiers froids, & terminé par un bouton deſtiné à garantir, pendant la ſaiſon rigoureuſe, le principe du nouveau jet, ou de la petite Plante qui paroîtra l'année d'après.

636. Le bouton ou bourgeon *[gemma,*

oculus] s'obferve facilement durant l'hiver, lorfque la chute des feuilles le laiffe comme ifolé fur les tiges ou fur les rameaux des arbres. Les Plantes annuelles, & celles d'entre les vivaces qui perdent leurs tiges à la fin de l'automne, n'ont point de bouton ; cette production manque même dans quelques arbriffeaux ou herbes dont les tiges perfiftent, tels que le *frangula*, l'alaterne, le bec de grue, &c.

637. On diftingue trois fortes de boutons ; le bouton à fleurs [*gemma florifera*], le bouton à feuilles [*gemma foliifera*], & le bouton en même temps à fleurs & à feuilles, que l'on pourroit appeler bouton mixte [*gemma mixta*]. Les différentes parties des Plantes que le bouton renferme comme en raccourci, y font repliées les unes fur les autres avec une forte d'artifice, & logées dans des efpèces d'écailles qui fe recouvrent par gradation, & qui tombéront fucceffi-vement, lorfque ces mêmes parties qu'elles défendoient fe feront développées.

638. Le cayeu peut être confidéré comme un bouton qui naît fur la racine des Plantes

bulbeufes; il paroît être l'unique moyen de reproduction que la Nature emploie par rapport à certaines efpèces de Plantes, telles que les *orchis*, dont on ne peut faire lever les graines; mais par une forte de compenfation, le fuccès de la multiplication qui fe fait par les cayeux, eft beaucoup plus fûr en général, que celui de la reproduction par les femences.

639. À mefure que le cayeu s'accroît, la bulbe d'où étoit fortie la Plante-mère fe defsèche & tombe en pourriture; c'eft ce qui donne lieu à la furprife que l'on éprouve, lorfqu'on déracine une tulipe qui a pris tous fes accroiffemens : cette tulipe paroît s'être déplacée, parce que l'oignon qui l'a produite s'eft pourri dans la terre, & qu'on n'apeŗçoit plus que le cayeu d'où doit fortir l'année fuivante une nouvelle tulipe, & qui eft fitué fur le côté de la tige.

640. L'accroiffement en groffeur dans les Plantes fe fait par de nouvelles couches que forme la féve, en dilatant les canaux par lefquels elle paffe, & en y dépofant des parties qui y prennent de la confiftance, & s'incorporent avec celles qu'elles y ont trouvées.

Ces couches qui fe recouvrent les unes les autres, font très - fenfibles dans les arbres, où elles préfentent à la vue, lorfqu'on a fcié le tronc horizontalement, autant de couronnes concentriques, dont le nombre peut faire juger de celui des années de l'arbre. On a prétendu que ces couronnes fe trouvoient toujours aplaties vers le Nord, & enflées vers le Midi, & l'on a attribué cette différence à la manière même dont l'arbre étoit orienté, & à la plus grande abondance de féve que l'afpect du Midi devoit attirer de ce côté. Mais les expériences de M.rs de Buffon & du Hamel, prouvent que l'épaiffiffement dont il s'agit, fe fait vers différens points cardinaux, & toujours du côté où les racines & les branches font en plus grand nombre & ont plus de vigueur. *Hifl. Nat. Supplém. t. IV, p. 1 & fuiv.*

641. La foliation *[frondefcentia]* indique en général l'époque de la naiffance des Plantes annuelles, & du renouvellement de celles qui font vivaces. Cependant, parmi les unes & les autres, il y en a qui produifent leurs fleurs avant les feuilles; du nombre de celles-

là font les tuffilages ; & à l'égard des Plantes vivaces, tout le monde a obfervé, dans les arbres fruitiers & autres, l'anticipation des fleurs fur les feuilles.

642. Toutes les pofitions refpectives des feuilles ainfi que des branches, peuvent fe réduire à deux, c'eft-à-dire, qu'elles font en général alternes ou oppofées. Cette dernière difpofition fe remarque toujours dans les feuilles féminales, du moins lorfqu'elles font récentes, & affez ordinairement dans les feuilles qui occupent le bas de la tige. Souvent même, celles qui font alternes ont commencé par être exactement oppofées, & ne fe font quittées que par l'effet d'un alongement inégal dans les fibres de la Plante, qui ont été plus tirées d'un côté que de l'autre par l'action de la féve. Communément les irrégularités fe trouvent vers les parties fupérieures, où la féve eft en quelque forte dévoyée, comme on peut s'en convaincre par l'infpection de plufieurs fauffes labiées, telles que les fcorphulaires, les *antirrhinum*, &c. dans lefquelles les feuilles jufque-là conftamment oppofées, commencent à devenir

alterres

alternes vers le sommet de la tige. L'exacte
symétrie, qui est le cas le plus rare, n'est
nulle part plus admirable que dans les vraies
labiées, comme le *lamium*, le *sideritis*, le
mentha, &c. où la forme carrée de la tige,
l'opposition des branches & des feuilles dont
les paires voisines se coupent à angles droits,
la situation des fleurs, soit verticillées, soit
en égal nombre de chaque côté dans les
aisselles, où tout en un mot semble contraster
par l'uniformité & la précision, avec ces jeux
si variés que la Nature offre ailleurs à notre
admiration.

643. Jusqu'ici nous n'avons parlé que de
la séve ascendante, c'est-à-dire, de celle que
la racine pompe dans la terre, & communique
à la tige; mais la séve a aussi un mouvement
descendant, par lequel elle va des feuilles à
la racine : elle monte pendant le jour, par
un effet de l'action de la chaleur qui dilate
les canaux de la Plante; alors les feuilles font
les fonctions de vaisseaux excrétoires, &
exhalent au-dehors le superflu, ou la portion
trop fluide des sucs nourriciers. Pendant la
nuit, la fraîcheur resserre & rapproche les

parties qui font reftées, ce qui produit néceffairement leur dépôt dans les mailles ou interftices des fibres du livret, & enfin leur affimilation avec la fubftance même de la Plante : en même temps les feuilles changent de fonction ; les petites trachées qui font à leur furface, reçoivent les fucs de l'atmofphère, qui n'éprouvant plus aucun obftacle de la part de l'air intérieur condenfé dans les canaux, continuent leur route & defcendent jufqu'à la racine. Cette théorie eft fondée fur des expériences qui paroiffent décifives, contre le fentiment de ceux qui attribuent à la féve un vrai mouvement de circulation, femblable à celle du fang humain *(k)*.

644. On a reconnu encore que la lumière confidérée même indépendamment de la chaleur, non-feulement contribue à donner aux fleurs un ton de couleur plus vif & plus

____

(k) Lorfqu'on a lié fortement une jeune branche par fon extrémité, & qu'on l'a mife en terre pour la faire reprendre de bouture *(voyez ce mot,* n.° 664), il fe forme au-deffus des ligatures, des bourrelets qui renferment les principes d'une multitude de petites racines, & qui ne peuvent être attribués qu'au mouvement de la féve defcendante.

animé, mais favorife même le développement de toute la Plante : peut-être cette propriété de la lumière tient-elle à fon analogie, ou même à fon identité avec la matière élec-trique. On fait en effet que celle-ci accélère le cours des liquides, & doit par conféquent augmenter l'affluence des fucs nourriciers, & hâter le progrès de la végétation : c'eft auffi ce que confirme l'expérience.

645. La floraifon [*florefcentia*], c'eft-à-dire, le moment où les Plantes pouffent leurs premières fleurs, eft de tous les états du végétal celui qui a le plus fourni à l'obfer-vation ; c'eft comme l'époque à laquelle le Botanifte attendoit la Nature : alors, invité par la préfence des parties de la fructification, il entreprend ces courfes favantes que l'on nomme *herborifations ;* il va, le fyftème ou la méthode à la main, cultiver, étendre fes connoiffances ; & à l'aide d'une combinaifon ingénieufe de caractères, il démêle, au milieu d'une nomenclature immenfe, le point com-mun dans lequel fe réuniffent les recherches de tant d'hommes célèbres, fur l'objet par-ticulier qu'il a devant les yeux.

O ij

646. C'eſt lorſque la fleur eſt ouverte que s'opère la fécondation [*fecundatio*], c'eſt-à-dire, la fonction par laquelle l'étamine tranſmet au piſtil la pouſſière vivifiante qu'elle recéloit : on peut obſerver, aux premiers rayons du ſoleil, cette merveille momentanée ſur la pariétaire, où elle s'opère par un jet élaſtique qui la rend très-ſenſible. Les reſſources ont été encore ici prodiguées par le Créateur, pour parer à la multiplicité des dangers, & aſſurer l'eſpérance des récoltes à venir. Outre que les fleurs dans le plus grand nombre des Plantes ont été pourvues de pluſieurs étamines, la ſageſſe des précautions éclate encore en diverſes manières, tantôt dans la poſition des étamines qui ſont courbées vers le piſtil, tantôt dans la ſituation de la fleur même, qui ſe penche pour faciliter la communication du *pollen* au piſtil, ſi ce dernier eſt plus long que les étamines, ou ſe dreſſe s'il eſt plus court. L'agitation de l'air concourt avec ces circonſtances avantageuſes & d'autres ſemblables, pour déterminer la pouſſière à ſe porter vers le ſtigmate : la moindre parcelle ſuffit au ſuccès de l'opération. Les

abeilles profitent du superflu, qui eſt, comme on l'a dit, la matière de la cire, en même temps qu'elles recueillent la partie la plus ſubtile de la ſéve qui a ſuinté à travers la corolle, & dont ces inſectes compoſent leur miel.

647. Les différens degrés de chaleur propres à faire ſortir les premières fleurs des Plantes, ont fourni à M. Linné l'idée de ſon calendrier de Flore, auquel d'autres Auteurs ont ajouté leurs propres obſervations, en marquant l'époque de la floraiſon pour chacune des Plantes les plus connues; mais comme ces époques tiennent à des circonſtances que la diverſité des climats, le retard ou l'anticipation de la chaleur & la nature du terrein peuvent faire varier, on ſent aſſez que ces ſortes de déterminations ne peuvent ſe réduire qu'à aſſigner les termes moyens ou les cas extrêmes.

648. Il en faut dire autant de ce que le même Auteur appelle l'*horloge de Flore*; c'eſt une Table des différentes heures du jour auxquelles s'épanouiſſent les fleurs d'un certain nombre de Plantes, à raiſon du degré de température qu'exige la délicateſſe plus ou

moins grande de leurs fibres, pour produire l'épanouiffement.

649. La naiffance fucceffive des fleurs fur un même individu, procure au Botanifte l'avantage d'obferver à la fois dans certaines Plantes la fleur & le fruit, & d'avoir fous les yeux le tableau prefque entier du développement de l'individu. Cet effet a lieu dans les crucifères, où le fruit fe forme promptement, & dans les *geranium*, les véroniques, &c. & beaucoup d'autres Plantes où la pouffe des jets fupérieurs eft affez retardée, pour donner le temps aux fruits qui font fur les jets inférieurs de prendre de l'accroiffement.

650. On nomme *biferæ* les Plantes qui donnent des fleurs deux fois l'année, comme la violette, la primevère, la pervenche, &c. & *multiferæ* celles qui renouvellent fouvent leurs fleurs, comme la rofe de tous les mois, &c.

651. La maturation [*frutefcentia*] eft le temps qui fuit la floraifon. Le fruit fe montre & commence à groffir ; alors on dit qu'il eft noué : en même temps toute la Plante acquiert une nouvelle confiftance. Le vert des feuilles fe charge d'une teinte plus foncée, & des

traits plus mâles & plus vigoureux fuccèdent aux grâces & à la fraîcheur de la jeuneffe.

652. Tant que le fruit continue de fe développer, l'affluence non interrompue de la féve parmi les fucs hétérogènes qui le rempliffent, entretient dans ces mêmes fucs les fonctions propres au mécanifme de l'organifation; mais dès que le fruit eft parvenu à un certain point d'accroiffement, les fibres par lefquelles il tient à la Plante, roidies & oblitérées par la vieilleffe, refufent le paffage à la féve que la tige continue d'envoyer vers eux. Les fucs dont il s'eft nourri ceffent alors d'être dirigés felon les loix de la végétation, & abandonnés pour ainfi dire à eux-mêmes, ils éprouvent néceffairement des changemens & des altérations : s'ils peuvent s'exhaler promptement, comme cela a lieu dans les fubftances farineufes, telles que le blé, le pois, le haricot, &c. la portion aqueufe abandonnera la maffe, dont les parties en s'uniffant plus étroitement, prendront une forte de fixité ; & telle eft la raifon pour laquelle ces efpèces de fruits fe durciffent & deviennent plus fermes en mûriffant.

O iv

Il n'en eft pas ainfi des baies & des fruits pulpeux ; les fucs hétérogènes qui s'y trouvent renfermés, étant trop abondans pour être épuifés par une prompte évaporation, & devenus libres par l'interruption du cours de la féve, commencent à éprouver ce mouvement inteftin que les Chimiftes appellent *fermentation*. D'un côté, leur activité fe déploie contre les fibres qui maintenoient la fubftance du fruit dans un état de roideur ; ils entament ces fibres, les agitent, & opèrent en elles une forte de diffolution, qui eft la caufe de cette molleffe que prend alors le fruit : d'un autre côté, le nouveau mélange qu'ils forment, en fe combinant les uns avec les autres, modifie, tempère leur faveur, & les fait paffer à ce point de perfection qui n'exifte qu'un inftant, & qui tient le milieu entre leur première âpreté, & la fadeur à laquelle de nouveaux degrés de fermentation les conduiroit.

653. On fait que ces fruits fi agréables au goût ne font point la production primitive de l'arbre. La Nature rude & agrefte par-tout où la main de l'homme n'a point paffé, a

befoin encore ici d'être perfectionnée , & pour ainfi dire civilifée, par l'infertion de ces branches adoptives que l'on nomme *greffes,* & que le Cultivateur fubftitue aux branches véritables.

654. L'idée en a été conçue fans doute d'après l'obfervation de ce qui arrive dans les forêts, lorfque les branches de deux arbres voifins, après s'être froiffées & dépouillées mutuellement d'une partie de leur écorce, s'appliquent exactement par les aubiers, & bientôt jouiffent en commun de la féve qui coule dans les canaux de l'une & l'autre tige. L'art inftruit par la Nature même a imité fon procédé, & nous a fourni une nouvelle occafion d'admirer combien elle devient com-plaifante & docile , lorfqu'elle eft fecondée par l'induftrie & le travail.

655. Toutes les manières de greffer ou d'enter *(l)* peuvent fe réduire à deux. Ou bien c'eft une branche de l'arbre de bonne qualité que l'on infère dans une entaille faite

---

(*l*) L'action de greffer s'appeloit en général *infitio* chez les Latins,

au fauvageon, foit après avoir détaché cette branche de fon fujet , foit en l'y laiffant fubfifter, pour la couper lorfqu'elle aura repris fur le fauvageon ; ou bien c'eft une portion d'écorce enlevée fur le bon arbre & chargée d'un bourgeon , laquelle s'applique fur le côté de la tige du fauvageon , après qu'on l'a dépouillé lui-même de fon écorce en cet endroit. Ces opérations diverfifiées ont fait naître une multitude de procédés ingénieux , dont on peut voir le détail dans la première partie de l'Ouvrage de M. Adanfon, qui a pour titre *Familles des Plantes.*

656. Tout l'art confifte à faire en forte que les aubiers des deux arbres fe touchent exactement , & que les vaiffeaux renfermés entre les écorces & ces aubiers puiffent s'aboucher , & établir une communication entre les deux féves. La tête du fauvageon eft toujours retranchée par le fer du Cultivateur, foit à l'inftant même , foit au printemps fuivant : fi on la laiffoit fubfifter , elle continueroit de donner des fruits d'un goût âpre & défagréable ; elle eft remplacée par la greffe, qui fe développe, fe ramifie, & profite aux dépens

de la tige du fauvageon, en même temps que la féve de celui-ci s'élabore, fe rafine, & fe perfectionne en paffant par d'autres conduits que ceux qui l'attendoient.

657. Le temps de la maturité eft fuivi de la difperfion des femences que l'on appelle la *fémination [feminatio]*. Nous avons déjà obfervé combien les reffources de la Nature étoient admirables dans la variété des agens qu'elle employoit pour favorifer cette dif-perfion : on peut joindre à ce que nous avons dit des ailes & des aigrettes, ainfi que du jeu élaftique des capfules, la confidération des crochets ou hameçons par lefquels une quantité de graines, comme celles de l'*aparine*, du *lappa*, &c. s'attachent aux animaux, qui s'en débarraffent par une légère fecouffe ; & l'action même des eaux coürantes & des tor-rens qui fervent de véhicule à une multitude d'autres, & fouvent vont enrichir un terrein éloigné par de nouvelles productions qui s'y naturalifent peu-à-peu.

658. Après que les végétaux ont jeté leurs femences, tout tend en eux au dépé-riffement. Les uns ayant les vaiffeaux d'autant

plus prompts à s'oblitérer, qu'ils font plus délicats, ceffent de recevoir les fucs nourriciers de la terre & de l'air: en même temps l'ardeur du foleil les mine & les épuife par une évaporation qui ne fe répare plus; ou fi la Plante eft plus tardive, & qu'elle paffe l'automne, les premiers froids produifent dans fes canaux un refferrement qui éteint le mouvement de la féve, & conduit l'individu à la mort. Dans la plupart des arbres & des plantes vivaces, la dégradation fe borne à la chute des feuilles, que l'on nomme l'*effeuillaifon* [*effoliatio*]*,* à moins que leurs fibres n'aient acquis par la vétufté une rigidité fi grande, que la végétation, dans laquelle confifte le principe vital de la Plante, n'en foit entièrement fupprimée.

659. Les feuilles de plufieurs végétaux réfiftent à la rigueur de l'hiver, à raifon de leur fubftance plus ferme & moins fucculente; telles font celles de l'alaterne, du buiffon ardent, de l'if, &c. on dit par cette raifon de ces arbres ou arbuftes, qu'ils font toujours verts [*femper virentes*].

660. Les feuilles après leur chute ne reftent

pas inutiles ; elles recouvrent les femences, les garantiffent de l'âpreté du froid, les aident à germer au printemps fuivant, & même en fe pourriffant, fervent encore d'engrais au terrein qu'elles ne peuvent plus orner, & lui reftituent une partie des fucs qu'elles en avoient reçus.

661. Il ne nous refte plus qu'un mot à dire fur les divers moyens de propagation que l'art emploie pour feconder la fécondité de la Nature : ces moyens fe réduifent en général à faire d'une branche détachée d'un arbre, un nouvel arbre complet dans toutes fes parties. Les branches que l'on fait reprendre ont reçu différens noms, felon les diverfes pofitions qu'elles avoient fur l'arbre auquel on les enlève, ou les divers genres d'opération qu'on leur fait fubir : on appelle

662. Drageons ou rejets [*ftolones.*] des branches enracinées qui tiennent au pied de l'arbre, d'où on les arrache pour les replanter.

663. Vives racines, plants enracinés [*vivi radices*] des branches qui croiffent à une certaine diftance du tronc & fur les racines,

avec une partie defquelles on les enlève, ce qui rend le fuccès de l'opération plus affuré.

664. Boutures [*taleæ*] des branches garnies de bourgeons, que l'on fépare du tronc & qu'on met en terre, après les avoir préparées par des entailles ou des ligatures faites à l'extrémité dont on veut obtenir des racines. Quelquefois on courbe la branche, & on l'enterre par les deux bouts qui reprennent également : on coupe enfuite à l'endroit de la courbure, & l'on a deux arbres au lieu d'un feul.

665. D'autres fois on fait reprendre la branche fans la détacher du fujet, foit en lui faifant faire un coude que l'on enfonce dans le fol même, foit en la faifant paffer dans un mannequin que l'on remplit enfuite de terre. Quand la branche a pouffé des racines, alors on la coupe près du tronc, & on la laiffe vivre uniquement de fa propre féve : cette opération fe nomme *marcote* [*circumpofitio*]. On la pratique communément fur la vigne ; c'eft ce qui s'appelle *provigner,* ou *faire des provins* [*facere propagines*].

Ainfi les phénomènes de la reproduction,

déjà si multipliés dans les végétaux abandonnés à eux-mêmes, semblent ne plus
reconnoître de limites dans ceux que l'homme
entreprend de gouverner. Par ses soins indus-
trieux, le même arbre qu'il voit renaître
chaque année de ses graines, lui cède encore
avec une partie de ses branches des arbres
tout formés, & qui passant tout d'un coup
à une vigoureuse jeunesse, hâteront leurs
libéralités & ses jouissances.

FIN des Principes & du premier Volume.

TABLE

MÉTHODE ANALYTIQUE.

*Suite des Plantes qui croissent naturellement en France,
servant à compléter celles qui sont analysées dans le
second & le troisième Volume de cet Ouvrage.*

1240. *Fleurs indistinctes.*

Cryptogamie. Lin.

Les plantes de cette division n'ont point de fleurs vraiment
distinctes. Dans quelques-unes la fructification est comme
nulle ou tout-à-fait insensible; dans les autres, on observe
des parties qui paroissent réellement en tenir lieu; mais la
nature & le véritable usage de ces parties, ne sont encore
malgré cela que soupçonnés. Outre que ces plantes sont
extrêmement nombreuses, les caractères qui doivent servir
à les déterminer, se cachent en général sous des nuances si
délicates, que la distinction des genres, & sur-tout des espèces
qui les composent, est on ne sauroit plus difficile à établir.
J'en excepte celles que M. Linné a réunies sous la dénomination commune de fougères qui forment une division moins
composée, & dont les différences sont d'ailleurs plus faciles à
saisir. Je me bornerai donc ici à analyser ces dernières; & en
attendant que des observations suffisantes m'aient mis à portée
d'appliquer ma méthode à l'ensemble des plantes qui composent la cryptogamie, je vais présenter simplement les quatre
ordres formés par M. Linné, & je les disposerai selon le
rang qu'il leur a assigné dans son système.

Tome I. P

1240.

Ordres de M. Linné.

Fougères ...... $\left\{\begin{array}{l}\text{Fructification ramaſſée ou en épi}\\\text{terminal, ou ſur le dos des feuilles,}\\\text{ou dans le voiſinage des racines.}\\\text{1241}\end{array}\right.$

Mouſſes .... $\left\{\begin{array}{l}\text{Fructification non ramaſſée, for-}\\\text{mée par des urnes libres, ſimples,}\\\text{très-entières, \& qui naiſſent immé-}\\\text{diatement des tiges. ...... 1258}\end{array}\right.$

Algues .... $\left\{\begin{array}{l}\text{Fructification, ou non apparente,}\\\text{ou non formée par des urnes; mais}\\\text{par des cupules ſimples, ou bifides,}\\\text{ou quadrifides, ou multifides.}\\\text{1268}\end{array}\right.$

Champignons ... $\left\{\begin{array}{l}\text{Fructication tout-à-fait inſenſible;}\\\text{plantes non feuillées \& compoſées}\\\text{d'une ſubſtance fongueuſe, poreuſe}\\\text{ou lamellée. .... 1280}\end{array}\right.$

1241.

Fougères.

Les Fougères peuvent être diſtinguées en fougères fauſſes ou improprement dites, & en fougères vraies ; les premières n'ont point leur fructification diſpoſée ſur le dos des feuilles, mais ou elle eſt ſituée dans le voiſinage de leur racine, ou elle forme, ſoit un épi, ſoit une eſpèce de grappe, qui termine une véritable tige tout-à-fait différente des feuilles, même en naiſſant : les fougères vraies ſont remarquables par leurs feuilles roulées en croſſe, avant leur développement, & chargées ſur leur dos de globules ou véſicules ſphériques, qui contiennent une pouſſière ſéminiforme. Quelques - unes de ces plantes n'ont pas toutes leurs feuilles chargées de fructification ; elles n'en ont ſouvent qu'une ſeule, encore ne

1241. l'est-elle quelquefois que dans sa partie supérieure, & alors l'abondance des fructifications déforme presque entièrement cette feuille ou cette portion de feuille, la fait paroître comme mutilée, & lui donne l'aspect d'une espèce de grappe ; mais il est toujours facile de s'apercevoir que c'est une véritable feuille.

Division des Fougèes.

Fougères fausses . . . . .
- Fructification disposée dans le voisinage de la racine ; feuilles toutes radicales, ou situées sur des tiges rampantes 1242
- Fructification disposée en une espèce de cône écailleux & terminal ; feuilles verticillées ou nulles. 1245
- Fructification disposée en épi linéaire ou rameux ; une seule feuille caulinaire 1246

Fougères vraies . . . . . .
- Fructification disposée sur le dos des feuilles & jamais sur de véritables tiges ; feuilles roulées en crosse avant leur développement. 1247

1242.

Fructification disposée dans le voisinage de la racine ; feuilles toutes radicales, ou situées sur des tiges rampantes . . . .
- Feuilles simples, linéaires & sessiles 1243
- Feuilles pétiolées, quaternées, ou opposées & point linéaires. 1244

1243. *Feuilles simples, linéaires & sessiles.*

Pilulaire globulifère. *Pilularia globulifera.* Lin. Sp. 1563.

Pilularia palustris, juncifolia. Vail. Paris. 159, t. XV, f. 6.

Sa tige est une souche grêle, rampante, longue de deux

P ij

1243. à trois pouces, fortement attachée à la terre par des fibres chevelues, qui naissent de distance en distance comme par paquets; ses feuilles sont très-menues, cylindriques, presque filiformes, longues de trois pouces, & naissent deux ou trois ensemble, à chaque nœud de la souche : à leur base, on trouve un globule sphérique, velu, d'un brun roussâtre, presque sessile & quadriloculaire. Cette plante croît dans les lieux humides & sur le bord des mares, qu'elle tapisse en formant des gazons fins & d'un vert gai.

1244. *Feuilles pétiolées, quaternées, ou opposées & point linéaires.*

Marsile. *Marsilea.*

Les fleurs de Marsile ont leurs sexes séparés, & sont ou contenues dans une enveloppe fermée & globuleuse, qui naît sur les pétioles des feuilles ou aux articulations de la tige [*Hall. Hist. n.° 1608*], ou disposées les unes parmi les racines, & les autres sur la surface des feuilles.

A N A L Y S E.

Feuilles disposées quatre ensemble au sommet de longs pétioles.	Feuilles opposées, & portées chacune sur de très-courts pétioles.
I.	I I.

I. *Feuilles disposées quatre ensemble au sommet de longs pétioles.*

Marsile à quatre feuilles. *Marsilea quadrifolia.* Lin. Sp. 1563.

Lenticula palustris, quadrifolia. Mapp. Alsat. 166.

Sa tige est une souche assez longue, rampante, & qui pousse à différens intervalles, des paquets de racines fibreuses; les feuilles sont composées de quatre folioles lisses, vertes, arrondies à leur sommet, réunies à leur base, disposées en manière de croix, & soutenues par de longs pétioles : les globules, qui contiennent la fructification de cette plante,

1244. font velus & folitaires ou géminés fur leurs péduncules. On trouve cette plante en Alface, dans les lieux humides & fur le bord des étangs. ♃

II. *Feuilles oppofées., & portées chacune fur de très-courts pétioles.*

Marfile flottante. *Marfilea natans.* Lin. Sp. 1562.

Lenticula paluftris, latifolia. Bauh. prodr. 153.

Cette plante différe beaucoup de la précédente par fon port & par fa fructification ; fes tiges font menues, rampantes ou flottantes, garnies de beaucoup de feuilles dans toute leur longueur, & pouffent des racines à leurs articulations : fes feuilles font ovales - obrondes, oppofées le long des tiges, peu écartées les unes des autres, & remarquables par leur fuperficie chargée de points ou de verrues, que Micheli dit être des fleurs mâles. Entre les racines de la bafe des tiges, on trouve plufieurs globules ou efpèces de capfules uniloculaires, polyfpermes, & difpofées fouvent deux à quatre enfemble. Cette plante croît dans les environs de Montpellier, dans les foffés aquatiques & les étangs.

1245. *Fructification difpofée en une efpèce de cône écailleux & terminal ; feuilles verticillées ou nulles.*

Prêle. *Equifetum.*

Les fleurs de Prêle font difpofées en un épi terminal, ovale-oblong, reffemblant à une maffue, & compofé d'écailles foutenues chacune par un pivot perpendiculaire à l'axe de cet épi ; la face intérieure de ces écailles eft garnie de cellules qui contiennent une pouffière affez abondante : ces parties font regardées comme des fleurs mâles ; les fleurs femelles, en ce cas, font encore inconnues.

ANALYSE.

Gaines des articulations presque entières, & légèrement crénelées en leurs bords.	Gaines des articulations bordées de dents profondes & aiguës.
I.	I I.

1245. **I.** *Gaines des articulations presque entières, & légère-*
ment crénelées en leurs bords.

Prêle d'hiver. *Equisetum hyemale.* Lin. Sp. 1517.

Equisetum foliis nudum, non ramosum, seu junceum, hippuris
aphyllos. Tournef. 533. Bauh. theatr. 248.

Ses tiges sont hautes d'un pied & demi, nues, lisses,
sillonnées, articulées & d'un vert un peu glauque ; ses articulations sont écartées les unes des autres, & forment des
entre-nœuds de deux ou trois pouces de grandeur : les gaines
des articulations sont noirâtres en leur bord qui est légèrement
crénelé, & n'ont que deux lignes de longueur : elles ont aussi
quelquefois un cercle brun ou roussâtre à leur base. On trouve
cette plante dans les lieux humides. ♃

II. *Gaine des articulations bordées de dents profondes*
& aiguës.

Tiges fleuries nues, & les stériles feuillées. I I I.	Tiges fleuries garnies de feuilles. V I.

III. *Tiges fleuries nues, & les stériles feuillées.*

Verticilles des tiges stériles, composés de huit à quinze feuilles. I V.	Verticilles des tiges stériles, composés de plus de quinze feuilles. V.

IV. *Verticilles des tiges stériles, composés de huit à quinze*
feuilles.

Prêle des champs. *Equisetum arvense.* Lin. Sp. 1516.

Equisetum arvense, longioribus setis. Tournef. 533.

Ses tiges stériles sont longues d'un pied ou environ, couchées dans leur partie inférieure & garnies de feuilles longues,
grêles, articulées, anguleuses & en petit nombre à chaque
verticille ; ces feuilles ne sont que des espèces de rameaux

1245. menus & verticillés. Les tiges fleuries font nues, droites & hautes de fix ou fept pouces ; les gaines de leurs articulations font brunes dans leur partie fupérieure & profondément divifées en dents aiguës. On trouve cette plante dans les champs humides. ♃

V. *Verticilles des tiges ftériles, compofés de plus de quinze feuilles.*

Prêle majeure. *Equifetum maximum.*

> *Equifetum paluftre, longioribus fetis.* Tournef. 533.
> *Equifetum fluviatile.* Lin. Sp. 1517.

Cette efpèce eft remarquable par fa grandeur, par la longueur de fes feuilles, & par leur grand nombre à chaque verticille ; fes tiges ftériles font droites, épaiffes, garnies de beaucoup d'articulations peu écartées les unes des autres, & s'élèvent à la hauteur de trois pieds ; fes feuilles font menues, fort longues, articulées, tétragones, & difpofées vingt à quarante par verticilles ; les tiges fleuries font nues, épaiffes, hautes d'un pied & naiffent au printemps. On trouve cette plante fur le bord des bois humides, & dans les marais & les prés couverts. ♃

VI. *Tiges fleuries garnies de feuilles.*

Feuilles fimples.	Feuilles compofées.
V I I.	V I I I.

VII. *Feuilles fimples.*

Prêle des marais. *Equifetum paluftre.* Lin. Sp. 1516.

> *Equifetum paluftre, brevioribus fetis.* Tournef. 533.
> β. *Equifetum paluftre, minus polyftachion.* Bauh. théatr. 245.
> γ. *Equifetum limofum.* Lin. Sp. 1517. Hal. hift. *n.° 1677.*

Ses tiges font hautes d'un pied ou environ, articulées, fillonnées & garnies à leurs articulations, de cinq à neuf feuilles redreffées, fimples & affez courtes : la variété β eft remarquable par fes feuilles ou efpèces de rameaux terminés la plupart par un fort petit épi. La variété γ eft prefque entièrement nue, particulièrement dans fa jeuneffe ; fa tige eft

1245. liſſe & fiſtuleuſe. On trouve cette eſpèce dans les lieux marécageux & aquatiques, ♃; elle paſſe pour aſtringente, ainſi
que les autres eſpèces.

VIII.   *Feuilles compoſées.*

Prêle des bois. *Equiſetum ſylvaticum.* Lin. Sp. **1516.**

Equiſetum ſylvaticum, tenuiſſimis ſetis. Tournef. 533.

Sa tige eſt grêle, articulée & s'élève juſqu'à un pied &
demi; les gaines de ſes articulations ſont lâches & fort grandes;
ſes verticilles ſont compoſés de feuilles extrêmement menues,
aſſez nombreuſes & chargées elles-mêmes d'autres verticilles
à leurs articulations, mais fort petits : l'épi eſt terminal, un
peu long & comme panaché. On trouve cette plante dans
les bois & les prés montagneux. ♃

1246. *Fructification diſpoſée en épi linéaire ou rameux ;*
une ſeule feuille caulinaire.

Ophiogloſſe. *Ophiogloſſum.*

Les Ophiogloſſes ont leur fructification compoſée de petites
verrues, ſeſſiles, unilatérales ou diſtiques, & diſpoſées au
ſommet d'une tige ſimple, en un épi linéaire ou en une
eſpèce de grappe rameuſe.

A N A L Y S E.

Feuille caulinaire très-ſimple. I.	Feuille caulinaire ailée. I I.

I.   *Feuille caulinaire très-ſimple.*

Ophiogloſſe vulgaire. *Ophiogloſſum vulgatum.* Lin. Sp.
1518.

Ophiogloſſum vulgatum. Tournef. 548.

Sa racine eſt compoſée de pluſieurs fibres ramaſſées en
faiſceau, & pouſſe une tige grêle, ſimple, & haute de cinq

1246. à sept pouces ; cette tige est garnie, à deux pouces de distance de sa racine, d'une feuille ovale, amplexicaule, très-entière, glabre & sans nervure : l'épi est distique, pointu, long presque d'un pouce & demi, & termine la tige qui s'élève beaucoup au-dessus de la feuille. On trouve cette plante dans les prés humides, les marais, ♃ ; elle est vulnéraire.

II.   *Feuille caulinaire ailée.*

Ophioglosse ailée. *Ophioglossum pinnatum.*

Osmunda foliis lunatis. Tournef. 547.
Osmunda lunaria. Lin. Sp. 1519.

Sa racine est disposée comme celle de l'espèce précédente, & pousse une tige grêle, cylindrique, simple & haute de quatre à six pouces ; cette tige est garnie dans sa partie moyenne, d'une feuille glabre un peu charnue, ailée, & composée de huit ou dix folioles arrondies à leur sommet, & qui ont un peu la forme d'un croissant : la fructification est disposée en une espèce de grappe rameuse, & termine la tige, qui est, dès sa naissance, très-distinguée de la feuille ; les petites verrues qui la composent, sont situées sur la partie antérieure des rameaux, & disposées sur deux rangs en quoi cette lplante diffère sensiblement des Osmondes & les autres vraies fougères, qui portent leur fructification sur le dos de véritables feuilles. On trouve cette plante dans prés secs & montagneux, ♃ ; elle est vulnéraire & astringente.

1247.

Fructification disposée sur le dos des feuilles & jamais sur de véritables tiges ; feuilles roulées en crosse avant leur développement.

Partie supérieure des feuilles, mutilée, tout-à-fait déformée par l'abondance de la fructification, & ressemblant à une espèce de grappe.............. 1248

Feuilles plus ou moins chargées de fructification, mais conservant leur forme, & ne ressemblant point à une grappe.......... 1249

1248. *Partie supérieure des feuilles, mutilée, tout-à-fait déformée par l'abondance de la fructification, & ressemblant à une espèce de grappe.*

Osmonde royale. *Osmunda regalis.* Lin. Sp. 1521.

Osmunda vulgaris & palustris. Tournef. 547.

Cette plante s'élève à la hauteur de trois ou quatre pieds ; ses feuilles sont droites, très-grandes, deux fois ailées, composées de pinnules opposées, oblongues, lancéolées, sessiles, & garnies d'une nervure longitudinale, d'où partent de chaque côté d'autres petites nervures très-nombreuses : les pétioles communs des feuilles naissent de la racine, & ressemblent par leur grandeur, à des espèces de tiges divisées dans leur partie supérieure, en rameaux opposés. La fructification est composée de globules ou verrues roussâtres très-ramassées, & qui changent, par leur grand nombre, le sommet des feuilles en une espèce de grappe paniculée ou rameuse. On trouve cette plante dans les lieux marécageux, aquatiques, & dans les bois humides, ♃ ; elle est vulnéraire, anti-herniaire & détersive.

1249.

Feuilles plus ou moins chargées de fructification, mais conservant leur forme, & ne ressemblant point à une grappe.

Fructification couvrant entièrement le dos des feuilles, sans vide remarquable............ 1250

Fructification ne couvrant pas entièrement le dos des feuilles, & laissant des vides sur leur disque. 125

1250. *Fructification couvrant entièrement le dos des feuilles, sans vide remarquable.*

Acrostique. *Acrostichum.*

La fructification des Acrostiques est abondante, couvrant entièrement le dos des feuilles, & n'affecte dans sa distribution, aucune forme particulière.

ANALYSE.

Feuilles linéaires & bifides, ou trifides ou laciniées.	Feuilles ailées, & à pinnules nombreuses & confluentes.
I.	I I.

I. *Feuilles linéaires & bifides, ou trifides ou laciniées.*

Acrostique septentrionale. *Acrostichum septentrionale.* Lin. Sp. 1524.

Filix saxatilis, corniculata. Tournef. 542.

Cette plante est fort petite ; ses feuilles sont radicales, très-menues, linéaires, & bifides ou trifides dans leur partie supérieure ; elles sont hautes de deux ou trois pouces, & courbées à leur sommet en manière de crochet ou de corne : leurs divisions ne sont point chargées de fructification à leur base ni à leur extrémité. On trouve cette plante dans les lieux pierreux & les fentes des rochers, ♃ elle a été observée en Champagne, par M. Renault.

II. *Feuilles ailées, & à pinnules nombreuses & confluentes.*

Acrostique des bois. *Acrostichum nemorale.*

Polypodium angustifolium, folio vario. Tournef. 540.
Osmunda spicant. Lin. Sp. 1522.

Sa racine pousse plusieurs feuilles ramassées en un faisceau très-ouvert ; ces feuilles sont longues de sept à dix pouces, ailées dans presque toute leur longueur, rétrécies à leur sommet & à leur base, & ressemblent à celles du polypode commun : leurs pinnules sont nombreuses, oblongues, très-entières & légèrement confluentes à leur base ; celles du milieu des feuilles sont plus grandes que celles de leurs extrémités : les feuilles extérieures du faisceau commun sont stériles, & celles du centre sont plus longues, plus étroites, & abondamment chargées sur leur dos, de fructification, qui ne laisse sur chaque foliole qu'un sillon médiocre. On trouve cette plante dans les bois montagneux. ♃

1251.

Fructification ne couvrant pas entièrement le dos des feuilles, & laissant des vides sur leur disque.

Fructification rangée sur une ligne qui borde le contour de la partie postérieure des feuilles. 1252

Fructification interrompue, & ne bordant pas le contour de la partie postérieure des feuilles. . . . 1253

1252. *Fructification rangée sur une ligne qui borde le contour de la partie postérieure des feuilles.*

Pteris.

Les Pteris sont remarquables par leur fructification disposée en manière d'ourelet, le long du bord postérieur des feuilles.

ANALYSE.

Feuilles trois ou quatre fois ailées, & larges de plus de six pouces.	Feuilles décomposées, & larges de moins de six pouces.
I.	I I.

I. *Feuilles trois ou quatre fois ailées, & larges de plus de six pouces.*

Pteris aquilin. *Pteris aquilina.* Lin. Sp. 1533. [Fougère femelle].

Filix ramosa, major, pinnulis obtusis, non dentatis. Tournef. 536.

Sa racine est oblongue, brune ou roussâtre en-dehors, & remarquable lorsqu'on la coupe en travers, par deux lignes qui se croisent, & représentent, en quelque sorte, l'Aigle de l'Empire; les feuilles sont radicales, droites, hautes de deux à cinq pieds, trois ou quatre fois ailées, fort amples & portées sur des pétioles nus dans toute leur moitié inférieure, & qui ressemblent à des tiges : les pinnules des feuilles sont très-nombreuses, & les dernières ou celles des extrémités, sont lancéolées & très-entières. La fructification est peu apparente, & forme une ligne blanchâtre qui borde le contour de la partie postérieure des pinnules; ces pinnules sont glabres en-dessus & velues en-dessous. Cette plante est

1252. commune dans les bois & les lieux stériles, ♃ ; sa racine est astringente, & un spécifique contre le ver solitaire.

II. *Feuilles décomposées, & larges de moins de six pouces.*

Pteris à feuilles menues. *Pteris tenuifolia.*

Filicula fontana , folio vario. Tournef. 542:
Osmunda crispa, Lin. Sp. 1522.

Sa racine pousse plusieurs feuilles hautes de sept ou huit pouces, portées sur des pétioles très-grêles & nus dans leur plus grande partie ; ces feuilles sont de deux sortes, les unes stériles, & les autres chargées de fructification : les premières ont leurs folioles ou pinnules un peu élargies & dentées à leur sommet ; celles qui sont fertiles, ont leurs folioles étroites, presque linéaires, très-entières, & garnies en leur bord postérieur, de fructification rangée en une ligne qui borde très-distinctement le contour de ces folioles, & laisse sur leur disque, un vide longitudinal ou un sillon enfoncé. Ces feuilles, en général, n'ont pas trois pouces de largeur, & ont la forme d'un triangle un peu alongé ; leurs folioles sont petites, alternes, & portées sur des ramifications assez fines. Cette plante croît dans les montagnes du Dauphiné ; & m'a été communiquée par M. Liottard, neveu. ♃

1253. *Fructification interrompue, & ne bordant pas le contour de la partie postérieure des feuilles.*

Fructification disposée par paquets arrondis & épars sur le dos des feuilles 1254

Fructification non disposée par paquets arrondis & épars sur le dos. 1255

1254. *Fructification disposée par paquets arrondis & épars sur le dos des feuilles.*

Polypode. *Polypodium.*

Les Polypodes ont leur fructification composée de petits paquets arrondis, isolés & qui ressemblent à des points dispersés sur le dos des feuilles.

ANALYSE.

1254.

Feuilles fimplement pinnatifides ; leurs pinnules principales font confluentes à leur bafe.	Feuilles une ou plufieurs fois ailées ; leurs pinnules principales ne font point confluentes à leur bafe.
I.	I V.

I. *Feuilles fimplement pinnatifides.*

Pinnules des feuilles très-entières ou légèrement dentées.	Pinnules des feuilles laciniées & prefque pinnatifides.
I I.	I I I.

II. *Pinnules des feuilles très-entières ou légèrement dentées.*

Polypode commun. *Polypodium vulgare.* Lin. Sp. 1544.

> *Polypodium vulgare.* Tournef. 540.
> β. *Polypodium minus.* Ibid.

Sa racine eft épaiffe, alongée, couverte d'écailles brunes, garnie de beaucoup de fibres noirâtres, & pouffe plufieurs feuilles longues de fix à dix pouces ; ces feuilles ont leur pétiole nu vers fa bafe & chargé dans le refte de fa longueur de folioles ou pinnules-lancéolées, parallèles, difpofées alternativement, confluentes à leur bafe & qui vont en diminuant de grandeur vers le fommet des feuilles : les paquets de fructification forment deux rangées fur le dos de chaque pinnule. On trouve cette plante dans les lieux pierreux, fur les vieux murs & au pied des arbres, ♃ ; fa racine eft apéritive & hépatique : on l'emploie quelquefois avec fuccès dans la toux & contre la goutte.

III. *Pinnules des feuilles laciniées & prefque pinnatifides.*

Polypode lacinié. *Polypodium laciniatum.*

> *Polypodium cambro-britannicum, pinnulis ad margines laciniatis.* Tournef. 540.
> *Polypodium cambricum.* Lin. Sp. 1546.

Sa racine eft oblongue, horizontale, garnie de fibres &

1254. pousse plusieurs feuilles moins longues & plus larges que celle du polypode commun ; ces feuilles ont leurs pinnules presque opposées, lancéolées, pointues, laciniées, & plus étroites vers leur base que dans leur partie moyenne. On trouve cette plante dans les environs de Montpellier. ♃

IV. *Feuilles une ou plusieurs fois ailées.*

| Feuilles une seule fois ailées ou imparfaitement bipinnées ; leurs pinnules principales sont simples, ou ont des folioles confluentes. **V.** | Feuilles deux fois ailées ou davantage très-distinctement ; leurs pinnules principales ont des folioles non confluentes **X V I.** |

V. *Feuilles une seule fois ailées ou imparfaitement bipinnées.*

| Pinnules bordées de cils spinuliformes. **V I.** | Pinnules non bordées de cils spinuliformes. **I X.** |

VI. *Pinnules bordées de cils spinuliformes.*

| Pinnules simples, appendiculées, légèrement dentées & ciliées. **V I I.** | Pinnules pinnatifides, appendiculées, dentées & ciliées. **V I I I.** |

VII. *Pinnules simples, appendiculées, légèrement dentées & ciliées.*

Polypode lonkite. *Polypodium lonchitis.* Lin. Sp. 1548.

Lonchitis aspera. Tournef. 538.

Sa racine pousse plusieurs feuilles longues de près d'un pied, un peu dures, & ailées dans presque toute leur longueur,

1254. ces feuilles ont leur pétiole commun chargé d'écailles rousfsâtres, & garni de pinnules nombreufes, très-rapprochées les unes des autres, affez petites, fimples, à peine dentées, ciliées, rudes, un peu courbées en croiffant, & remarquables par une appendice ou oreillette fituée à l'angle fupérieur de leur bafe : ces pinnules font convexes en leur furface poftérieure, & les inférieures font fouvent ftériles. On trouve cette plante dans les lieux montagneux de l'Alface & des provinces méridionales. ♃

VIII. *Pinnules pinnatifides, appendiculées, dentées & ciliées.*

Polypode à aiguillons. *Polypodium aculeatum.* Lin. Sp. 1552.

Lonchitis aculeata, major. Tournef. 538.

Sa racine eft garnie de beaucoup de fibres noirâtres, écailleufe à fon collet, & pouffe plufieurs feuilles longues de fix à dix pouces ; ces feuilles ont leur pétiole couvert d'écailles rouffâtres, & chargé dans prefque toute fa longueur, de pinnules affez nombreufes, très-rapprochées les unes des autres, ovales - oblongues, un peu courbées en forme de croiffant, ciliées, fimplement dentées vers leur fommet, pinnatifides dans leur partie inférieure, & remarquables par une oreillette fituée à l'angle fupérieur de leur bafe : ces pinnules font moins dures que celles de l'efpèce précédente, & ne font certainement pas ailées. Cette plante eft commune dans les haies épaiffes & les bois montagneux. ♃

O B S. La plante de Morifon, *fect. 14, tab. 3, fig. 15,* citée par M. Linné, *mant. 506,* diffère beaucoup de celle que je viens de décrire. Je l'ai dans mon herbier, & je la regarde comme une efpèce tout-à-fait à part ; mais j'ignore fi on la trouve en France.

IX. *Pinnules non bordées de cils fpinuliformes.*

Pinnules ayant à peine fix lignes de longueur.	Pinnules longues de plus d'un pouce.
X.	X I.

X.

1254. **X.** *Pinnules ayant à peine six lignes de longueur.*

Polypode de fontaine. *Polypodium fontanum.* Lin. Sp. 1550.

Filicula fontana, minor. Tournef. 542.

Cette espèce est très-petite; sa racine est un paquet de fibres noirâtres, d'où s'élèvent cinq à huit feuilles étroites, simplement ailées, & longues de trois pouces; ces feuilles sont garnies dans presque toute leur longueur de pinnules alternes fort courtes & incisées ou légèrement pinnatifides: ces pinnules sont obtuses à leur sommet & ont leurs découpures presque arrondies; celles de la partie inférieure des feuilles sont lâches & fort écartées entr'elles. On trouve cette plante en Alsace, en Dauphiné & en Provence. ♃

XI. *Pinnules longues de plus d'un pouce.*

Pinnules ayant leurs folioles dentées. X I I.	Pinnules ayant leurs folioles très-entières. X I I I.

XII. *Pinnules ayant leurs folioles dentées.*

Polypode fougère-mâle. *Polypodium filix mas.* Lin. Sp.

Filix non ramosa, dentata. Tournef. 536.

Ses feuilles sont grandes, larges, longues d'un pied & demi, garnies de pinnules dans presque toute leur longueur, & naissent de la racine, disposées en un faisceau un peu ouvert; leurs pinnules inférieures sont courtes, celles du milieu sont très-grandes, & les supérieures diminuent insensiblement, & forment une pointe au sommet de la feuille; ces pinnules sont profondément pinnatifides & ont des folioles obtuses, dentées, confluentes à leur base & inclinées sur la nervure commune: les paquets de fructification sont réniformes, & ne bordent point le contour des folioles comme ceux de l'espèce suivante. Cette plante est commune dans les bois & les lieux stériles, ♃; sa racine passe pour apéritive, anti-hydropique, & sa décoction a la propriété d'expulser le fœtus mort.

1254. **XIII.** *Pinnules ayant leurs folioles très-entières.*

Pinnules n'ayant aucune de leurs folioles plus étroite à sa base que vers son sommet. **X I V.**	Pinnules ayant leur première foliole inférieure, longue , pendante & rétrécie à sa base. **X V.**

XIV. *Pinnules n'ayant aucune de leurs folioles plus étroite à sa base que vers son sommet.*

Polypode ptérioïde. *Polypodium pterioides.*

> *Polypodium pinnis ramorum integris , frequentibus , ordinatim decrescentibus.* Hall. enum. Helv. p. 139.
>
> β. *Filix minor , non ramosa.* Mapp. alsat. 107, ic. VII.
>
> *Acrosticum thelipteris.* Lin. Sp. 1528.

Cette espèce ressemble beaucoup à la précédente par son port ; ses feuilles sont radicales , garnies de pinnules dans la plus grande partie de leur longueur , & s'élèvent presque jusqu'à deux pieds ; leurs pinnules sont longues , assez rapprochées les unes des autres , & vont en diminuant vers le sommet de la feuille , qui est terminée en pointe ; ces pinnules sont pinnatifides & composées de folioles ovales , obtuses & très-entières. La fructification est formée par de petites verrues , rangées sous les folioles en ligne exactement marginale comme dans les pteris , mais toutes séparées les unes des autres. La variété β est beaucoup plus petite , & sa fructification couvre plus fortement le disque des folioles. Cette plante m'a été communiquée par M. Liottard neveu ; elle croît en Dauphiné & en Alsace. ♃.

XV. *Pinnules ayant leur première foliole inférieure longue , pendante & rétrécie à sa base.*

Polypode phégoptère. *Polypodium phegopteris.* Lin. Sp. 1550.

> *Polypodium foliis pinnatis , reflexis , pinnis ovatis , hirsutis , primis cum nervo confluentibus.* Hall. hist. n.º 1698.

Ses feuilles sont radicales , longues d'un pied ou environ , molles , d'un vert gai , & garnies de pinnules dans la plus

1254.

grande partie de leur longueur : leurs pinnules font pinnatifides
& compofées de folioles ovales, très-entières, prefque obtufes,
confluentes à leur bafe & chargées de quelques poils en leurs
bords ; la première foliole de la rangée inférieure de chaque
pinnule eft plus longue que les autres, pendante & rétrécie
à fa bafe. On trouve cette plante dans les bois & les lieux
humides.

XVI. *Feuilles deux fois ailées, ou davantage, très-distinctement.*

Pétiole chargé de paillettes ou écailles rouffâtres.	Pétiole glabre ou velu, mais point chargé de paillettes.
X V I I.	X V I I I.

XVII. *Pétiole chargé de paillettes ou écailles rouffâtres.*

Polypode à crête. *Polypodium criftatum.* Lin. Sp. 1551.

Filix mas, ramofa, pinnulis dentatis. Vail. Parif. 53.

Filix ramofa, dentata, ramulis & pinnulis longius ab invicem diftantibus. Mapp. alfat. 106, f. 8.

Ses feuilles font radicales, longues d'un à deux pieds, chargées de paillettes rouffâtres fur leur pétiole & garnies dans
la plus grande partie de leur longueur de pinnules, la plupart
alternes & lâches ou un peu écartées les unes des autres ; ces
pinnules font ailées & ont elles-mêmes des folioles oblongues,
obtufes, un peu lâches, pinnatifides & dentées : les pinnules
inférieures font ordinairement ftériles. On trouve cette plante
dans les lieux humides & montueux.

XVIII. *Pétiole glabre ou velu, mais point chargé de paillettes.*

Pinnules inférieures des feuilles n'étant pas plus grandes que celles du milieu.	Pinnules inférieures des feuilles beaucoup plus grandes que celles du milieu.
X I X.	X X V I.

Q ij

1254.

XIX. *Pinnules inférieures des feuilles n'étant pas plus grandes que celles du milieu.*

Feuilles deux fois ailées & point décomposées. **X X.**	Feuilles trois fois ailées & presque décomposées. **X X V.**

XX. *Feuilles deux fois ailées & point décomposées.*

Pinnules ayant plus de vingt folioles étroites, & toutes très-rapprochées les unes des autres. **X X I.**	Pinnules ayant moins de vingt folioles, lesquelles sont la plupart lâches & peu serrées entre elles. **X X I I.**

XXI. *Pinnules ayant plus de vingt folioles étroites, & toutes très-rapprochées les unes des autres.*

Polypode fougère femelle. *Polypodium filix femina.* Lin. Sp. 1551.

Filix mollis five glabra, vulgari mari non ramofæ accedens. Tournef. 537. Morif. fec. 14, t. 3, f. 7.

β. *Filix non ramofa, petiolis tenuiffimis & tenuiffime dentatis.* Tournef. 537.

Ses feuilles font radicales, hautes d'un pied & demi, & garnies dans la plus grande partie de leur longueur, de pinnules nombreufes, peu écartées entre elles, ailées, pointues, longues de quatre à cinq pouces, & qui vont en diminuant de grandeur vers le fommet de chaque feuille qui eft pointu ; ces pinnules font compofées de trente à quarante folioles un peu étroites, longues de deux à quatre lignes, profondément & finement dentées en leurs bords dans toute leur longueur, & point confluentes à leur bafe comme celle du polypode fougère-mâle, *n.° XII.* Ces folioles font un peu obtufes à leur fommet, & toutes fort rapprochées les unes des autres. La variété β a fes pinnules principales plus écartées entre elles & garnies de folioles tout-à-fait pointues. Cette plante eft commune dans les bois montagneux & humides. ♃

1254. *XXII. Pinnules ayant moins de vingt folioles, lesquelles sont la plupart lâches & peu serrées entr'elles.*

Pinnules composées de folioles obtuses. X X I I I.	Pinnules composées de folioles pointues. X X I V.

XXIII. *Pinnules composées de folioles obtuses.*

Polypode blanc. *Polypodium album.*

Filicula fontana, major, sive adiantum album, filicis folio. Tournef. 542. Dryopteris candida, dodonæi.

Polypodium fragile. Lin. Sp. 1553. Quoad descriptionem.

β. *Filicula regia, fumariæ pinnulis. Vail. t. 9, f. 1.*

Polypodium regium. Lin. Sp. 1553.

Sa racine pousse plusieurs feuilles hautes de cinq à huit pouces, dont les pétioles sont nus dans leur partie inférieure, roussâtres à leur base & garnis dans les deux tiers de leur longueur, de pinnules lâches, sur-tout les inférieures, & qui vont en diminuant de grandeur vers le sommet de chaque feuille; ces pinnules sont presque opposées, ailées & ont des folioles lâches, ovales, obtuses, crénelées, incisées & presque laciniées : les découpures de ces folioles sont plus profondes d'un côté que de l'autre, & arrondies ou sensiblement émoussées à leur sommet. On trouve cette plante dans les lieux humides & sur le bord des ruisseaux. ♃

XXIV. *Pinnules composées de folioles pointues.*

Polypode rhéthique. *Polypodium rhæticum.*

Filix saxatilis non ramosa, nigris maculis punctata. Bauh. pin. 358. Morif. sec. 14, t. 4, f. 28.

Filix pumila saxatilis. 2. Cluf. hift. 2, p. 212.

Cette espèce est très-distinguée de la précédente; sa racine est horizontale, garnie de fibres, & pousse plusieurs feuilles hautes d'un pied ou environ; ces feuilles ont leur pétiole nu dans toute sa moitié inférieure, glabre, d'un rouge-brun, & chargé dans sa moitié supérieure, de pinnules lâches, dont la longueur n'excède pas deux pouces : ces pinnules sont ailées,

1254. compofées de folioles un peu lâches, petites, lancéolées, pointues & dentées : les folioles de la bafe des pinnules font un peu pinnatifides : la fructification eft d'une couleur brune, & couvre prefqu'entièrement le dos des feuilles. Cette plante rare & peu connue des Auteurs modernes, croît dans les montagnes du Dauphiné, parmi les rochers, & m'a été communiquée par M. Liottard, neveu.

XXV. *Feuilles trois fois ailées & prefque décompofées.*

Polypode des Alpes. *Polypodium alpinum.*

> *Filicula alpina, crifpa.* Bauh. pin. 358.
>
> *Polypodium pinnis pinnarum pinnatis, laxiſſime divifis, lobulis obtufis, dentatis.* Hall. hift. n.° *1709.*

Cette efpèce a un port très-élégant ; fa racine eft horizontale, & pouffe plufieurs feuilles d'un vert clair, découpées extrêmement menu, & hautes de cinq ou fix pouces : ces feuilles ont leur pétiole nu & rouffâtre à fa bafe, garni dans les deux tiers de fa longueur, de pinnules, la plupart alternes, bipinnées, pointues, peu ferrées entre elles, furtout les inférieures, & à peine longues d'un pouce & demi ; les pinnules du fecond ordre font alternes, un peu étroites, longues de deux à quatre lignes, & compofées de folioles très-petites, pareillement alternes, bifides ou trifides, & émouffées à leur fommet. La fructification naît par paquets arrondis & fouvent folitaires fur chaque foliole ou pinnule du troifième ordre. Cette plante croît dans les montagnes du Dauphiné, & m'a été communiquée par M. Liottard, neveu.

XXVI. *Pinnules inférieures des feuilles beaucoup plus grandes que celles du milieu.*

Feuilles deux fois ailées, & d'un vert obfcur ; pétiole glabre. XXVII.	Feuilles trois fois ailées, & d'un vert clair ; pétiole velu. XXVIII.

1254. **XXVII.** *Feuilles deux fois ailées, & d'un vert obscur;*
pétiole glabre.

Polypode dryoptère. *Polypodium dryopteris.* Lin. Sp.
1555.

> *Filix ramosa, minor, pinnulis dentatis.* Tournef. 536.
>
> β. *Filix pumila saxatilis I.* Cluf. Hist. I I, p. 212.

Sa racine est cylindrique, horizontale, noirâtre, garnie
de fibres menues, & pousse plusieurs feuilles qui s'élèvent
depuis huit pouces jusqu'à un pied; ces feuilles ont leur
pétiole très-grêle, nu dans la plus grande partie de sa longueur,
& chargé vers son sommet de plusieurs pinnules, la plupart
opposées : les deux pinnules inférieures sont ailées, & chacune
presque aussi grande que toutes les autres ensemble, de sorte
que chaque feuille a une forme triangulaire, & paroît composée de trois folioles grandes & ailées; les pinnules du
second ordre sont ovales-oblongues, obtuses, grossièrement
dentées & presque pinnatifides. La variété β s'élève un peu
plus; ses pinnules sont beaucoup plus amples, plus lâches
& tout-à-fait pointues, même celles du second ordre. On
trouve cette plante dans les lieux pierreux, montueux &
humides.

XXVIII. *Feuilles trois fois ailées, & d'un vert clair;*
pétiole velu.

Polypode de montagne. *Polypodium montanum.*

> *Filix montana, ramosa, minor, argutè denticulata.* Vail. 53.
>
> *Polypodium triplicato-pinnatum, pinnulis tertüs semipinnatis,*
> *lobulis trifidis.* Hall. Hist. n.° 1710.

Sa racine pousse plusieurs feuilles hautes de sept à dix
pouces, & soutenues chacune par un pétiole très-grêle,
légèrement velu, & nu dans sa plus grande partie; ces feuilles
ont une forme triangulaire, & ressemblent, en quelque
manière, à celles du cerfeuil sauvage : leurs pinnules sont
presque toutes opposées; les deux inférieures sont bipinnées,
& aussi grandes chacune que toutes les autres ensemble, ce
qui fait que les feuilles de cette espèce paroissent, comme

1254. celles de la précédente, composées de trois parties, mais simplement ailées dans la première, & bipinnées dans celle-ci : les folioles du troisième ordre sont dentées en leurs bords, ou même un peu pinnatifides. Cette plante croît dans les lieux montagneux & couverts.

1255.

Fructification non disposée par paquets arrondis & épars sur le dos des feuilles....

Fructification disposée sur le dos des feuilles, par paquets oblongs, & épars ou presque parallèles entre eux................ 1256

Fructification disposée sur le bord postérieur & terminal des feuilles ou de leurs folioles..... 1257

1256. *Fructification disposée sur le dos des feuilles, par paquets oblongs, & épars ou presque parallèles entre eux.*

Doradille. *Asplenium.*

Les Doradilles sont remarquables par leur fructification disposée par paquets ovales-oblongs, ou qui ressemblent quelquefois à de petites lignes éparses sur le dos des feuilles.

A N A L Y S E.

Feuilles très-simples, & entières ou lobées.	Feuilles pinnatifides, ou ailées ou surcomposées.
I.	I V.

I. *Feuilles très-simples, & entières ou lobées.*

Feuilles dont la largeur beaucoup plus grande à leur base que dans leur milieu, va toujours en diminuant jusqu'à leur sommet.	Feuilles presque point plus larges à leur base que dans leur milieu, & dont les bords sont parallèles dans la plus grande partie de leur longueur.
I I.	I I I.

1256. **II.** *Feuilles dont la largeur beaucoup plus grande à leur*
base que dans leur milieu, va toujours en
diminuant jusqu'à leur sommet.

Doradille hemionite. *Asplenium hemionitis.* Lin. Sp.
1536.

Hemionitis vulgaris. Tournef. 546.

Sa racine pousse plusieurs feuilles lisses, hastées, échancrées en cœur, fort élargies inférieurement, distinguées par
deux grandes oreillettes à leur base, & portées sur des
pétioles glabres; la fructification naît sur le dos des feuilles,
disposée par petits paquets oblongs, presque parallèles entre
eux, & inclinés ou obliques par rapport à la nervure moyenne
de chaque feuille. On trouve cette plante dans les environs
de Marseille, ♃; elle est pectorale, un peu astringente &
vulnéraire.

III. *Feuilles presque point plus larges à leur base que*
dans leur milieu, & dont les bords sont
parallèles dans la plus grande partie
de leur longueur.

Doradille scolopendre. *Asplenium scolopendrium.* Lin. Sp.
1537.

Lingua cervina officinarum. Tournef. 544.
β. *Lingua cervina, multifido folio.* Ibid. 545.

Ses feuilles sont radicales, longues presque d'un pied,
larges d'un pouce ou quelquefois un peu plus, échancrées
en cœur à leur base, légèrement ondulées en leurs bords,
pointues, vertes, lisses, un peu coriaces, & portées sur des
pétioles chargés de poils rousfâtres; la fructification naît sur
leur dos, disposée par paquets linéaires, nombreux, parallèles
entre eux, & presque perpendiculaires à la nervure commune.
La variété β est remarquable par ses feuilles laciniées à leur
sommet. On trouve cette plante dans les lieux couverts &
humides, dans les puits & sur le bord des ruisseaux; elle
a les mêmes vertus que l'espèce précédente.

1256. **IV.** *Feuilles pinnatifides, ou ailées ou furcompofées.*

Feuilles pinnatifides, ou une feule fois ailées. **V.**	Feuilles plufieurs fois ailées, ou furcompofées. **X.**

V. *Feuilles pinnatifides, ou une feule fois ailées.*

Feuilles pinnatifides. **V I.**	Feuilles ailées. **V I I.**

VI. *Feuilles pinnatifides.*

Doradille ceterach. *Afplenium ceterach.* Lin. Sp. 1538.

Afplenium five ceterach. Tournef. 544.

Cette efpèce eft fort petite; fa racine pouffe un faifceau de feuilles longues de deux ou trois pouces, larges de quatre à fix lignes, vertes en-deffus, & couvertes en-deffous de petites écailles très-abondantes, rouffâtres ou ferrugineufes, & brillantes comme des paillettes d'or : ces feuilles font garnies, dans la plus grande partie de leur longueur, de pinnules la plupart alternes, confluentes à leur bafe & obtufes à leur fommet. On trouve cette plante dans les lieux pierreux & fur les murailles, ♃ ; elle eft pectorale & un peu aftringente.

VII. *Feuilles ailées.*

Folioles très-petites, ovales-obrondes, & au-delà de vingt. **V I I I.**	Folioles affez grandes, ovales, appendiculées, cunéiformes à leur bafe, & point au-delà de vingt. **I X.**

1256. **VIII.** *Folioles très-petites, ovales-obrondes, & au-delà de vingt.*

Doradille politric. *Asplenium trichomanes.* **Lin. Sp.** 1540.

Trichomanes five polytrichum officinarum. Tournef. 539.
β. *Trichomanes minus & tenerius.* Ibid. 540.
γ. *Trichomanes foliis eleganter incisis.* Ibid. 539.

Sa racine est chevelue, fibreuse, & pousse beaucoup de feuilles longues de trois ou quatre pouces, étroites, ailées & composées souvent de plus de trente folioles fort petites ; ces folioles sont ovales-arrondies, légèrement crénelées, sessiles & disposées en manière d'aile, le long d'un pétiole commun très-grêle & d'un pourpre noirâtre : les inférieures sont un peu triangulaires ; la fructification forme cinq ou six petites lignes courtes & divergentes sur le dos de chaque foliole. On trouve cette plante dans les lieux couverts & humides, dans les rochers garnis de mousses & sur les vieux murs, ♃ ; elle est apéritive & béchique.

IX. *Folioles assez grandes, ovales, appendiculées, cunéiformes à leur base, & point au-delà de vingt.*

Doradille marine. *Asplenium marinum.* **Lin. Sp.** 1540.

Lonchitis maritima. Tournef. 538.

Cette espèce a beaucoup de rapport avec la précédente, & n'en est peut-être qu'une variété ; mais ses feuilles ont des folioles beaucoup plus grandes, moins nombreuses, presque triangulaires, dentées en scie, & presque toutes remarquables par une appendice ou un lobe en leur bord latéral supérieur ; elle croît dans les îles d'Hières.

X. *Feuilles plusieurs fois ailées ou surcomposées.*

Pétioles nus dans leur plus grande partie, & divisés à leur sommet en rameaux courts, chargés la plupart de trois folioles obtuses.	Pétioles nus seulement dans leur moitié inférieure, & garnis dans l'autre, de pinnules lancéolées, & ailées ou pinnatifides.
X I.	X I I.

§ 256. XI. *Pétioles nus dans leur plus grande partie, & divisés à leur sommet en rameaux courts, chargés la plupart de trois folioles obtuses.*

Doradille des murs. *Asplenium murorum.* [Sauve-vie].

> *Ruta muraria.* Tournef. 541.
>
> *Asplenium ruta muraria.* Lin. Sp. 1541.

Sa racine est chevelue & pousse des feuilles longues de deux ou trois pouces, un peu dures, décomposées & imitant en quelque sorte celles de la rue ; ces feuilles ont un pétiole grêle, nu dans la plus grande partie de sa longueur, ramifié à son sommet & chargé de folioles courtes, obtuses, denticulées en leur bord supérieur, quelquefois incisées ou lobées, & un peu fermes : la fructification forme sur le dos de chaque foliole deux ou trois lignes fort petites, & qui par la suite de leur développement se réunissent en un seul paquet ovale. Cette plante est commune dans les fentes des murs, des vieux édifices, & des rochers, ♃ ; on la regarde comme très-pectorale & apéritive. M. de Haller doute de ses qualités adoucissantes & béchiques. Hall. hist. *n.º 1691.*

XII. *Pétioles nus seulement dans leur moitié inférieure, & garnis dans l'autre de pinnules lancéolées, & ailées ou pinnatifides.*

Doradille noire. *Asplenium nigrum.*

> *Filicula quæ adiantum nigrum officinarum, pinnulis obtusioribus [& acutioribus].* Tournef. 542.
>
> *Asplenium adiantum.* Lin. Sp. 1542.

Sa racine pousse plusieurs feuilles hautes de cinq ou six pouces, un peu luisantes en-dessus & d'un vert foncé presque noirâtre ; leur pétiole est brun à sa base & garni dans toute sa moitié supérieure de pinnules, dont les inférieures sont les plus grandes, & chargées de deux ou trois folioles à leur base, très-distinctes, non confluentes, incisées & dentées : les autres pinnules vont en diminuant de grandeur jusqu'au sommet de la feuille qui est pointu, & sont simplement pinnatifides : leurs lobes sont dentés & un peu obtus. On trouve cette plante dans les lieux couverts & les bois humides, ♃ ; elle passe pour pectorale & apéritive.

1257. *Fructification disposée sur le bord postérieur & terminal des feuilles ou de leurs folioles.*

Capillaire à feuilles de coriandre. *Adiantum coriandrifolium.*

Adiantum foliis coriandri. Tournef. 543.
Adiantum capillus veneris. Lin. Sp. 1558.

Ses feuilles font radicales, ramifiées, décompofées & hautes de cinq ou fix pouces ; leur pétiole eft liffe, luifant, d'un rouge-noirâtre & très-grêle ; fes ramifications font prefque capillaires & foutiennent des folioles glabres, minces, cunéiformes, incifées & découpées en leur bord fupérieur : le fommet de chaque découpure eft réfléchi ou replié en-deffous, & recouvre les paquets de fructification qui font difpofés poftérieurement au bord fupérieur des folioles. On trouve cette plante dans les lieux pierreux, couverts & humides, au bord des fontaines & aux parois des puits, dans les provinces méridionales, ♃ ; elle eft regardée comme pectorale, béchique & apéritive.

1258. ## *Mouffes.*

Les Mouffes font des plantes communément fort petites, vivaces, & toujours vertes, particulièrement pendant l'hiver, où la plupart fleuriffent ou fructifient, tandis que prefque tous les autres végétaux paroiffent dans un état d'anéantiffement ou de langueur ; elles végètent lentement, & ont la faculté de reverdir & de revivre lorfqu'on les met dans l'eau, même après avoir été gardées en deffication pendant un temps confidérable. Ces plantes font ramaffées en gazon, ou rampent en s'étendant fur la terre, fur les pierres & fur le tronc des arbres, en forme de tapis ; elles ont de véritables tiges plus ou moins rameufes, & des feuilles qui en font tout-à-fait diftinguées : leurs feuilles font très-petites, fimples, feffiles, nombreufes, très-rapprochées les unes des autres, éparfes, prefque embriquées, & quelquefois oppofées ou même verticillées. Leur fructification eft très-fenfible, mais peu connue ; elle fe fait principalement remarquer par des urnes ou des efpèces de capfules fimples, ovales ou arrondies, & communément portées chacune fur un pédicule affez long, qui naît latéralement ou qui eft tout-à-fait terminal : ces urnes contiennent la plupart une efpèce de

1258. pouſſière compoſée de globules arrondis & de nature inflammable; elles ont ſouvent leur bord ſupérieur un peu renflé en manière de bourelet, ou quelquefois couronné de cils, & ſont preſque toujours chargées d'un couvercle particulier, obtus, ou pointu ou conique, que l'on nomme *opercule*. Dans un grand nombre de mouſſes, le ſommet des urnes eſt caché pendant un temps plus ou moins long, ſous une eſpèce de coiffe membraneuſe, caduque, ſouvent velue, & qui a la forme d'un bonnet pointu ou d'un éteignoir.

On a donné aux urnes le nom d'*anthere*, & pluſieurs Auteurs les regardent comme des fleurs mâles; ils prennent pour fleurs femelles, certains boutons ſeſſiles, que l'on obſerve aſſez ſouvent ſur les tiges non garnies d'urnes de pluſieurs eſpèces : ces boutons ſont compoſés de petites feuilles ramaſſées d'abord en manière de cône ovale, mais qui s'ouvrent enſuite, & forment une roſette ou une étoile campanulée, au centre de laquelle on rèmarque quelquefois de petites écailles rouſſâtres qui ſe ſèchent, tombent, & reſſemblent alors à de la limaille ou de la ſciure de bois. Je ne connois pas d'expérience qui prouve bien clairement que ces parties ſoient de véritables fleurs; & le ſentiment des Botaniſtes, qui les prennent pour des bourgeons, d'où devoient naître de nouvéaux jets, me paroît d'autant plus fondé, que le Polytric commun & pluſieurs eſpèces de *Mnium* en fourniſſent ſouvent des exemples; l'on donne auſſi le nom de *fleurs femelles* à certains globules nus, fongueux ou poudreux, & d'une nature tout-à-fait différente des roſettes de feuilles dont je viens de parler.

D'après ce que j'ai dit à l'entrée de la Cryptogamie, ſur l'extrême difficulté que l'on éprouve en général dans la formation, ſoit des genres, ſoit des eſpèces qui compoſent cette diviſion de plantes; on me permettra d'adopter pour le préſent les genres de M. Linné, quoique pluſieurs ne ſoient qu'imparfaitement diſtingués entre eux, & d'y rapporter ſans analyſe les eſpèces qui ont été juſqu'à préſent obſervées en France.

Genres ſelon M. Linné.

Urnes n'ayant jamais de coiffe	Lycopode	1259
	Sphaigne	1260
	Phaſque	1261

1258.

Urnes chargées de coiffe dans leur jeunesse . . . . .

Individus de deux sortes ; les uns portent des urnes, & les autres ont seulement des rosettes de feuilles ou des globules nus & poudreux.

Individus, non de deux sortes ; ils portent tous des urnes très-distinctes.

1259. ❊ Lycopode. *Lycopodium.*

Les Lycopodes ont leurs urnes réniformes, bivalves, privées d'opercule & de coiffe, sessiles, & cachées dans les aisselles de bractées ou paillettes nombreuses, disposées vers l'extrémité des tiges ou des rameaux, souvent en manière d'épi ou de massue.

Espèces.

I. Lycopode à massue. *Lycopodium clavatum.* Lin. Sp. 1564.

Muscus squamosus, vulgaris, repens, clavatus. Tournef. 553.

Sa tige est longue de deux à quatre pieds, rampante, rameuse, & couverte de feuilles éparses, très-rapprochées & presque embriquées ; ces feuilles sont étroites, aiguës, & terminées par un poil assez long ; les pédoncules qui soutiennent la fructification, naissent de l'extrémité des rameaux, sont presque nus, chargés de très-petites écailles écartées entre elles, & se divisent dans leur partie supérieure, en deux rameaux courts, terminés chacun par une massue écailleuse & d'un blanc jaunâtre. Les urnes répandent dans

1259. leur maturité une poussière abondante, jaunâtre, qui s'enflamme facilement, fulmine presque comme la poudre à canon, & qu'on nomme vulgairement *soufre végétal*. On trouve cette plante dans les bois & dans les lieux montagneux, pierreux & couverts, ♃ ; elle passe pour diurétique & anti-dyssentérique : la poussière des urnes est regardée comme anti-spasmodique & carminative. On la croit aussi utile contre la plique.

II.   Lycopode cilié. *Lycopodium ciliatum.*

> *Selaginoides foliis spinosis.* Dillen. musc. 460, t. LXVIII, f. 2.
>
> *Lycopodium selaginoides.* Lin. Sp. 1565.

Cette espèce est fort petite ; ses tiges sont rampantes & divisées en rameaux, la plupart assez droits & longs de deux ou trois pouces : ses feuilles sont éparses, lisses, luisantes, lancéolées, pointues, dentées & comme ciliées en leurs bords. Celles qui servent de bractées sont plus grandes que les autres & d'une couleur jaunâtre. Cette plante croît dans les montagnes du Dauphiné, & m'a été communiquée par M. Faujas de Saint-Fond.

III.   Lycopode des marais. *Lycopodium palustre.*

> *Lycopodium palustre, repens, clava singulari.* Vail. Paris. 123, t. XVI, f. 11. Dillen. musc. t. LXI, f. 7.
>
> *Lycopodium inundatum.* Lin. Sp. 1565.

Ses tiges sont longues de trois à cinq pouces, rameuses, rampantes & entièrement couvertes de feuilles. Les rameaux fertiles sont redressés, feuillés, longs d'un pouce & demi, & se terminent chacun par une massue également feuillée & longue de sept ou huit lignes. Les feuilles sont éparses, très-rapprochées les unes des autres, étroites-lancéolées, pointues, très-entières, glabres & d'un vert pâle ou jaunâtre ; celles des rameaux rampans sont courbées, & les autres sont droites & embriquées. On trouve cette plante dans les lieux marécageux & humides.

IV.

1259. **IV.** Lycopode épais. *Lycopodium densum.*

Muscus squamosus, abietiformis. Tournef. 553.
Lycopodium selago. Lin. Sp. 1565.

Ses tiges sont assez droites, longues de trois à cinq pouces, rameuses, cylindriques, épaisses, compactes, disposées en faisceau corymbiforme, & tout-à-fait couvertes de feuilles; ces feuilles sont lancéolées, pointues, un peu fermes, très-nombreuses & embriquées sans ordre remarquable. Les urnes sont axillaires & éparses; on observe en outre dans les aisselles supérieures des feuilles, de petites rosettes particulières, composées de quatre feuilles dures & inégales, que M. de Haller regarde comme des bourgeons. On trouve cette plante sur les montagnes de l'Alsace : elle est purgative & un peu émétique.

V. Lycopode à feuilles de Genévrier. *Lycopodium juniperifolium.*

Muscus squamosus, foliis juniperinis, reflexis. Tournef. 453.
Lycopodium annotinum. Lin. Sp. 1566.

Ses tiges sont longues d'un pied ou davantage, rampantes, & ont leurs rameaux fertiles longs & redressés; ses feuilles sont éparses, étroites, aiguës, légèrement dentées, un peu fermes, lâches, ouvertes & souvent réfléchies. La fructification forme des massues sessiles, terminales & embriquées d'écailles ou folioles un peu élargies & pointues. Cette plante croît dans les montagnes du Dauphiné, où elle a été observée par M. de Villars.

VI. Lycopode des Alpes. *Lycopodium alpinum.* Lin. Sp. 1567.

Muscus squamosus, montanus, repens, sabinæ folio. Tourn. 553.

Ses tiges sont longues, rampantes, presque nues & garnies de rameaux courts, nombreux, disposés par faisceaux, & tout-à-fait couverts de feuilles; ces feuilles sont petites, lancéolées, pointues, un peu épaisses, serrées contre les rameaux & embriquées sur quatre rangs ou côtés opposés : les massues sont grêles, sessiles & terminent les rameaux fertiles. On trouve cette plante dans les bois des montagnes de la Provence & du Dauphiné.

(34)

1259. VII. Lycopode aplati. *Lycopodium complanatum.* Lin. Sp. 1567.

Lycopodium cupressi foliis. Vaill. Parif. 1567.

Lycopodium spicis petiolatis, quaternis, caulibus complanatis, foliis adpressis. Hall. hift. n.° *1723.*

Cette efpèce a beaucoup de rapport avec la précédente ; fes tiges font rampantes, prefque nues & pouffent des rameaux la plupart redreffés, fafciculés, aplatis & tout-à-fait couverts de feuilles ; ces feuilles font fort petites, embriquées comme fur deux rangs, & ferrées contre les rameaux : les épis font cylindriques, pédunculés, & géminés ou bigéminés. Cette plante croît dans les environs de Paris.

VIII. Lycopode denticulé. *Lycopodium denticulatum.* Lin. Sp. 1569.

Mufcus denticulatus, minor. Tournef. 556.

β. *Mufcus denticulatus, major.* Ibid.

Lycopodium helveticum. Lin. Sp. 1568.

Ses tiges font très-menues, rampantes, rameufes & ont quelquefois prefque un pied de longueur ; elles font garnies de feuilles très-petites, ovales, inégales entr'elles, liffes, d'un vert-clair, alternes & qui paroiffent embriquées fur deux rangs ; ces feuilles, par leur difpofition, donnent aux tiges & aux rameaux, un afpect denticulé & diftique : les urnes font prefque éparfes, ou forment des maffues lâches, feuillées & terminales. On trouve cette plante en Provence.

1260. Sphaigne. *Sphagnum.*

Les urnes de Sphaigne font ovales ou globuleufes, non ciliées en leur bord, chargées d'un opercule, dépourvues de coiffe, & feffiles ou prefque feffiles.

Efpèces.

I. Sphaigne des marais. *Sphagnum paluftre.* Lin. Sp. 1569.

Mufcus fquamofus, paluftris, candicans, molliffimus. Tourn. 554.

β. *Sphagnum paluftre, molle, deflexum fquamis capillaceis.* Dillen. mufc. 243, t. XXXII, f. 2.

Ses tiges font longues de trois ou quatre pouces, affez

1260. droites & garnies de beaucoup de rameaux courts, feuillés, remarquables par leur molleſſe & communément réfléchis ; elles ſont ramaſſées & forment des gazons très - épais, qui occupent ſouvent un grand eſpace de terrein : leurs rameaux ſupérieurs ſont preſque pendans & forment un paquet denſe & terminal, ou une eſpèce de tête : les feuilles ſont très-petites, lancéolées, pointues, embriquées, molles, d'un vert-glauque, & deviennent preſque blanches : les urnes ſont globuleuſes & diſpoſées pluſieurs enſemble au ſommet des tiges, ſur de très-courts péduncules. On trouve cette plante dans les lieux humides & marécageux.

II. Sphaigne des arbres. *Sphagnum arboreum.* Lin. Sp. 1570.

Muſcus apocarpos, arboribus adnaſcens, polyſpermos. Vaïll. Pariſ. 129, tab. XXVII, f. 17.

Ses tiges ſont longues d'un pouce ou un peu plus, rameuſes, rampantes, & ramaſſées en petits gazons aſſez touffus & d'un vert foncé : elles ſont garnies de feuilles très-petites, pointues, & fort ſerrées les unes contre les autres : les urnes ſont ovales, latérales, ſeſſiles & diſpoſées la plupart du même côté le long de chaque rameau.. On trouve cette eſpèce ſur le tronc des arbres.

1261.

Phaſque. *Phaſcum.*

Les Phaſques ont leurs urnes ſeſſiles, ciliées en leur bord, chargées d'un opercule & dépourvues de coiffe.

Eſpèces.

I. Phaſque ſans tige. *Phaſcum acaulon.* Lin. Sp. 1570.

Muſcus trichoïdes, acaulos, minor, latifolius. Vaill. 128, t. XXVII, f. 2.

Cette mouſſe extrêmement petite, forme des gazons dont la hauteur égale à peine une ligne & demie ; ſes feuilles ſont ovales-lancéolées, pointues, d'un vert-jaunâtre & ramaſſées en une petite roſette, au centre de laquelle eſt diſpoſée une urne ovale, rouſſâtre, & dont l'opercule eſt terminé par une petite pointe. On trouve cette plante ſur la terre, dans les allées des jardins, & ſur les bords des foſſés.

1261. II. Phafque fubulé. *Phafcum fubulatum.* Lin. Sp. 1570.

Mufcus trichoides minor, acaulos, capillaceis foliis. Vail. 128, t. XXIX, f. 4.

Cette mouffe eft une des plus petites que l'on connoiffe; fa tige eft longue d'une ligne ou environ, & garnie de feuilles très-étroites, fubulées, auffi menues que des cheveux, d'un vert-jaunâtre, & d'un afpect foyeux ou luifant : l'urne eft feffile, globuleufe, d'un roux-pâle & extrêmement petite. On trouve cette efpèce fur la terre, dans les bois, & fur les bords des foffés.

1262. Mnie. *Mnium.*

Les Mnies font la plupart remarquables par deux fortes d'individus; les uns portent des urnes pédunculées, pourvues d'opercule & furmontées d'une coiffe : les autres ont feulement ou des rofettes de feuilles, ou des globules nus & poudreux.

Efpèces.

I. Mnie tranfparent. *Mnium pellucidum.* Lin. Sp. 1574.

Mufcus coronatus, minimus, capillaceis foliis, capitulis oblongis. Vail. 130, t. XXIV, f. 7.

Ses tiges font longues de quatre à fix lignes, droites, fimples, nues & rouffes à leur bafe, ramaffées par faifceaux ou petits gazons, & garnies de feuilles ovales, pointues, tranfparentes & d'un vert-pâle : les urnes font droites, cylindriques & foutenues chacune par un péduncule terminal & un peu plus long que la tige qui le porte : la coiffe des urnes eft d'un blanc-fale à fa bafe, & brune ou rouffâtre à fon fommet. On trouve cette plante dans les bois.

II. Mnie androgin. *Mnium androgynum.* Lin. Sp. 1574.

Mufcoides qui mufcus capillaceus minimus, capitulo minimo, pulverulento. Tournef. 552. Vail. 128, t. XXIX, f. 6.

Ses tiges font hautes de quatre à huit lignes, un peu rameufes, ramaffées en petit gazon, & garnies de feuilles fort petites, étroites, très-rapprochées les unes des autres; les unes font terminées par des globules pédiculés, poudreux

§ 262. & extrêmement petits, & les autres ; felon Dillen, portent des urnes droites, pédunculées & terminales. Cette plante eft commune dans les bois.

III. Mnie des fontaines. *Mnium fontanum.* Lin. Sp. 1574.

Mufcus capillaceus, tenuiffimus, pediculo longiffimo, purpurafcente, capitulo rotundiori. Tournef. 551. Vail. tab. XXIV, f. 10.

Mufcus parvus, ftellaris. Vail. 129, pluk. 225, t. XLVII, f. 6.

Ses tiges font longues de deux pouces, droites, grêles, cylindriques, fimples ou rameufes, ramaffées en gazon denfe, & garnies de feuilles extrêmement petites, aiguës, & d'un vert jaunâtre ; les rameaux naiffent communément plufieurs enfemble d'un point commun : les urnes font courtes, affez groffes, un peu inclinées, & portées fur de longs pédicules ; les rofettes font compofées de feuilles d'un jaune orangé, difpofées en une petite étoile concave. On trouve cette plante dans les lieux humides & fangeux des marais.

IV. Mnie des marais. *Mnium paluftre.* Lin. Sp. 1574.

Mufcus capillaceus, paluftris, flagellis longioribus bifurcatis. Tournef. 551. Vail. tab. XXIV, f. 1.

Ses tiges font longues de trois à cinq pouces, une ou plufieurs fois fourchues, & d'un jaune un peu rougeâtre ; elles font garnies de feuilles affez longues, aiguës, molles, lâches, & dont le fommet eft un peu rejeté en-dehors ; les urnes font ovales, garnies d'un opercule prefque conique, & portées fur des pédicules grêles, longs & rougeâtres. On trouve cette mouffe dans les lieux marécageux.

V. Mnie hygromètre. *Mnium hygrometricum.* Lin. Sp. 1575.

Mufcus capillaceus, folio rotundiore, capfulâ oblongâ, incurvâ. Tournef. 551. Vail. tab. XXVI, f. 16.

Ses tiges font ramaffées en gazon extrêmement bas, & n'ont qu'une ou deux lignes de longueur ; elles font garnies de feuilles ovales-lancéolées, pointues, d'un vert clair, liffes & tranfparentes : les pédicules font longs prefque d'un pouce & demi, rougeâtres, courbés à leur fommet, & foutiennent

1262. des urnes penchées ou pendantes, & qui ont à peu-près la forme d'une poire ; ces urnes ont un opercule fort court & convexe : leur coiffe est large dans sa partie inférieure, & se termine en une pointe aiguë, droite ou quelquefois légèrement inclinée. On trouve cette plante dans les terreins sablonneux & sur les murs.

VI. Mnie purpurin. *Mnium purpureum.* Lin. Sp. 1575.

Muscus capillaceus, ramosus, parvus, erectus, setis rubentibus. Vail. Paris. 138.

Ses tiges sont droites, fourchues, s'élèvent jusqu'à un pouce, & forment de petits gazons touffus & très-verts ; les feuilles sont étroites-lancéolées, aiguës, & fort rapprochées les unes des autres : les pédicules naissent dans les aisselles des rameaux, sont droits, purpurins, & soutiennent des urnes cylindriques, à peine inclinées ; ces urnes ont un opercule conique. On trouve cette espèce dans les bois & les pâturages humides.

VII. Mnie sétacé. *Mnium setaceum.* Lin. Sp. 1575.

Bryum stellare nitidum, pallidum, capsulis tenuissimis. Dillen. musc. 381, tab. XLVIII, f. 44.

Ses tiges sont plus ou moins droites, longues de trois à six lignes, quelquefois un peu rameuses, & garnies de feuilles étroites, presque en alène, vertes & luisantes ; les pédicules sont rougeâtres, longs de six à huit lignes, & soutiennent des urnes droites, grêles & cylindriques : les opercules sont aigus, aussi longs ou plus longs que les urnes, & d'une couleur purpurine. On trouve cette plante dans les lieux pierreux & humides, & sur les murs.

VIII. Mnie crêpé. *Mnium cirratum.* Lin. Sp. 1576.

Muscus capillaceus, minimus, muralis, stellatus. Tournef. 552. Vail. tab. XXIV, f. 8.

Ses tiges sont fort petites, rameuses, droites, & ramassées en gazons touffus ; elles sont garnies de feuilles très-étroites, aiguës, lâches, qui forment une étoile au sommet de chaque rameau, & qui se roulent, se tortillent, & ont un aspect crêpé à mesure qu'elles se sèchent : les urnes sont droites,

1262. & soutenues par des pédicules à peu - près de la longueur des tiges, & la plupart latéraux. On trouve cette mousse sur les murs humides, & au pied des arbres dans les bois.

IX. Mnie étoilé. *Mnium stellatum.*

> *Muscus capillaceus, major, stellatus.* Tournef. 551. Vail. tab. XXIV, f. 4 & 5.

> *Mnium hornum.* Lin. Sp. 1576.

Ses tiges sont hautes de deux ou trois pouces, droites, souvent simples, & garnies de feuilles lancéolées, pointues, rudes en leur bord, & d'un vert clair; ces feuilles sont d'autant moins grandes, qu'elles sont plus près de la base des tiges, qui paroît presque nue : celles du sommet sont assez longues & un peu ouvertes en étoile; le pédicule est terminal, long d'un pouce, courbé à son extrémité supérieure, & soutient une urne fort grande, ovale-cylindrique, & penchée ou presque pendante. On trouve cette plante dans les bois & les lieux humides.

X. Mnie chevelu. *Mnium capillare.* Murr. Syst. veget. 796.

> *Muscus capillaceus, major, capitulis crassioribus, cylindraceis, nutantibus.* Tournef. 551. Vail. 134, tab. XXIV, f. 6.

> *Bryum capillare.* Lin. Sp. 1586.

Ses tiges sont hautes de quatre à huit lignes, & ramassées en petits gazons serrés, d'un vert foncé & luisant; elles sont garnies de feuilles ovales-lancéolées, terminées par une pointe en filet, fort serrées entre elles & comme embriquées; celles de la partie inférieure des tiges sont fanées & roussâtres : les pédicules sont longs presque d'un pouce & demi, naissent de la base des tiges ou dans leurs divisions, & soutiennent des urnes assez grandes, ovales - cylindriques & pendantes. On trouve cette plante dans les lieux humides & pierreux, & sur les murs.

1262. **XI.** Mnie polytriqué. *Mnium polytrichoides.* Lin. Sp. 1576.

> *Muscus capillaceus, minor, calyptrâ tomentosâ.* Tournef. 552. Vail. tab. XXVI, f. 15.

> β. *Adiantum aureum, medium, in ericetis proveniens.* Vail. tab. XXIX, f. 11.

Sa tige est presque nulle; ses feuilles sont étroites-lancéolées, pointues, très-entières, d'un vert foncé, & disposées en un petit faisceau radical, comme celles des aloès; le pédicule est droit, long de huit ou dix lignes, naît du milieu des feuilles, & soutient une urne ovale, courte, & dont l'opercule est chargé d'une petite pointe; la coiffe, qui recouvre cette urne, est velue, pointue à son sommet, laciniée en son bord inférieur, & d'un blanc roussâtre. M. de Haller regarde la plante β comme une espèce qu'il distingue de celle que je viens de décrire, par ses feuilles dentées en leurs bords. *Hall. Hist. n.° 1837.* On trouve cette plante dans les terreins sablonneux & sur le bord des bois.

XII. Mnie à feuilles de serpolet. *Mnium serpyllifolium.* Lin. Sp. 1577.

α. Pédicules fasciculés; feuilles oblongues - lancéolées & ondulées.

> *Muscus polygoni folio.* Tournef. 555. Vaill. t. XXIV; f. 3, m. s. *undulatum.*

β. Pédicules fasciculés; feuilles ovales-arrondies.
> *Muscus palustris, foliis subrotundis.* Tournef. 555. Vaill. t. XXVI, f. 18, m. s. *rotundifolium.*

γ. Pédicules solitaires; feuilles ovales-arrondies.
> *Muscus folio lato, subrotundo, &c.* Vail. t. XXVI, f. 5; m. s. *punctatum.*

δ. Pédicules solitaires; feuilles ovales-pointues.

> *Bryum pendulum, foliis variis, pellucidis.* Dill. 413, tab. LIII, f. 79. A. B. C. m. s. *cuspidatum.*

Cette mousse est remarquable par ses feuilles lâches, plus grandes que celles des autres espèces, minces, lisses, transparentes & d'un vert-clair; ses tiges stériles sont ordinairement couchées; les autres sont assez droites, nues à leur base, & quelquefois rameuses dans leur partie supérieure : les pédicules

[1262. font rougeâtres inférieurement & foutiennent des urnes ovales, penchées & fouvent pendantes. On trouve cette plante dans les bois, les haies & les lieux couverts.

XIII. Mnie rouillé. *Mnium rubiginofum.*

Brium annotinum, paluftre, capfulis ventricofis, pendulis. Dillen. mufc. 404, t. L I, f. 72. *Item.* 73 & 74.

An mufcus denticulatus, lucens, fluviatilis, maximus, ad ramulorum apices adianthi capitulis vrnatus. Vail. t. XXIV, f. 2.

Mnium triquetrum. Lin. Sp. 1578.

Ses tiges font longues d'un à trois pouces, droites, un peu rameufes vers leur fommet, d'un rouge-brun ou d'une couleur de rouille dans leur plus grande partie & ramaffées en gazon denfe; elles font garnies dans leur partie fupérieure de feuilles lancéolées, liffes, & remarquables par une nervure faillante & rougeâtre; ces feuilles font éparfes & non difpofées fur trois côtés ou trois rangs diftincts : les pédicules font longs prefque de deux pouces, d'un rouge - noirâtre, blancs dans leur jeuneffe, courbes à leur fommet, & foutiennent des urnes pendantes, rougeâtres, oblongues & rétrécies vers leur bafe; cette mouffe eft couverte inférieurement d'un duvet ou efpèce de byffus rouffâtre. On la trouve dans les lieux humides & fangeux.

XIV. Mnie globulifère. *Mnium globuliferum.*

Mnium trichomanis facie, foliolis integris Dillen. t. XXXI, f. 5.

Mnium trichomanis. Lin. Sp. 1578.

Sa tige eft longue d'un pouce, fouvent un peu rameufe, couchée, rampante & garnie dans toute fa longueur de feuilles ovales, obtufes, entières, fort rapprochées les unes des autres, & difpofées fur deux rangs oppofés. Cette plante ne porte point d'urnes, mais feulement des globules extrêmement petits, poudreux & terminaux : on la trouve fur le bord des foffés humides & des étangs : elle a été obfervée dans les environs de Paris à Meudon, par M. de Bauvois.

1262. XV. Mnie découpée. *Mnium fiſſum.* Lin. Sp. 1579.

Mnium trichomanis facie, foliis bifidis. Dillen. t. XXXI, f. 6.

Cette eſpèce reſſemble beaucoup à la précédente, mais ſes feuilles ſont fendues à leur ſommet, & terminées par deux dents inégales & plus ou moins aiguës. On la trouve dans les lieux humides, & ſur le bord des ruiſſeaux.

1263. Splanc ampoulé. *Splanchnum ampullaceum.* Lin. Sp. 1572.

Muſcus capillaceus, minor, capitulis geminatis. Tournef. 552. Vail. Pariſ. 130, tab. XXVI, f. 4.

Ses tiges ſont courtes, ramaſſées en gazon d'un vert foncé, & garnies de feuilles lancéolées, aiguës & un peu lâches; les pédicules ſont rougeâtres, longs d'un pouce ou environ, & ſoutiennent des urnes droites, cylindriques à leur ſommet, & remarquables par un renflement conſidérable à leur baſe, que M. Linné regarde comme une apophyſe ou un réceptacle particulier, & qui leur donne l'aſpect d'une bouteille. On trouve cette plante dans les lieux humides.

1264. Polytric. *Polytricum.*

Les Polytrics ont leurs urnes garnies à leur baſe d'une apophyſe ou eſpèce de renflement particulier; leur coiffe eſt conique & ordinairement velue : ceux, dont la tige eſt terminée par une roſette de feuilles, ſont des individus femelles ſelon M. Linné.

Eſpèces.

I. Polytric commun. *Polytricum commune.* Lin. Sp. 1573. [Perce-mouſſe].

Muſcus capillaceus, major, pediculo & capitulo craſſioribus. Tournef. 550. Vail. tab. XXIII, f. 8.

β. *Muſcus erectus, juniperi folio glauco, rigido, calyptrâ longiſſimâ.* Vail. tab. XXIII, f. 6.

Ses racines ſont longues, & pouſſent des tiges droites, ſimples, & hautes d'un à quatre pouces; ces tiges ſont couvertes de feuilles très-étroites, aiguës, communément redreſſées ou montantes, longues de pluſieurs lignes, & d'un

1264. vert-brun : les bords de ces feuilles sont denticulés, mais leur contraction rend souvent ce caractère imperceptible ; les urnes sont quadrangulaires, un peu courtes, épaisses & inclinées sur leurs pédicules qui terminent les tiges : elles ont un opercule court & presque plane, & sont chargées d'une coiffe velue, blanche & laciniée à sa base, pointue & d'une couleur roussâtre à son sommet : les rosettes des individus non garnis d'urnes, avortent moins souvent dans cette mousse, que dans la plupart des autres, poussent de nouveaux jets & d'autres rosettes pareillement fertiles, & font paroître leur tige articulée. Cette plante est commune dans les bois ; on la regarde comme sudorifique & incisive.

II. Polytric des Alpes. *Polytricum Alpinum.* Lin. Sp. 1573.

Polytricum Alpinum ramosum, capsulis e summitate ellipticis. Dillen. musc. 427, t. LV, f. 4.

Sa tige est rameuse, & haute d'un à deux pouces ; ses feuilles sont étroites, aiguës & d'un vert foncé : les pédicules terminent la tige ou ses rameaux, & soutiennent des urnes ovales, légèrement inclinées, & dont l'opercule est conique. Cette plante croît dans les montagnes des provinces méridionales.

III. Polytric axillaire. *Polytricum axillare.*

Muscus erectus, juniperi folio, ramosus. Vail. 131, t. XXVIII, f. 13.

Polytricum urnigerum. Lin. Sp. 1573.

Ses tiges sont rameuses, hautes d'un pouce ou environ, & garnies de feuilles étroites, aiguës, dentées selon M. de Haller, & serrées les unes contre les autres ; les pédicules naissent des aisselles des feuilles, à l'origine des rameaux, & soutiennent des urnes ovales-cylindriques & presque droites. On trouve cette plante dans les bois & les lieux sablonneux.

Bry. *Bryum.*

1265.

Les Brys n'ont point les rofettes de feuilles particulières, que l'on trouve dans la plupart des efpèces qui compofent les trois genres précédens, ni de gaine à la bafe du pédicule de leur urne, comme les Hypnes, mais feulement une efpèce de tubercule qui eft fouvent terminal.

Efpèces.

* Urnes feffiles.

I. Bry à fruits feffiles. *Bryum apocarpum.* Lin. Sp. 1579.

> *Mufcus apocarpos, hirfutus, faxis adnafcens, capitulis obfcurè rubris.* Vail. 129, tab. XXVII, f. 15.

Ses tiges font rameufes, longues de fix à dix lignes, cylindriques, d'un vert brun, & ramaffées en gazon; fes feuilles font lancéolées, ferrées entre elles, & terminées par une pointe fine, molle, & qui donne à la plante un afpect prefque velu: les urnes font terminales, feffiles, & purpurines ou rougeâtres; leur coiffe eft d'un blanc jaunâtre & très-petite. On trouve cette plante fur les pierres.

II. Bry ftrié. *Bryum ftriatum.* Lin. Sp. 1579.

> *Mufcus apocarpos, arboreus, ramofus.* Vail. 129, t. XXV, f. 5 & 6.

> β. *Mufcus capillaceus, minimus, acaulos, calyptrâ ftriatâ.* Vail. tab. XXVII, f. 10.

> γ. *Mufcus capillaceus, minimus, calyptrâ villofâ.* Vail. tab. XXVII, f. 9.

Ses tiges font rameufes, longues de quatre à huit lignes, affez droites, ramaffées en gazon, & couvertes de feuilles lancéolées, pointues, glabres, d'un vert foncé, embriquées, & comme crifpées dans leur vieilleffe; les urnes font droites, axillaires, imparfaitement feffiles, & ont leur coiffe un peu rouffâtre, ftriée & velue. On trouve cette plante fur les troncs d'arbres.

** *Urnes pédiculées & droites.*

265.

III. Bry pomiforme. *Bryum pomiforme.* Lin. Sp. 1580.

*Muscus trichoides, minimus, sericeus, capillaceus, capitulis
sphæricis.* Morif. fec. 15, t. VI, f. 6. Vail. 129, tab.
XXIV, f. 9 & 12.

Muscus capillaceus, medius, capitulis globofis. Tournef. 551.

Cette efpèce forme de petits gazons très-fins & d'un vert
clair ou un peu jaunâtre ; fes tiges font hautes de fix à huit
lignes, ramaffées, rouffâtres dans leur partie inférieure, &
garnies vers leur fommet de feuilles vertes, très-étroites,
prefque capillaires & affez longues. Les pédicules font latéraux, axillaires, rougeâtres, longs de moins d'un pouce, &
foutiennent des urnes globuleufes & ftriées. On trouve cette
plante dans les lieux frais, fablonneux & pierreux.

IV. Bry pyriforme. *Bryum pyriforme.* Lin. Sp. 1580.

Muscus capillaceus, minimus, capitulis pyriformibus, turgidis.
Tournef. 553. Vail. 129, tab. XXIX, f. 3.

Cette mouffe eft plus petite que la précédente ; fa tige eft
extrêmement courte & garnie de feuilles ovales-lancéolées,
d'un vert un peu pâle, & difpofées en une rofette qui paroît
feffile : le pédicule eft terminal, long de quatre à fept lignes,
& foutient une urne droite, ovale, rétrécie vers fa bafe,
& d'une forme approchante de celle de la poire. On trouve
cette plante dans les terreins argilleux.

V. Bry éteignoir. *Brium extinctorium.* Lin. Sp. 1581.

*Muscus capillaceus, minimus, calyptrâ longâ, conoideâ,
nitidâ.* Tournef. 552. Vail. tab. XXVI, f. 1.

Sa tige n'a qu'une ou deux lignes de hauteur ; elle eft garnie
de feuilles ovales-lancéolées, d'un vert clair & difpofées
prefque en rofette : du milieu des feuilles naît un pédicule long
de trois à cinq lignes, rougeâtre, & terminé par une urne
droite, cylindrique & pointue. Cette urne eft tout-à-fait
cachée fous une coiffe longue, conique, pointue, liffe,
d'un jaune verdâtre & qui reffemble à un éteignoir. On trouve
cette plante dans les lieux fablonneux & fur les pierres.

[1265.] **VI. Bry fubulé.** *Bryum fubulatum.* Lin. Sp. 1581.

> *Mufcus capillaris, corniculis longiffimis, incurvis.* Vail. 133, t. XXV, f. 8.

Cette mouffe n'eft pas beaucoup plus grande que la précédente, & forme de petits gazons fort bas & d'un vert gai ; fes tiges font courtes & garnies de feuilles lancéolées, difpofées en rofettes qui paroiffent prefque feffiles : les pédicules font longs de cinq à huit lignes, naiffent du centre des rofettes, & foutiennent des urnes longues, aiguës, en alène, d'abord droites, & qui fe courbent lorfqu'elles vieilliffent : la coiffe des urnes eft très - aiguë & d'un roux pâle. On trouve cette plante dans les lieux frais & les bois.

VII. Bry ruftique. *Bryum rurale.* Lin. Sp. 1581.

> *Mufcus capillaris, tectorum, denfis cefpitibus nafcens, capitulis oblongis, foliis in pilum definentibus.* Vail. 133, t. XXV, f. 3.

Ses tiges font droites, fouvent rameufes, hautes d'un pouce ou un peu plus, & ramaffées en gazon denfe ; elles font garnies de feuilles lancéolées, ouvertes, prefque réfléchies & terminées par un poil : les pédicules naiffent au fommet des tiges ou à l'origine des rameaux, & ont une gaine conique à leur bafe, felon M. de Haller. [*Hypnum*, n.º *1789*, Hall.] Ils foutiennent des urnes droites, cylindriques & pointues. Cette plante eft commune fur les toits des maifons ruftiques, & fur les vieux murs.

VIII. Bry des murs. *Bryum murale.* Lin. Sp. 1581.

> *Mufcus capillaris, minor, capitulis erectis, vulgatiffimus, foliis in pilum definentibus.* Vail. 133, t. XXIV, f. 15.
>
> β *Mufcus capillaris, minor, capitulis erectis, vulgatiffimus.* Vail. ibid. fig. 14.

Cette mouffe eft moins élevée que la précédente, & forme des gazons ferrés, convexes, d'un beau vert, mais qui deviennent bruns en vieilliffant ; fes tiges font extrêmement courtes & garnies de feuilles lancéolées, terminées chacune par un poil, & ouvertes en rofette : du milieu de ces feuilles s'élève un pédicule long de fix à neuf lignes, & qui porte

[1265.] à son sommet une urne droite, grêle, cylindrique & d'un rouge brun. La variété β n'a point ses feuilles terminées par des poils. Cette plante est commune sur les murailles & sur les pierres.

IX. Bry à balais. *Bryum scoparium.* Lin. Sp. 1582.

Muscus capillaceus, major, pediculo & capitulo tenuioribus. Vail. Paris. 132, tab. XXVIII, f. 12.

Cette mousse forme des gazons touffus, d'un vert gai, quelquefois pâles ou jaunâtres, luisans & presque soyeux; ses tiges sont plus ou moins droites, tortueuses, souvent rameuses, & s'élèvent jusqu'à deux pouces : elles sont garnies de feuilles longues, étroites, très-fines, courbées en faucille, & tournées d'un seul côté; les pédicules naissent tantôt au sommet des tiges & tantôt sur leur côté; ils ont près d'un pouce & demi de longueur, sont enveloppés chacun à leur base par une gaine, & portent des urnes inclinées, un peu courbées, & dont l'opercule est très-pointu. On trouve cette plante dans les bois.

X. Bry ondulé. *Bryum undulatum.* Lin. Sp. 1582.

Muscus capillaceus, minor, capitulo longiori falcato. Tournef. 551. Vail. tab. XXVI, f. 17.

Ses tiges sont simples, droites, hautes d'un à deux pouces, & garnies de feuilles éparses assez grandes, étroites-lancéolées, aiguës, ondulées, presque dentées, très-minces & transparentes; le pédicule est terminal, rougeâtre, long d'un pouce ou un peu plus, & porte une urne courbée, grande & d'un rouge brun : cette urne est chargée d'un opercule alongé en manière de bec & très-pointu. On trouve cette plante dans les bois.

XI. Bry glauque. *Bryum glaucum.* Lin. Sp. 1582.

Muscus erectus, capillaceus, densissimus, glauco folio. Vail. Paris. 131, tab. XXVI, f. 13.

Muscus capillaceus, sericeus, coridis facie. Tournef. 552.

Cette espèce forme des gazons extrêmement serrés, épais, & remarquables par leur couleur glauque & blanchâtre; ses tiges sont rameuses, droites, longues d'un à trois pouces, & couvertes de feuilles étroites-lancéolées, aiguës, droites,

1265. embriquées , ferrées & comme entaffées les unes fur les autres ; les pédicules naiffent au fommet ou fur le côté des tiges , font garnis de gaines , felon M. de Haller , & portent des urnes légèrement inclinées , & dont l'opercule eft pointu. On trouve cette plante dans les lieux fablonneux & couverts, les landes & les bois.

XII. Bry élégant. *Bryum elegans.*

Mufcus capillaceus , minimus , plumofus , elegans. Tournef. 552. Vail. tab. XXVII, f. 7.

Bryum heteromallum. Lin. Sp. 1583.

Ses tiges font hautes de trois à fept lignes , affez droites , & ramaffées en petits gazons foyeux & d'un beau vert ; elles font garnies de feuilles capillaires , tournées prefque toutes d'un feul côté , & la plupart courbées en faucille : les pédicules font très-fins , d'une couleur pâle , un peu plus longs que les tiges , & foutiennent des urnes ovales , droites , & dont l'opercule eft pointu. On trouve cette plante dans les bois , au pied des arbres.

XIII. Bry de montagne. *Bryum montanum.*

Bryum alpinum capillaceis foliis , cauli adpreffis. Hall. Helv. p. 109, n.° 7, tab. IV, f. 1, & Hift. n.° 1806.

Cette mouffe a beaucoup de rapport avec la précédente , mais elle eft plus élevée , & a fes feuilles moins longues ; fes tiges font droites , longues d'un pouce ou un peu plus , d'une couleur rouffe & ferrugineufe dans leur moitié inférieure , ferrées & ramaffées en gazon : elles font garnies dans leur partie fupérieure de feuilles capillaires , médiocrement unilatérales , plus ou moins ouvertes , légèrement courbées à leur extrémité , fouvent un peu tortillées & très-vertes. Les pédicules font rougeâtres , terminent les tiges , ont une gaine à leur bafe , & foutiennent des urnes droites , dont l'opercule eft court & un peu conique. Cette plante m'a été communiquée par M. Faujas de Saint - Fond. On la trouve en Dauphiné.

XIV.

1265. XIV. **Bry verdoyant.** *Brium viridulum.* Lin. Sp. 1584.

Muscus capillaceus omnium minimus, foliis longioribus & angustioribus. Vail. 130, tab. XXIX, f. 5.

β. *Brium paludosum.* Lin. Sp. 1584.

Cette espèce est extrêmement petite, & forme des gazons fins, très-bas & d'un vert-clair ; ses tiges sont hautes d'une à trois lignes, & garnies de feuilles étroites, presque en alène, serrées contre les tiges dans leur partie inférieure, & ouvertes ou même réfléchies vers leur sommet : le pédicule est rougeâtre, terminal, long de quatre ou cinq lignes, & soutient une petite urne droite, ovale, & dont l'opercule est pointu. On trouve cette plante dans les bois & sur les bords des fossés humides.

XV. **Bry tronqué.** *Brium truncatulum.* Lin. Sp. 1584.

Muscus capillaceus, omnium minimus. Tournef. 552. Vail. tab. XXVI, f. 2.

Cette mousse est plus petite que la précédente ; sa tige a à peine une ligne de longueur, & est garnie de feuilles très-petites, ovales, pointues & disposées en une rosette qui paroît sessile : du centre de cette rosette s'élève un pédicule long de deux ou trois lignes ; il soutient une urne droite, ovale, grosse à proportion de la petitesse de la plante, & qui semble tronquée lorsqu'elle est privée de son opercule. On trouve cette espèce dans les lieux argileux.

XVI. **Bry hypnoïde.** *Bryum hypnoides.* Lin. Sp. 1584.

An muscus capillaceus, lauuginosus, densissimus. Tournef. 551.

Hypnum ramis alternatim brevioribus, foliis pilosis, petiolis brevibus flexuosis. Hall. hist. n.° 1780.

Cette mousse n'a point le port des autres espèces de ce genre ; ses tiges sont longues de deux à cinq pouces ; très-rameuses, couchées & entrelacées en formant un gazon étalé & assez épais ; elles sont garnies de feuilles très-petites, serrées, embriquées & terminées chacune par un poil blanc, ce qui donne à la plante un aspect laineux : les pédicules sont longs de quatre ou cinq lignes, naissent au sommet des rameaux, & plus souvent sur leur côté, & portent des urnes droites,

1265. dont l'opercule est très-aigu. J'ai trouvé cette plante aux environs de Rouen, entre Celloville & Belbeuf, sur une pierre qu'elle couvroit en grande partie, à la manière des hypnes.

*** *Urnes penchées ou pendantes.*

XVII. Bry argenté. *Bryum argenteum.* Lin. Sp. 1596.

Muscus argenteus, capitulis reflexis. Tournef. 555.

Muscus squamosus, argenteus, ericæ folio. Vail. 134, t. XXVI, f. 3.

Ses tiges sont cylindriques, grêles, longues de trois à cinq lignes & ramassées en petits gazons serrés, luisans & d'une couleur argentée très-remarquable ; ses feuilles sont très-petites, embriquées & serrées les unes contre les autres : les inférieures sont simplement verdâtres : les pédicules sont longs de quatre à six lignes, naissent de la base des tiges & portent des urnes ovales, petites & pendantes. On trouve cette plante sur les murailles & sur les pierres.

XVIII. Bry coussinet. *Bryum pulvinatum.* Lin. Sp. 1586.

Muscus capillaceus, lanuginosus, minimus. Tournef. 552, Vaill. 133, tab. XXIX, f. 2.

Cette mousse forme de petits gazons serrés, denses, convexes, orbiculaires, d'un vert noirâtre & laineux ; ses tiges sont hautes d'une à trois lignes, & garnies de feuilles lancéolées, pliées en gouttière, & terminées chacune par un poil blanc assez long : les pédicules naissent tantôt au sommet des tiges & tantôt latéralement ; ils sont très-courts, foibles, courbés & réfléchis, & portent des urnes ovales & pendantes. Cette plante est commune sur les murailles & sur les pierres.

XIX. Bry des gazons. *Bryum cespiticium.* Lin. Sp. 1586.

Muscus capillaceus minimus, capitulo nutante, pediculo purpureo. Tournef. 552. Vail. 134, tab. XXIX, f. 7.

Ses tiges sont hautes de deux ou trois lignes, & forment de petits gazons serrés & d'un vert clair ; elles sont garnies de feuilles lancéolées, lisses & terminées par une pointe en

1265. filet : les pédicules naissent du sommet des tiges, sont longs de près d'un pouce, purpurins dans leur partie inférieure, d'une couleur pâle vers leur sommet, & portent des urnes ovales & pendantes. On trouve cette plante dans les lieux frais, pierreux, & sur les murs.

1266.

Hypne. *Hypnum.*

Les Hypnes ont les pédicules de leurs urnes latéraux, & enveloppés à leur base par une gaine écailleuse & feuillée : la plupart des espèces sont rameuses, & couchées ou rampantes.

Espèces.

* *Feuilles distiques.*

I. Hypne à feuilles d'if. *Hypnum taxifolium.* Lin. Sp. 1587.

Muscus pennatus, capitulis adianti. Vail. 136, tab. XXIV, f. 11.

Sa racine pousse plusieurs jets, longs de quatre à sept lignes, & garnis de petites feuilles planes, lancéolées, vertes, transparentes, fort rapprochées les unes des autres, & disposées en manière d'aile sur deux côtés opposés : les pédicules sont rougeâtres, n'ont pas tout-à-fait un pouce de longueur, naissent de la base des jets, & soutiennent des urnes un peu inclinées, dont l'opercule est pointu. On trouve cette plante sur le bord des bois, sur les pentes des fossés.

II. Hypne denticulé. *Hypnum denticulatum.* Lin. Sp. 1588.

Muscus squamosus, non ramosus, major [& minor], capitulis incurvis. Tournef. 553. Vail. tab. XXIX, f. 8.

Ses jets sont radicaux, garnis dans toute leur longueur de petites feuilles lancéolées, pointues, un peu recourbées en-dehors, d'un vert pâle, distiques, disposées comme celles de la précédente, en manière d'aile, & tellement rapprochées les unes des autres, qu'elles paroissent doubles ou geminées par pinnules : les pédicules naissent de la base des jets, & soutiennent des urnes légèrement inclinées dans leur maturité. On trouve cette plante sur la terre dans les bois.

266. III. Hypne bryoïde. *Hypnum bryoides.* Lin. Sp. 1588.

Mufcus pennatus, omnium minimus. Tournef. 556.

Mufcus polytrichoides, exiguis capitulis in fummis furculis, feu foliis fubrotundis erectis. Vail. tab. XXIV, f. 13.

Cette efpèce eft la plus petite de ce genre ; fa racine pouffe plufieurs jets longs de trois à cinq lignes, & garnis de très-petites feuilles diftiques difpofées en manière d'aile, & fort rapprochées les unes des autres : les pédicules naiffent au fommet des jets, font longs de quatre lignes, & portent chacun une petite urne droite & pointue. On trouve cette plante dans les lieux couverts & fur les pentes des foffés.

IV. Hypne adiantin. *Hypnum adiantoides.* Lin. Sp. 1588.

Mufcus taxiformis, ramofus. Vail. tab. XXVIII, f. 5.

Ses jets font longs d'un à deux pouces, rameux & garnis de beaucoup de feuilles planes, lancéolées, d'un vert un peu jaunâtre, tranfparentes, diftiques, difpofées en manière d'aile, & fort rapprochées les unes des autres : les pédicules naiffent à peu-près de la partie moyenne des jets, & foutiennent des urnes médiocrement inclinées. On trouve cette plante dans les lieux couverts & humides.

V. Hypne aplati. *Hypnum complanatum.* Lin. Sp. 1588.

Mufcus fquamofus, denticulatus, fplendens, arboreus. Tournef. 555.

Mufcus trichomanoides, filicifolius, fplendens. Vail. 139; t. XXIII, f. 4.

Ses tiges font longues de [deux à quatre pouces', très-rameufes, diffufes & couchées ; elles font chargées de petites feuilles ovales, pointues, diftiques, fort rapprochées les unes des autres, luifantes & d'un vert un peu jaunâtre : les pédicules font très-fins, longs de fept ou huit lignes, rougeâtres, & portent de petites urnes ovales, chargées dans leur jeuneffe d'une coiffe liffe, d'un blanc-pâle, & très-aiguës. On trouve cette plante fur le tronc des arbres.

4266.

** *Rameaux vagues & sans ordre.*

VI. Hypne luifant. *Hypnum lucens.* Lin. Sp. 1589.

> *Hypnum pennatum, aquaticum, lucens, longis latifque foliis.*
> Dillen. mufc. 270, tab. XXXIV, f. 10.

Ses tiges font longues de deux pouces, fimples ou garnies d'un rameau dans leur partie moyenne, & font couvertes de feuilles ovales, pointues, d'un vert jaunâtre ou rouffâtre, un peu luifantes & embriquées d'une manière lâche; ces feuilles, vues à la loupe, paroiffent comme chagrinées, & chargées de points brillans extrêmement petits : les pédicules foutiennent des urnes un peu inclinées. Cette plante m'a été envoyée du Dauphiné par M. Faujas de Saint-Fond.

VII. Hypne frifé. *Hypnum crifpum.* Lin. Sp. 1589.

> *Hypnum pennatum, undulatim crifpum, fetis & capfules brevibus.* Dillen. mufc. 273, tab. XXXVI, f. 12.
>
> β. *Foliis glaucis.*
> *An hypnum lucens.* Scop. carn. 11, p. 331, n.º *1319.*
>
> γ. *Hypnum pennatum, undulatum, lycopodii inftar fparfum.* Dill. t. XXXVI, f. 11.
> *Hypnum undulatum.* Lin. Sp. 1589.

Ses tiges font plus ou moins droites, longues de trois ou quatre pouces, garnies de rameaux un peu écartés entre eux, & rouffâtres dans leur partie inférieure; elles font planes ainfi que leurs rameaux, & couvertes de feuilles embriquées, ovales, luifantes, & traverfées dans leur largeur par des plis ou des ondulations qui les font paroître comme frifées : les pédicules n'ont pas un pouce de longueur, & foutiennent des urnes ovales, prefque droites & d'un rouge-brun. La variété β a fes feuilles d'un vert un peu glauque, chargées de petits points brillans & argentés, & diftinguées par des ondulations femi-lunaires. La variété γ a fes tiges moins droites, diffufes, garnies de feuilles très-vertes, un peu pointues, & moins pliffées ou à ondulations moins confidérables; on la diftingue auffi par fes pédicules, dont la longueur furpaffe fouvent un pouce. On trouve cette plante dans les lieux montagneux & pierreux.

1266. VIII. Hypne triangulaire. *Hypnum triquetrum.* Lin. Sp. 1589.

Muscus squamosus, major, five vulgaris. Tournef. 553. Vail. 137, tab. XXVIII, f. 9.

Ses tiges font longues de quatre à fix pouces, prefque droites, & garnies de rameaux la plupart fimples, affez longs, difpofés fans ordre & ouverts à angles droits ; elles font couvertes de feuilles ovales, pointues, éparfes, un peu ferrées entre elles, ouvertes ou même recourbées à leur fommet, minces, tranfparentes, d'un vert pâle, & d'une roideur affez fenfible : les pédicules font longs d'un pouce & demi, rougeâtres, & portent des urnes ovales, inclinées, & chargées d'un opercule obtus. On obferve fouvent au fommet des rameaux, certains paquets de feuilles ou efpèce de borgeons particuliers, non ouverts en étoile. Cette plante eft commune dans les bois.

IX. Hypne fourgon. *Hypnum rutabulum.* Lin. Sp. 1590.

Muscus myofuroides, rutabuli fructu. Vail. tab. XXVII, f. 8. *Muscus erectus, major foliis anguftioribus acutis.* Ibid. tab. XXIII, f. 2.

Ses tiges font rampantes, longues de deux à quatre pouces, & garnies de rameaux la plupart redreffés ; fes feuilles font petites, ovales, très-pointues, vertes, luifantes, embriquées & ouvertes ou un peu lâches : les pédicules font longs de huit ou neuf lignes, & portent chacun une urne ovale inclinée & dont l'opercule eft conique. On trouve cette plante dans les bois au pied des arbres.

* * * *Rameaux difpofés en manière d'aile.*

X. Hypne fougère. *Hypnum filicinum.* Lin. Sp. 1590.

Hypnum repens, filicinum, crifpum. Dillen. 282, tab. XXXVI, f. 19. *Muscus filicinus, paluftris.* Vail. 138, tab. XXIX, f. 9. β. *Muscus terreftris, repens, &c.* Ibid. tab. XXVII, f. 9. *Hypnum crifta caftrenfis.* Lin. Sp. 1591.

Cette mouffe eft d'un vert-jaunâtre, quelquefois même d'un jaune tirant fur l'or, & reffemble à une petite fougère par la difpofition de fes rameaux ; fes tiges font couchées, longues

1266. d'un à trois pouces, & garnies de beaucoup de rameaux menus, opposés sur deux rangs, en manière d'aile, parallèles entre eux, très-rapprochés les uns des autres, recourbés ou crochus à leur extrémité, & d'autant plus courts qu'ils sont plus près du sommet des tiges ou de leurs principales divisions ; ces rameaux sont couverts de feuilles extrêmement petites, embriquées, aiguës, terminées comme par un poil, courbées, crochues & comme frisées : les pédicules sont fins, longs de près de deux pouces, & portent des urnes ovales & un peu inclinées. La variété β est moins grande, & a ses rameaux secondaires tellement rapprochés les uns des autres, que souvent on a de la peine à les bien distinguer. On trouve cette plante dans les lieux montagneux & humides.

O B S. M. de Haller en forme trois espèces [*Hypnum* n.°s *1766, 1767 & 1768.* Hall. hist. musc. p. 34]; mais les individus que j'ai observés me paroissent se refuser à ces séparations.

XI. Hypne prolifère. *Hypnum proliferum.* Lin. Sp. 1590.

Muscus filicinus, major, sericeus. Vail. tab. XXIX, f. 1.

β. *Muscus filicinus major.* Ibid. XXV, f. 1.

Ses tiges sont longues de trois à cinq pouces, tortueuses, nues par intervalles, & deux ou trois fois sous-divisées en rameaux disposés en manière d'aile ; les principales ramifications de ces tiges sont pointues, vont en s'élargissant vers leur base., & ont chacune l'aspect d'une petite feuille de fougère, dont les pinnules seroient extrêmement fines : les feuilles sont très-petites, étroites, aiguës, & d'un vert souvent un peu jaunâtre ; les pédicules naissent à l'origine des principaux rameaux, ont un pouce & demi de longueur, sont souvent disposés par faisceaux, & soutiennent des urnes inclinées. La variété β a ses ramifications très-fines, plus lâches & d'un vert plus foncé. On trouve cette plante dans les bois.

XII. Hypne des murs. *Hypnum parietinum.* Lin. Sp. 1590.

Muscus vulgaris, pennatus, major. Vail. Paris. tab. XXVIII, f. 1.

Cette mousse est d'un vert jaunâtre, un peu luisant & soyeux ; ses tiges sont longues de quatre ou cinq pouces, point nues par intervalles, & ont leurs principales ramifications

1266. moins élargies à leur base que celles de la précédente, moins planes & moins alongées en pointe : les pédicules sont rougeâtres, longs d'un pouce, fasciculés dans la partie supérieure des tiges, géminés dans leur partie moyenne, & solitaires à leur base. On trouve cette plante au pied des arbres & sur les murs des villages.

XIII. Hypne alongé. *Hypnum prælongum.* Lin. Sp. 1591.

Muscus filicinus, minor. Vail. tab. XXIII, f. 9.

Ses tiges sont garnies de ramifications lâches & extrêmement menues ; ses feuilles sont très-petites, aiguës, & comme terminées par un poil : les pédicules sont longs d'un pouce, & portent des urnes ovales & inclinées. On trouve cette plante au pied des arbres ou sur leur tronc.

XIV. Hypne sapinet. *Hypnum abietinum.* Lin. Sp. 1591.

Muscus pennatus, minor, cauliculis ramosis, in summitate veluti spicatus. Vail. tab. XXIX, f. 12.

Muscus palustris, abietinus. Vail. tab. XXIII, f. 12, melius.

Cette mousse est d'un vert jaunâtre, & a beaucoup de rapport avec l'hypne fougère, *n.° X;* sa tige est longue de deux pouces, divisée dans sa partie moyenne en plusieurs rameaux finement ramifiés en manière d'aile, & alongés à leur sommet en une pointe qui ressemble en quelque sorte à un épi, & qui n'est point recourbée en crochet, comme on l'observe dans l'espèce *n.° X :* ses feuilles sont très-petites, aiguës, terminées en poil, & ouvertes ou un peu recourbées en-dehors. Je n'ai pas vu les urnes. On trouve cette plante dans les bois & les lieux humides.

---

* * * * *Feuilles réfléchies,*

XV. Hypne cupressiforme. *Hypnum cupressiforme.* Lin. Sp. 1592.

Muscus squamosus, ramosus minor & crispus. Tournef. 553. Vail. paris. 139, tab. XXVII, f. 13.

Ses tiges sont couchées, rameuses, diffuses, comprimées & d'un vert un peu jaunâtre & luisant ; ses feuilles sont petites, embriquées, serrées les unes contre les autres, tournées presque

266. d'un seul côté, terminées par une pointe en filet, & crochues à leur sommet, ou courbées en faucille : les rameaux ont aussi leur extrémité en crochet , & la disposition des feuilles fait paroître leur superficie tressée : les pédicules sont longs de sept à dix lignes , & portent des urnes presque droites , dont l'opercule est légèrement pointu. On trouve cette plante au pied des arbres & sur leur tronc.

XVI. Hypne scorpion. *Hypnum scorpioides*. Lin. Sp. 1592.

Hypnum scorpioides , palustre magnum lycopodii instar sparsum. Dillen. tab. XXXVII, f. 25.

Ses tiges sont longues de quatre ou cinq pouces , couchées & garnies de rameaux simples ; elles sont d'un vert obscur ou presque noirâtre , mais d'un vert jaunâtre & luisant au sommet de leurs rameaux, qui est plus ou moins courbé en crochet : les feuilles sont embriquées , serrées les unes contre les autres, aiguës , terminées en poil & un peu crochues ou courbées en dehors. J'ai trouvé cette plante dans les environs de Péronne parmi des pierres. Je n'ai pas vu sa fructification.

XVII. Hypne sarmenteux. *Hypnum viticulosum*. Lin. Sp. 1592.

Muscus squamosus , viticulis longioribus , glabris. Tournef. 555. Vail. Paris. 137, tab. XXIII , f. 1.

Ses tiges sont rampantes & poussent des rameaux grêles , cylindriques, sarmenteux, ressemblant à de petites cordes, longs d'un à trois pouces & roussâtres dans leur partie inférieure ; ses feuilles sont lancéolées , aiguës , recourbées ou réfléchies en dehors à leur sommet, embriquées , & un peu plus serrées entr'elles que ne le représente la figure de Vaillant : les pédicules sont longs de six à dix lignes , naissent de la partie moyenne ou supérieure des rameaux , & portent de petites urnes tout-à-fait droites , cylindriques , rougeâtres & dont l'opercule est conique. On trouve cette plante sur les côtes sèches & pierreuses.

XVIII. Hypne crochu. *Hypnum aduncum*. Lin. Sp. 1592.

Hypnum palustre erectum , summitatibus aduncis. Dillen. musc. 292. tab. XXXVII, f. 26.

Ses tiges sont droites , longues d'un à deux pouces , ramifiées dans leur partie supérieure & d'un vert très-clair ; ses

1266. feuilles font étroites, aiguës, très-courbées en dehors, & paroiffent comme frifées ; elles donnent aux fommités des rameaux la forme de crochets très-apparens : les pédicules font longs de deux pouces, très-fins, d'un rouge noirâtre à leur bafe, & portent des urnes un peu cylindriques & inclinées. Cette plante croît dans les marais. Je l'ai trouvée parmi les plantes du Dauphiné, qui m'ont été communiquées par M. Faujas de Saint-Fond.

XIX. Hypne rude. *Hypnum fquarrofum.* Lin. Sp. 1593.

Mufcus erectus, foliis reflexis. Vail. 139, t. XXVII, f. 5.

Ses tiges font longues de quatre à cinq pouces, couchées, tortueufes, & garnies de rameaux, la plupart redreffés ; elles font rouffâtres dans leur partie inférieure : les feuilles font aiguës, courbées ou réfléchies en-dehors, embriquées, d'un vert un peu jaunâtre, tranfparentes & luifantes ; les pédicules font longs d'un pouce ou environ, & portent des urnes ovales, inclinées, & dont l'opercule eft conique. On trouve cette plante dans les lieux humides & les landes.

XX. Hypne à courroies. *Hypnum loreum.* Lin. Sp. 1593.

Mufcus fquamofus, major, foliis angustioribus, acutiffimis. Tournef. 553. Vail. tab. XXV, f. 2.

Ses tiges font longues, rampantes, & garnies de rameaux vagues, cylindriques, un peu longs & redreffés ; fes feuilles font étroites, aiguës, un peu réfléchies & d'un vert foncé : celles de l'extrémité des rameaux font légèrement jaunâtres & luifantes ; les pédicules foutiennent des urnes arrondies. On trouve cette plante dans les lieux montueux.

---

* * * * *   *Rameaux fafciculés.*

XXI. Hypne arboré. *Hypnum dendroides.* Lin. Sp. 1593.

Mufcus fquamofus, erectus, alopecuroides. Tournef. 554. tab. CCCXXVI, f. B. Vail. tab. XXVI, f. 6.

Sa tige eft une fouche rampante, qui pouffe quelques jets affez droits, nus, & fimples dans leur moitié inférieure, & chargés dans l'autre de beaucoup de rameaux cylindriques, redreffés & ramaffés en un faifceau terminal ; ces jets ont l'afpect de petits arbres, & n'ont que trois ou quatre pouces

1266. de hauteur : les feuilles recouvrent les rameaux, & font lancéolées, aiguës, d'un vert foncé & un peu luifantes ; les pédicules font longs d'un pouce au moins, & portent des urnes droites, dont l'opercule eft conique. On trouve cette plante dans les prés humides & fur le bord des bois.

XXII. Hypne queue de renard. *Hypnum alopecurum.* Lin. Sp. 1594.

> *Mufcus dendroides elatior, radice repente.* Tournef. 554. Vail. tab. XXIII, f. 5.

Cette mouffe a, comme la précédente, des jets droits, nus dans leur partie inférieure, très-ramifiés vers leur fommet, & reffemblant à de petits arbres ; elle en diffère par fes rameaux moins fimples, plus grêles, plus lâches, & dont les inférieurs font quelquefois inclinés ou pendans : fes feuilles font ovales-lancéolées, pointues & d'un vert très-foncé ; les pédicules font très-fins, rougeâtres, & portent des urnes légèrement inclinées. On trouve cette plante dans les bois humides.

---

* * * * * * *Jets & rameaux cylindriques.*

XXIII. Hypne pur. *Hypnum purum.* Lin. Sp. 1594.

> *Mufcus fquamofus, cupreffiformis.* Tournef. 554. Vail. t. XXVIII, f. 3.

Ses jets font couchés, longs de trois ou quatre pouces, & garnis de rameaux épars, cylindriques & pointus ; les feuilles font ovales, un peu obtufes, embriquées, ferrées, conniventes, très-liffes, luifantes & fouvent jaunâtres ; les pédicules font longs d'un à deux pouces, & portent des urnes inclinées. Cette plante eft commune dans les bois.

XXIV. Hypne vermiculé. *Hypnum illecebrum.* Lin. Sp. 1594.

> *Mufcus terreftris, furculis kali aut illecebræ æmulis, foliis fubrotundis fquamatim incumbentibus.* Vail. tab. XXV, f. 7.

Ses tiges n'ont que deux pouces de longueur, font d'un jaune rouffâtre, feuillées, & garnies de rameaux cylindriques, courts, épais, obtus & peu écartés les uns des autres ;

266. les feuilles font ovales, pointues, un peu convexes en-dehors, embriquées, ferrées entre elles, luifantes & d'un vert jaunâtre : les pédicules ont moins d'un pouce de longueur, & portent des urnes un peu inclinées. On trouve cette plante fur le bord des bois.

XXV. Hypne des rives. *Hypnum riparium.* Lin. Sp. 1593.

Hypnum aquaticum, flagellis teretibus & pinnatis. Dillen. t. XL, f. 44.

Mufcus aquaticus, pileis acutis. Vail. tab. XXVII, f. 16.

Ses tiges & fes rameaux font cylindriques, & vont un peu en épaiffiffant vers leur fommet ; ces derniers font en petit nombre, un peu écartés entre eux, fimples ou divifés feulement dans leur partie fupérieure, & fouvent prefque auffi longs que les tiges : les feuilles font pointues, verdâtres, embriquées & plus ou moins lâches ; les pédicules n'ont pas un pouce de longueur, & portent des urnes médiocrement inclinées dans leur parfait développement. On trouve cette plante fur le bord des ruiffeaux ; elle m'a été communiquée par M. de Beauvois.

XXVI. Hypne pointu. *Hypnum cufpidatum.* Lin. Sp. 1595.

Mufcus fquamofus, paluftris, foliis flagellifque rigidiufculis incurvis. Vail. 138, tab. XXVIII, f. 11.

Ses tiges font longues de trois à cinq pouces, rameufes & ramaffées en gazon d'un vert jaunâtre & luifant. Le fommet des tiges & des rameaux eft remarquable par une pointe aiguë, liffe & compofée de jeunes feuilles tout-à-fait conniventes ; les autres feuilles font un peu plus lâches, plus ouvertes & plus pointues : les pédicules ont deux pouces de longueur ou davantage, & portent des urnes courbées & légèrement inclinées. Cette plante eft commune dans les marais.

* * * * * * * *Rameaux rassemblés.*

XXVII. Hypne soyeux. *Hypnum sericeum.* Lin. Sp. 1595.

Muscus capillaceus, minimus, muralis, sericeus. Tournef. 552.

Muscus arboreus, splendens, sericeus. Vail. 132, tab. XXVII, f. 3.

Cette mousse forme des gazons d'un vert jaunâtre, très-luisans & soyeux ; ses tiges sont rampantes & poussent beaucoup de rameaux assez courts, redressés & très-ramassés : ses feuilles sont embriquées, étroites, aiguës, & à leur sommet aussi menues que des poils : les pédicules ont à peine un pouce de longueur & portent des urnes droites. On trouve cette mousse sur le tronc des arbres & sur les murailles.

XXVIII. Hypne velouté. *Hypnum velutinum.* Lin. Sp. 1595.

Muscus squamosus, ramosus, tenuior, capitulis incurvis. Vail. 138, tab. XXVI, f. 9. Tournef. 553.

Cette espèce forme des gazons très-verts & luisans ; ses tiges sont rampantes, & garnies de rameaux assez nombreux, la plupart simples, courts & ramassés : ses feuilles sont petites, lancéolées, aiguës, & quelquefois un peu lâches : les pédicules ont souvent moins d'un pouce de longueur, & portent des urnes un peu inclinées. On trouve cette plante au pied des arbres.

XXIX. Hypne traînant. *Hypnum serpens.* Lin. Sp. 1596.

Muscus terrestris, omnium minimus, capitulis majusculis, oblongis, erectis. Vail. 138, tab. XXVIII, f. 2, 6, 7, 8.

Cette plante forme des gazons fort bas & d'un vert pâle ; ses tiges sont des filets très-menus, rampans, & garnis de beaucoup de rameaux très-fins : ses feuilles sont extrêmement petites, aiguës & un peu lâches : les pédicules sont rougeâtres, longs de sept à dix lignes, & portent des urnes droites dans leur jeunesse, mais qui s'inclinent légèrement lorsqu'elles vieillissent. On trouve cette mousse sur le tronc des vieux arbres & sur la terre.

1266. XXX. Hypne queue-d'écureuil. *Hypnum sciuroides.* Lin. Sp. 1596.

> *Muscus arboreus, splendens, myosuroides.* Vail. tab. XXVII, f. 12.

Ses tiges font rampantes, courtes, & pouffent des jets feuillés, cylindriques, prefque fimples, légèrement courbés, & rouffâtres à leur bafe; fes feuilles font lancéolées, aiguës, embriquées, fort ferrées entre elles, & un peu ouvertes dans leur partie fupérieure : les pédicules naiffent vers le fommet des jets ou des rameaux, n'ont que cinq à fept lignes de longueur, & portent des urnes droites. On trouve cette plante fur les troncs d'arbres.

XXXI. Hypne queue-de-rat. *Hypnum myosuroides.* Lin. Sp. 1596.

> *Muscus criftam caftrenfem reprefentans, flavefcens, nemorofus, caffubicus.* Vail. tab. XXVII, f. 1. *Bene, fed ramuli nimis breves.*
>
> *Muscus fquamofus, minor, myosuroides, capitulis incurvis.* Vail. 137, tab. XXVII, f. 6. *Ex fide autorum.*

Sa tige fe divife en trois ou quatre parties, garnies de rameaux cylindriques, affez longs, reffemblant à de petites cordes, d'un vert-jaunâtre, luifans & très-foyeux; fes feuilles font lancéolées, aiguës, terminées par une pointe en filet, embriquées, ferrées les unes contre les autres & un peu lâches à leur fommet; elles ont de petites nervures longitudinales très-fenfibles : les pédicules font longs d'un pouce ou environ, & portent des urnes légèrement inclinées. On trouve cette plante dans les bois, au pied des arbres.

1267. Fontinale. *Fontinalis.*

Les Fontinales ont beaucoup de rapport avec les Hypnes, mais leurs urnes font feffiles ou prefque feffiles, & axillaires : la plupart des efpèces habitent communément dans l'eau.

Efpèces.

I. Fontinale incombuftible. *Fontinalis antipyretica.* Lin. Sp. 1571.

> *Muscus fquamofus, foliis acutiffimis, in aquis nafcens.* Tournef. 554. Vail. 140, tab. XXXIII, f. 5.

Sa tige eft rameufe, flotte dans l'eau, & a jufqu'à un pied

1267. & demi de longueur ; ses feuilles sont ovales-lancéolées, très-pointues, vertes, transparentes, & embriquées d'une manière un peu lâche : les urnes sont presque sessiles, disposées dans la partie moyenne ou inférieure de la tige, & enveloppées à leur base par des écailles ou feuilles très-minces. On trouve cette plante dans les étangs & les fossés aquatiques.

II. **Fontinale empennée.** *Fontinalis pennata.* Lin. Sp. 1571.

Muscus terrestris, major, ramulis compressis, foliis superficie crispis. Vail. 129, tab. XXVII, f. 4.

Muscus squamosus, linariæ folio major & crispus. Tournef. 554.

Sa tige est longue de trois ou quatre pouces, comprimée, & garnie de quelques rameaux écartés les uns des autres ; ses feuilles sont ovales-oblongues, remarquables par des ondulations transversales, d'un vert clair, luisantes, transparentes, distiques, & disposées sur deux rangs opposés, en manière de plume : les urnes sont sessiles, & naissent des côtés de la tige, enveloppées par des gaines de feuilles. On trouve cette plante dans les bois, sur le tronc des arbres.

III. **Fontinale écailleuse.** *Fontinalis squamosa.* Lin. Sp. 1571.

Fontinalis squamosa, tenuis, sericea, atrovirens. Dillen. 259, t. XXXIII, f. 3.

D'un point commun de sa racine, naissent, en manière de faisceau, plusieurs tiges longues d'un demi-pied, très-menues, foibles, simples à leur base, & rameuses dans leur partie supérieure ; elles sont garnies dans toute leur longueur, de feuilles étroites-lancéolées, capillaires à leur sommet, fort rapprochées les unes des autres, & d'un vert noirâtre : les urnes sont ovales, d'un rouge foncé, portées sur des pédicules longs d'une à trois lignes, & disposées dans la partie moyenne des tiges. On trouve cette plante dans les torrens & les ruisseaux des montagnes ; elle m'a été envoyée du Dauphiné par M. Foujas de Saint-Fond.

1267. IV. Fontinale flottante. *Fontinalis fluitans.*

Muſcus fluitans, foliis & flagellis longis tenuibuſque. Vail.
tab. XXXIII, f. 6.

*Muſcus paluſtris, foliis & flagellis rigidiuſculis, ſeminibus in
foliorum alis.* Vail. tab. XXVIII, f. 10 !

Ses tiges ſont longues de cinq à ſept pouces, & garnies
de rameaux nombreux, mais communément fort courts; ſes
feuilles ſont petites, lancéolées, aiguës, un peu lâches, d'un
vert pâle, & tranſparentes : celles du ſommet des tiges ſont
moins ouvertes que les autres & preſque conniventes; je
n'ai pas vu ſes urnes : elles naiſſent, ſelon Vaillant, dans
les aiſſelles des feuilles, & ſont extrêmement petites. On
trouve cette plante dans les foſſés aquatiques & les étangs.

1268. *Algues.*

Les Algues ſont, en général, des plantes membraneuſes,
ou coriaces, ou cruſtacées, ou gelatineuſes, ou filamenteuſes,
& ont rarement des feuilles entièrement diſtinguées des tiges,
qui ſont elles-mêmes, dans le plus grand nombre, très-imparfaites ou tout-à-fait nulles; ces plantes n'ont point de
véritables urnes comme les mouſſes, mais leur fructification,
quoique peu connue, ſe fait ſouvent remarquer par des eſpèces
de cupules de diverſes ſortes : ce ſont tantôt des ſachets
globuleux, pédiculés, & qui ſe fendent en quatre parties;
tantôt des eſpèces de bonnets ou de calottes, pareillement
pédiculés & chargés en-deſſous de globules floriformes, qui
s'ouvrent par pluſieurs valves; tantôt des tubes plus ou
moins ſimples; tantôt de longues cornes profondément bifides;
tantôt enfin des plateaux non diviſés & plus ou moins concaves.
La diverſité des Algues, l'imperfection apparente de leurs
organes, & ſur-tout la difficulté de démêler leurs véritables
caractères, les ont fait nommer par M. Scopoli, *plantes
douteuſes.* Scop. carn. 11, p. 342. Je vais en préſenter les
genres & leurs eſpèces, d'après M. Linné & ſans analyſe,
comme j'ai fait à l'égard des mouſſes.

Genres

1268.

Genres selon M. Linné.

1269.

Jongermanne. *Jungermannia.*

Les Jongermannes ont beaucoup de rapport avec les Mouffes, & plufieurs efpèces ont, comme elles, des feuilles tout-à-fait diftinguées des tiges ; mais elles en diffèrent par leur fructification qui eft remarquable, par des fachets fphériques, pédiculés, & qui fe fendent jufqu'à leur bafe en quatre parties difpofées en croix : les individus chargés de ces fachets portent auffi très - fouvent des globules feffiles, nus, ramaffés, & que l'on regarde comme des fleurs femelles.

Efpèces.

* *Feuilles diftiques ou difpofées en manière d'aile.*

I. Jongermanne afplénioïde. *Jungermannia afplenioides.* Lin. Sp. 1597.

    Mufcus nummulariæ folio, major. Tournef. 555.

    β. *Mufcus nummulariæ foliis fubrotundis, denfè pofitis.* Ibid.

    Hepaticoides politrichi facie. Vail. 99, tab. XIX, f. 7.

Ses tiges font longues de trois ou quatre pouces, rameufes, & garnies de feuilles ovales-obtufes, prefque arrondies, vertes, tranfparentes & diftiques ; les pédicules terminent les tiges ou leurs rameaux, font blanchâtres, longs d'un pouce ou moins, & portent des fachets qui fe partagent en quatre parties brunes

Tome I.   T

1269. ou rougeâtres : la variété β eſt un peu moins grande, & remarquable par ſes feuilles fort rapprochées les unes des autres. On trouve cette plante dans les foſſés des bois.

II. Jongermanne ſarmenteuſe. *Jungermannia viticuloſa.* Lin. Sp. 1597.

> *Jungermannia terreſtris, viticulis longis, foliis perexiguis, denſiſſimis, ex rotunditate acuminatis.* Mich. gen. 8, t. V, f. 4.

Cette eſpèce a beaucoup de rapport avec la précédente, mais ſes feuilles ſont fort petites, très-rapprochées les unes des autres, un peu étroites, médiocrement obtuſes, & preſque pointues : les pédicules des ſachets ne ſont point terminaux. On trouve cette plante en Provence, dans les bois.

III. Jongermanne lancéolée. *Jungermannia lanceolata.* Lin. Sp. 1597.

> *Lichenaſtrum trichomanis facie minus, ab extremitate florens.* Dillen. muſc. 486, t. LXX, f. 10.

Cette eſpèce eſt fort petite ; ſes tiges ont à peine un pouce de longueur, ſont à demi couchées, & forment des gazons aſſez étendus ; ſes feuilles ſont ovales-obtuſes, très-petites, fort rapprochées les unes des autres, & diſtiques : les pédicules terminent les tiges. On trouve cette plante en Provence dans les lieux couverts, pierreux & humides.

IV. Jongermanne double-dent. *Jungermannia bidentata.* Lin Sp. 1598.

> *Muſcus pennatus, foliis ſubrotundis, bifidis, major.* Tournef. 555.
>
> *Hepaticoides polytrichi facie, foliis bifidis major.* Vail. 99, t. XIX, f. 8.

Ses tiges ſont couchées, longues d'un pouce ou un peu plus, & rameuſes ; ſes feuilles ſont petites, diſtiques, fort rapprochées entre elles, ovales, comme tronquées à leur ſommet, & terminées par deux dents : les pédicules naiſſent du ſommet des rameaux & portent de petites croix d'un rouge-brun. On trouve cette plante dans les lieux couverts & ſablonneux.

1269. **V.** Jongermanne ondulée. *Jungermannia undulata.* Lin. Sp. 1598.

> *Hepatica saxatilis, undulata, seminifera.* Vail. 98, t. XIX, f. 6.

Ses tiges sont longues d'un pouce ou environ , rameuses & disposées par petits gazons d'un vert gai ; ses feuilles sont petites, arrondies, très-entières, ondulées, contournées, presque pliées & transparentes : les pédicules sont terminaux. On trouve cette plante sur les pierres autour des mares.

VI. Jongermanne blanchâtre. *Jungermannia albicans.* Lin. Sp. 1599.

> *Muscus nummulariæ folio , fructu pediculo carente.* Tournef. 555.
>
> *Hepaticoides albescens , foliis pinnatis.* Vail. 100, t. XIX, f. 5.

Ses tiges sont longues d'un à deux pouces, un peu rameuses, à demi couchées , & ramassées en gazon ; ses feuilles sont distiques, serrées entre elles, un peu étroites, arquées ou courbées en arrière , transparentes & d'un vert pâle : les pédicules naissent de l'extrémité des tiges , sont blanchâtres , longs de cinq ou six lignes , & portent des boutons d'un rouge noirâtre, qui s'ouvre en quatre parties. On trouve cette plante dans les lieux frais & couverts.

VII. Jongermanne trilobée. *Jungermannia trilobata.* Lin. Sp. 1599.

> *Lichenastrum pinnulis obtusè trifidis , nervo geniculato.* Dillen. musc. 493. tab. LXXI. f. 22.

Ses tiges sont à demi-couchées, courbées, un peu rameuses, & garnies de feuilles d'une forme presque carrée , ayant à leur sommet trois crénelures ou trois dents peu profondes, vertes, distiques & serrées entr'elles : les pédicules naissent le long des tiges , selon les figures de Dillen & de Micheli, & les terminent selon M. de Haller [Hist. n.° 1866]. On trouve cette plante dans les lieux couverts de la Provence.

1269.

*** *Feuilles embriquées.*

VIII. Jongermanne aplatie. *Jungermannia complanata.* Lin. Sp. 1599.

Muscus squamosus, foliis subrotundis dentissimis. Tournef. 554.
Hepaticoides surculis & foliis thuyæ instar compressis major. Vail. tab. XIX, f. 9.

Ses tiges sont rampantes, longues de deux ou trois pouces, très-rameuses, aplaties, entrelacées, disposées en gazon très-plat & d'un vert-jaunâtre; ses feuilles sont petites, arrondies à leur sommet, garnies à leur base d'une très-petite oreillette, fort serrées entr'elles & embriquées comme sur deux rangs, ou en manière de tresse : les pédicules n'ont qu'une ligne de longueur & naissent le long des tiges. On trouve cette plante sur le tronc des arbres.

IX. Jongermanne dilatée. *Jungermannia dilatata.* Lin. Sp. 1600.

Muscus saxatilis, nummulariæ folio, minor. Tournef. 555.
Hepaticoides surculis & foliis thuyæ instar compressis, minor. Vaill. tab. XIX, fig. 10.

Cette espèce ressemble beaucoup à la précédente, & n'en est peut-être qu'une variété; ses tiges sont rampantes, très-rameuses & disposées en gazon aplati & d'un vert-brun; ses rameaux sont un peu élargis à leur sommet; ses feuilles sont très-petites, arrondies, garnies d'une oreillette à leur base & embriquées sur deux rangs. Cette plante croît sur les pierres & sur les troncs d'arbres.

X. Jongermanne noirâtre. *Jungermannia nigricans.*

Muscoides squamosum, saxatile, nigro - purpureum, surculis foliis circinatis, minoribus. Mich. gen. 10, t. VI. f. 5.
An Muscus nummulariæ folio fructu pedunculo carente. Vail. t. XXIII, f. 10.
Jungermannia tamarisci. Lin. Sp. 1600.

Cette espèce est à peine distinguée de la précédente; ses tiges sont rampantes, longues d'un à trois pouces, très-rameuses, disposées en gazon plat, d'un vert foncé dans leur

☞ 269. jeuneſſe, & deviennent en vieilliſſant, d'un pourpre obſcur & noirâtre : les rameaux ſont ſouvent un peu dilatés à leur ſommet ; les feuilles ſont très - petites, embriquées ſur deux rangs & obtuſes ou preſque arrondies : les ſupérieures ſont un peu plus grandes que les autres, plus arrondies & convexes : les pédicules ſont extrêmement courts. On trouve cette plante ſur les pierres & ſur les troncs d'arbres, où elle eſt très-commune.

XI. **Jongermanne à feuilles plates.** *Jungermannia platyphylla.* Lin. Sp. 1600.

Lichenaſtrum petalodes, minus. Vail. tab. XXI, f. 17.

Ses tiges ſont longues de trois à cinq pouces, très-rameuſes, couchées, entrelacées, & diſpoſées en gazon aplati, d'un vert-brun ou un peu jaunâtre ; ſes feuilles ſont petites, un peu pointues, fort ſerrées entr'elles, embriquées ſur deux rangs, & engagées les unes dans les autres, comme des dents ou des points de ſuture : elles paroiſſent aplaties en - deſſus, & ſont légèrement concaves en - deſſous : les pédicules ſont extrêmement courts. On trouve cette plante ſur les pierres & ſur les troncs d'arbres.

XII. **Jongermanne ciliée.** *Jungermannia ciliaris.* Lin. Sp. 1601.

Muſcus paluſtris abſinthii folio, inſipidus. Tournef. 556. Vail. t. XXVI, f. 11.

Ses tiges ſont longues de quatre ou cinq pouces & ramifiées de manière qu'elles paroiſſent deux ou trois fois ailées ; ſes feuilles ſont petites, embriquées ſur deux rangs, velues ou ciliées, & oreillées à leur baſe : les pédicules ſont fort longs, & portent des boutons d'un rouge-brun, qui ſe partagent en quatre parties. On trouve cette eſpèce dans les lieux humides & les bois ſablonneux.

*** *Feuilles compoſées d'expanſions membraneuſes, non diſtinguées des tiges.*

XIII. **Jongermanne foliacée.** *Jungermannia foliacea.*

Marſillea major, atrovirens, floribus albicantibus e foliorum medio egredientibus. Mich. gen. 5, t. IV, f. 1.

β. *Hepaticoides cichorei criſpi foliis.* Vail. tab. XIX, f. 4.

Jungermannia epiphylla. Lin. Sp. 1602.

Sa tige eſt compoſée d'extenſions membraneuſes, planes,

[1269. foliacées, ramifiées, lobées, vertes & attachées sur la terre, par de petites racines qui naissent de leur nervure postérieure : les pédicules sont longs de deux pouces, blanchâtres, foibles, & portent chacun à leur sommet, un petit bouton qui s'ouvre en quatre parties jaunâtres, émoussées & fort courtes. On trouve cette plante sur le bord des fossés humides & des ruisseaux.

XIV. Jongermanne épaisse. *Jungermannia pinguis.* Lin. Sp. 1682.

Lichenastrum capitulis oblongis, juxta foliorum divisuras enascentibus. Dillen. musc. 509. t. LXXIV, f. 42.

Sa tige forme des expansions membraneuses, foliacées, ramifiées, un peu épaisses, lisses, vertes, plus petites & moins larges que celles de l'espèce précédente : les pédicules ont à peine un pouce & demi de longueur, & portent des boutons alongés, qui s'ouvrent en quatre parties assez considérables. Les gaines de ces pédicules sont longues de trois ou quatre lignes. Cette plante croît dans les lieux aquatiques, & sur le bord des fontaines ; elle m'a été communiquée par M. de Bauvois, qui l'a trouvée dans les environs de Paris.

XV. Jongermanne fourchue. *Jungermannia furcata.* Lin. Sp. 1602.

Hepatica arborea, globulifera. Vail. 98, t. XXIII, f. 11.
Hepatica palustris dichotoma, segmentis oblongis & angustis. Vail. tab. XIX, f. 3.

Sa tige est composée d'expansions membraneuses, plus étroites & plus ramifiées que celles des deux espèces précédentes : le sommet de chaque rameau est ordinairement fourchu ou terminé par deux lobes ou par deux dents un peu divergentes, & souvent pointues : les pédicules n'ont que trois ou quatre lignes de longueur. On trouve cette plante sur les troncs d'arbres & sur les pierres, dans les lieux frais.

XVI. Jongermanne multifide. *Jungermannia multifida.* Lin. Sp. 1682.

Lichenastrum ambrosiæ divisura. Dill. 511, t. LXXIV, f. 43.

Ses expansions forment des espèces de feuilles découpées,

1269. très-menues, bipinnatifides, ramifiées, minces, transparentes, d'un vert - clair, & étalées sur la terre en rosette diffuse. Cette plante a été trouvée à Meudon, sur le bord d'un étang, par M. de Beauvois.

XVII. Jongermanne fluette. *Jungermannia pusilla.* Lin. Sp. 1602.

Lichenastrum exiguum, capitulis nigris, lucidis, e cotylis parvis nascentibus. Dill. 513, t. LXXIV, f. 46.

Cette espèce est extrêmement petite ; ses expansions forment une rosette arrondie, festonnée, à peine de trois lignes de diamètre, & composée de petites feuilles membraneuses, lobées & presque palmées : les pédicules sont longs de deux ou trois lignes, & portent chacun un petit bouton d'un rouge-noirâtre, qui s'ouvre en quatre parties. Cette plante a été trouvée à Saint - Léger, dans une des herborisations de M. de Jussieu, & m'a été communiquée par M. de Beauvois.

1270. Marchante. *Marchantia.*

Les Marchantes n'ont point de feuilles vraiment distinguées des tiges, mais seulement des extensions membraneuses, aplaties & rampantes. Leur fructification paroît composée de deux sortes de parties ; les unes que l'on regarde comme mâles, sont des plateaux convexes ou coniques, souvent découpés en leur bord, portés chacun sur un pédicule assez long, & chargés en-dessous de plusieurs globules uniloculaires, plurivalves, & qui contiennent une poussière fine, attachée à des poils : les autres sont des fossettes ou des espèces de petits bassins sessiles, dans lesquelles on observe plusieurs corpuscules que l'on prend pour des semences.

Espèces.

I. Marchante étoilée. *Marchantia-stellata.* Scop. carn. 11, p. 353.

Hepatica officinarum. Vail. Paris. 97.

Lichen petræus, latifolius, sive hepatica fontana. Bauh. pin. 362.

ß. *Lichen petræus, stellatus.* Bauh. ibid.

Marchantia polymorpha [α. ß]. Lin. Sp. 1603.

Sa tige forme des expansions membraneuses, planes, ram-

T iv

1270. pantes, longues souvent de plus de deux pouces, ramifiées, lobées, obtuses à leur sommet, vertes, chargées de petits points, & garnies de racines capillaires, le long de leur nervure postérieure. Les pédicules sont hauts d'un pouce ou environ, & portent des plateaux découpés au-delà de moitié, en dix digitations disposées en étoile; les bassins sont fort petits, & crénelés ou denticulés en leurs bords : la variété β est un peu moins grande en toutes ses parties. On trouve cette plante sur le bord des ruisseaux, des fontaines & des puits; elle est incisive, détersive & vulnéraire : on la dit excellente pour les maladies du foie & du poumon.

II. **Marchante ombellée.** *Marchantia umbellata.* Scop. carn. 11, p. 354.

> *Hepatica petræa, umbellata.* Vail. Paris. 97.
> *Lichen petræus, umbellatus.* Bauh. pin. 362.
> *Marchantia polymorpha [γ].* Lin. Sp. 1603.

Cette espèce me paroît très-distinguée de la précédente. Sa tige forme des expansions membraneuses, vertes, ramifiées, lobées, longues à peine d'un pouce, & disposées en gazon arrondi; les pédicules n'ont que six ou sept lignes de longueur, & portent des plateaux presque planes, bordés simplement de huit crénelures peu profondes : cette plante croît sur le bord des ruisseaux & dans les lieux humides. Elle m'a été communiquée par M. de Beauvois, qui l'a trouvée dans les environs de Lille.

III. **Marchante croisette.** *Marchantia cruciata.* Lin. Sp. 1604.

> *Lunaria vulgaris.* Mich. gen. tab. IV, f. 1.

Ses tiges sont des expansions membraneuses, planes, lisses, vertes, médiocrement ramifiées, lobées, arrondies à leur sommet, longues d'un pouce & demi & rampantes; les pédicules portent des plateaux profondément découpés en quatre parties étroites, velues & poudreuses : les bassins sont de petites fossettes semi-lunaires, ou en forme de croissant, qui contiennent des corpuscules recouverts en partie par une petite membrane très-mince. Cette plante a été trouvée par M. de Beauvois, dans les fossés qui entourent les fortifications de la ville de Lille.

1270. IV. **Marchante conique.** *Marchantia conica.* Lin. Sp. 1604.

Hepatica pileata & stellata. Vail. Paris. 98.

Hepatica reticulata & verrucosa, Vail. tab. XXXIII, f. 8.

Sa tige forme des expansions membraneuses, un peu plus grandes & plus ramifiées que celles de l'espèce précédente. Les pédicules sont assez longs, blanchâtres, transparens, & portent chacun à leur sommet un plateau conique, ressemblant en quelque sorte à un bonnet, & partagé intérieurement en cinq à sept loges, qui renferment chacune un globule noirâtre & pendant : les bassins contiennent des corpuscules ramassés en forme de verrues hémisphériques. On trouve cette plante dans les lieux humides & couverts.

V. **Marchante hémisphérique.** *Marchantia hemisphærica.* Lin. Sp. 1604.

Lichen pileatus, parvus, foliis crenatis. Dillen. 519, t. LXXV, f. 2.

Cette espèce est un peu plus petite que les deux précédentes ; ses pédicules portent des plateaux hémisphériques, pubescens & légèrement quinquefides : les bassins ou fossettes seminifères n'ont pas encore été observés dans cette plante ; elle croît en Provence dans les fossés & les lieux couverts.

1271. **Targione hypophile.** *Targionia hypophylla.* Lin. Sp. 1603.

Lichen petræus, minimus, fructu orobi. Bauh. pin. 362.

Ses tiges sont des espèces de feuilles ou d'expansions membraneuses, alongées, élargies en spatule vers leur sommet, rampantes, ponctuées en-dessus, & chargées de quelques boutons sessiles, roussâtres, bivalves, & qui renferment un globule seminiforme. On trouve cette plante en Provence sur les rochers, dans les lieux couverts.

1272. **Riccie.** *Riccia.*

La fructification des Riccies est sessile, & éparse sur la superficie des feuilles, qui sont des extensions membraneuses, nullement distinguées des tiges ; elle est composée, selon

1272. quelques Auteurs, d'une anthère cylindrique, diſpoſée ſur un ovaire turbiné ou en toupie, & traverſée par un ſtyle filiforme qui naît du ſommet de l'ovaire. Le fruit eſt globuleux, & renferme pluſieurs ſemences hémiſphériques & pédiculées. *Schreb. Lin. Syſt. Nat. pag. 708.* Toutes ces parties ne ſont encore qu'imparfaitement connues, ſelon M. de Haller. *Hiſt. muſc. p. 67.*

Eſpèces.

I. Riccie cryſtalline. *Riccia cryſtallina.* Lin. Sp. 1605.

> *Hepatica paluſtris, lobis criſtatis.* Vail. 98, tab. XIX, f. 2.

Ses feuilles ſont membraneuſes, vertes, parſemées de petits points ou tubercules blancs, découpées ou lobées à leur ſommet, rétrécies vers leur baſe, partent toutes d'un centre commun, & forment ſur la terre une petite roſette aplatie. On trouve cette plante dans les lieux humides.

II. Riccie glauque. *Riccia glauca.* Lin. Sp. 1605.

> *Hepatica paluſtris, bifurcata, lobis brevioribus, carinatis.* Vail. 98, tab. XIX, f. 1.

Ses feuilles ſont un peu épaiſſes, non chargées de points, canaliculées ou partagées par un ſillon longitudinal, fourchues à leur ſommet & obtuſes en leurs lobes; elles ſont diſpoſées en rond comme celles de l'eſpèce précédente. On trouve cette plante dans les lieux humides.

III. Riccie flottante. *Riccia fluitans.* Lin. Sp. 1606.

> *Fucus fontanus, pinguis, corniculatus, viridis.* Vail. tab. X, f. 3.

Ses feuilles ſont vertes, à peine larges d'une ligne, très-ramifiées, légèrement fourchues à leur ſommet, & garnies en-deſſous de beaucoup de racines auſſi menues que des cheveux, qui donnent quelquefois à la plante l'aſpect d'un *Conferva.* On trouve cette eſpèce dans les mares & les foſſés aquatiques.

1273. Anthocère ponctué. *Anthoceros punctatus.* Lin. Sp. 1606.

Anthoceros foliis minoribus, magis laciniatis. Dillen. 476, tab. LXVIII, f. 1.

Ses feuilles sont membraneuses, oblongues, élargies vers leur sommet, sinuées, presque laciniées, ponctuées, & disposées en une petite rosette étalée sur la terre; elles sont d'autant plus courtes qu'elles sont disposées plus près du centre de la rosette, ce qui les fait paroître embriquées. La fructification est composée de deux sortes de parties; les unes, que l'on regarde comme mâles, sont des espèces de cornes fort longues, qui naissent d'une gaine cylindrique, s'ouvrent en deux valves linéaires & aiguës, & contiennent des globules suspendus à un filet ou réceptacle libre : les autres sont de petites fossettes en étoile, dans lesquelles on observe des corpuscules séminiformes. On trouve cette plante dans les lieux couverts & humides de la Provence.

1274. *Lichen.*

Les Lichens sont des extensions crustacées, ou coriaces, ou foliacées, ou ramifiées en arbuste, ou enfin filamenteuses, & n'ont point de véritables feuilles distinguées des tiges; les parties les plus apparentes de leur fructification sont des espèces de cupules ordinairement orbiculaires, légèrement concaves, quelquefois campanulées, quelquefois planes, & quelquefois convexes ou tuberculeuses : on les regarde comme des fleurs mâles, & l'on prend pour fleurs femelles, des particules farineuses & éparses, que l'on observe communément sur ces plantes.

Espèces.

[a]. Extensions crustacées, à cupules tuberculeuses.

I. Lichen écrit. *Lichen scriptus.* Lin. Sp. 1606.

Lichenoides crusta tenuissima peregrinis veluti litteris inscripta. Dillen. 125, tab. XVIII, f. 1.

On le trouve sur les troncs d'arbres; ses extensions forment une croûte extrêmement mince, couverte de petites lignes noirâtres, disposées en divers sens, ou inclinées les unes par rapport aux autres, & ressemblant, en quelque manière, à des lettres hébraïques.

1274. II. Lichen des hêtres. *Lichen fagineus.* Lin. Sp. 1608.

Lichen cruſtaceus, albeſcens, ſcutis farinaceis. Vail. Pariſ. 116.

Lichenoides candidum & farinaceum, ſcutis feré planis. Dillen. 131, t. XVIII, f. 11.

Cette eſpèce forme ſur l'écorce des arbres, & particuliè-rement ſur celle des hêtres, une croûte blanchâtre, farineuſe & grumelée.

***

III. Lichen en forme de chaux. *Lichen calcareus.* Lin. Sp. 1607.

Lichenoides tartareum, tinctorium, candidum, tuberculis atris. Dillen. 128, tab. XVIII, f. 8.

Cette plante m'a été envoyée du Dauphiné par M. Faujas de Saint-Fond; elle forme une croûte blanchâtre, très-ma-melonnée, contournée en ſes parties, & reſſemble à de la chaux par ſa ſubſtance. Je n'ai pas vu ſes tubercules.

***

IV. Lichen des Landes. *Lichen ericetorum.* Lin. Sp. 1608.

Corralloides fungiforme, carneum, baſi leproſa. Dillen. 76, t. XIV, f. 1.

Lichenum ordo 35. Mich. p. 100, tab. LIX.

Ses expanſions forment une croûte blanchâtre, verruqueuſe, friable, de laquelle s'élèvent des pédicules un peu épais, longs de deux lignes, & terminés chacun par une tête globuleuſe, de couleur de chair, ou d'un roſe-pâle; ces pédicules reſ-ſemblent à de très-petits champignons. On trouve cette plante dans les landes & les chemins des bois.

***

V. Lichen fongiforme. *Lichen fungiformis.* Scap. carn. 11, p. 360.

Lichen fungiforme, ſaxatile, pallide ſuſcum. Dillen. 78, t. XIV, f. 4.

β. *Lichen byſſoydes.* Lin. mant. 133.

Cette eſpèce forme ſur la terre une croûte grisâtre, ver-ruqueuſe, poudreuſe, très-inégale, de laquelle s'élèvent des pédicules à peine longs d'une ligne & demie, & terminés chacun par une très-petite tête d'un brun-rougeâtre. Cette

[1274.] tête est de la grosseur de celle d'une épingle ordinaire. Cette plante m'a été communiquée par M. de Bauvois qui l'a trouvée à Meudon sur de la terre argileuse.

[B] *Extensions crustacées, à cupules en écusson.*

VI. Lichen rubis. *Lichen rubinus.*

> *Lichen crustaceus, tartareus, glaucus, scutis difformibus planis, ruberrimis.* Hall. Hist. n.° 2050.

Cette espèce forme une croûte épaisse, verruqueuse, grisâtre tirant un peu sur la couleur glauque, & chargée de cupules sessiles, planes, irrégulières en leur bord, & d'un rouge très-foncé; ces cupules ressemblent à des rubis épars sur la superficie de la plante & lui donnent un aspect très-élégant. On trouve cette plante sur les rochers des montagnes du Dauphiné; elle m'a été communiquée par M. Faujas de Saint-Fond.

VII. Lichen brun. *Lichen subfuscus.* Lin. Sp. 1609.

> *Lichen crustaceus, cinereus, scutis ferrugineis.* Vail. Parif. 116.
>
> *Lichenoides crustaceum & leprosum, scutellis sub fuscis.* Dil. 134, t. XVIII, f. 16.
>
> β. *Lichen crustaceus, leprosus, scutis nigricantibus.* Vaill. Parif. 116.
>
> *Lichenoides crustaceum & leprosum, scutellis nigricantibus, majoribus & minoribus.* Dillen. 33, t. XVIIII, f. 15.

Cette plante croît sur les troncs d'arbres & sur les rochers; elle forme une croûte d'un blanc-grisâtre; couverte de cupules planes, sessiles, nombreuses, très-rapprochées les unes des autres, brunes ou noirâtres, & remarquables par leur bord élevé & crénelé.

VIII. Lichen jaunâtre. *Lichen flavicans.*

> *An lichen crusta miniata, tenuissima, inseparabili, scutellis flavis, marginatis.* Hall. hist. n°. 2074.

La croûte que forme cette espèce est très-blanche, mais se décolore & disparoît de bonne heure; ses cupules sont fort grandes, orbiculaires, presque planes, jaunes & entourées d'un rebord blanc un peu élevé : ce rebord jaunit à mesure

1274. que les cupules vieilliſſent. Cette plante croît ſur les rochers en Dauphiné. , & m'a été communiquée par M. Faujas de de Saint-Fond.

IX. Lichen parelle. *Lichen parellus.* Lin. mant. 132.
[Orſeille d'Auvergne.]

> *Lichenoides leproſum , tinctorium , ſcutellis lapidum cancri figura.* Dillen. 130, t. XVIII, f. 10.
>
> *Lichen cruſtaceus leproſus , ſcutis cinereis.* Vail. Pariſ. 116.

Cette eſpèce croît ſur les murs & ſur les rochers ; ſa ſubſtance eſt une croûte blanchâtre , chargée de cupules ſeſſiles , orbiculaires , un peu concaves & d'une couleur pâle.

[C] *Extenſions foliacées , ſerrées & embriquées.*

X. Lichen centrifuge. *Lichen centrifugus.* Lin. Sp. 1609.

> *Lichen imbricatus viridans , ſcutellis badiis.* Dillen. 180, t. XXIV, f. 75.

Ses expanſions forment une roſette elliptique , plane , d'un gris-verdâtre, & compoſées de beaucoup de folioles embriquées, arrondies à leur ſommet & laciniées : les cupules ſont orbiculaires, aſſez grandes , d'un rouge-noirâtre , ſeſſiles & toutes ramaſſées au centre de la roſette. On trouve cette plante ſur les troncs d'arbres.

XI. Lichen de roche. *Lichen ſaxatilis.* Lin. Sp. 1609.

> *Lichenoides vulgatiſſimum , cinereo - glaucum , lacunoſum & cirrhoſum.* Dill. p. 188, tab. XXIV, f. 83.
>
> *Lichen opere phrygio ornatus.* Vail. tab. XXI, f. 1.

Ses expanſions ſont sèches , friables & diſpoſées en une roſette inégale en ſa ſuperficie , & d'un gris - olivâtre , tirant un peu ſur la couleur glauque ; ſes folioles ſont élargies , arrondies & découpées ou lobées à leur ſommet ; leur ſurface ſupérieure eſt remarquable par des lignes pulvérulentes , réticulées , & qui reſſemblent en quelque ſorte , à de la broderie ; l'inférieure eſt velue & noirâtre : les cupules ſont rouſſâtres, concaves & d'une grandeur médiocre. On trouve cette plante ſur les rochers & ſur les troncs d'arbres.

1274.

XII. Lichen ombiliqué. *Lichen omphalodes.* Lin. Sp. 1609.

Lichen nigricans, omphalodes. Tournef. 549. Vail. tab. XX, f. 10.

Ses folioles sont très-découpées, lobées, obtuses, glabres, d'un brun roussâtre à leur base, blanchâtres & farineuses à leur sommet, embriquées, & disposées en une rosette assez élégante. On trouve cette plante sur les pierres & sur les troncs d'arbres.

XIII. Lichen olivâtre. *Lichen olivaceus.* Lin. Sp. 1610.

Lichen crustæ modo arboribus adnascens, olivaceus. Vail. t. XX, f. 8.

β *Lichen pulmonarius, saxatilis, subtus nigricans, desuper olivæ conditæ colore, receptaculis florum concoloribus.* Mich. 89, t. LI, ord. 19.

Lichen crustæ modo arboribus adnascens, pullus. Tournef. 548.

Ses folioles sont découpées, lobées, d'une couleur olivâtre à leur base, blanches, farineuses & brillantes à leur sommet, embriquées & disposées en une rosette très-élégante; les cupules occupent le centre de la rosette, sont assez grandes, roussâtres, & ont leur bord rude & comme crénelé : la variété β a ses cupules un peu plus petites, & lisses en leur bord. On trouve cette plante sur les pierres & sur les troncs d'arbres.

XIV. Lichen des murs. *Lichen parietinus.* Lin. Sp. 1610.

Lichen Dioscoridis & Plinii secundus, colore flavescente. Col. ecph. 331. Tournef. 548.

Lichenoides vulgare, sinuosum, foliis & scutellis luteis. Dill. 180, t. XXIV, fig. 76.

Cette espèce est très-commune sur les murailles, les pierres & l'écorce des arbres, où elle forme des rosettes planes, très-adhérentes & d'un jaune plus ou moins foncé; ses folioles sont petites, à peine embriquées, élargies, arrondies, lobées, ondulées & comme frisées à leur sommet : les cupules sont légèrement pédiculées, orbiculaires & de même couleur que les folioles, ou quelquefois d'un jaune roussâtre.

1274.

XV. Lichen enflé. *Lichen physodes.* Lin. Sp. 1610.

> *Lichen crustæ modo arboribus adnascens, tenuiter divisus.* Tournef. 548.
>
> *Lichenoides ceratophyllum, obtusius & minus ramosum.* Dill. 154, t. XX, f. 49.

Ses folioles font multifides & ont leurs lobes enflés, presque tubulés & corniformes : elles font d'un blanc cendré en-deffus & noirâtres en-deffous. On trouve cette plante fur les arbres.

XVI. Lichen étoilé. *Lichen stellaris.* Lin Sp. 1611.

> *Lichen pulmonarius, vulgatissimus, superne albo-cinereus, inferne nigricans, segmentis angustis, receptaculis nigricantibus.* Mich. gen. 91, tab. XLIII, f. 2.

Ses expanfions font profondément divifées en découpures un peu étroites, prefque ramifiées, d'un blanc cendré en-deffus, noirâtres en-deffous, & difpofées en une rofette plane, mais un peu lâche : les cupules font nombreufes, brunes ou noirâtres, & occupent le centre de la rofette. On trouve cette plante fur les arbres.

[D] *Extenfions foliacées, lâches ou non embriquées.*

XVII. Lichen cilié. *Lichen ciliaris.* Lin. Sp. 1611.

> *Lichen cinereus, latifolius aculeatus, umbilicis nigricantibus.* Tournef. 549.
>
> *Lichen cinereus, arboreus, marginibus fimbriatis.* Vail. tab. XX, f. 4.
>
> β. *Lichen cinereus, arboreus, marginibus fimbriatis.* Tournef. 550.
>
> *Lichen cinereus, minor, marginibus pilofis.* Vail. t. XX, f. 5.

Cette efpèce eft très-commune fur le tronc des arbres, où elle forme des gazons aplatis & d'un blanc grifâtre ; fes expanfions font très-ramifiées, un peu étroites, convexes, & garnies de cils durs, noirâtres & prefque piquans : les cupules font orbiculaires, légèrement pédiculées, planes, noirâtres & entourées d'un rebord blanc un peu élevé. La variété β eft beaucoup plus finement ramifiée, & a fes cils moins durs.

XVIII.

1274. **XVIII.** Lichen d'Islande. *Lichen Islandicus.* Lin. Sp. 1611.

> *Lichenoides rigidum, eryngii folia referens.* Dillen. 209, t. XXVIII, f. 111.
>
> *Lichen pulmonarius, minor, angustifolius, &c.* Mich. 85, t. XLIV, f. 4.
>
> β *Lichenoides eryngii folia referens, tenuioribus & crispioribus foliis.* Dillen. 212, tab. XXVIII, f. 112.

Ses ramifications sont dures, lisses en leur superficie, d'une couleur fauve ou d'un gris roussâtre, un peu convexes en-dessus, concaves en-dessous, & bordées de cils très-fins ; elles varient beaucoup dans leur forme & leur largeur. J'ai des individus qui ressemblent en quelque sorte aux cornes de daim, & d'autres tout-à-fait ramifiés en arbustes : les cupules terminent les rameaux. On trouve cette plante dans les lieux stériles & montueux, sur la terre : elle est un peu amère, astringente & anti-phtisique.

XIX. Lichen blanc. *Lichen candidus.*

> *Lichenoides lacunosum, candidum, glabrum, endiviæ crispæ facie.* Dillen. 162, t. XXI, f. 56.
>
> *Lichen nivalis.* Lin. Sp. 1612.

Cette espèce forme un gazon très-garni, dense & diffus ; ses expansions sont dures, rameuses, hautes d'un pouce ou un peu plus, convexes d'un côté, concaves de l'autre, foliacées, laciniées, ondulées & frisées vers leur sommet : elles sont blanches dans leur partie supérieure, & d'un pourpre brun à leur base. On trouve cette plante dans les montagnes du Dauphiné.

XX. Lichen ochreux. *Lichen ochrolecus.*

> An *Lichen convexo-concavus, lacunatus & glaber, ramis crispatis, subluteis.* Hall. hist. n.° 1977.

Ses ramifications sont nombreuses, élargies vers leur sommet, un peu concaves, ondulées, contournées, frisées, d'un blanc jaunâtre, & beaucoup plus molles que celles de l'espèce précédente ; on les observe quelquefois tout-à-fait jaunes & très-laciniées. Cette plante croît en Dauphiné, & m'a été communiquée, ainsi que la précédente, par M. Faujas de Saint-Fond.

1274. **XXI.** Lichen pulmonaire. *Lichen pulmonarius.* Lin. Sp. 1612.

> *Lichen arboreus, sive pulmonaria arborea.* Tournef. 549.
> *Lichenoides pulmoneum, reticulatum, vulgare, marginibus peltiferis.* Dillen. 212, tab. XXIX, f. 113.

Cette espèce forme des expansions fort amples, coriaces, laciniées, anguleuses, lisses en-dessus, réticulées, & remarquables par des excavations ou fossettes nombreuses & presque alvéolaires : leur surface postérieure est bosselée, & couverte d'un duvet court & farineux. On trouve cette plante dans les bois, sur le tronc des arbres ; elle est un peu amère, astringente, pectorale & dessicative.

XXII. Lichen à feuilles d'absinthe. *Lichen absinthifolius.*

> *Lichen Alpinus, cornua cervi referens, subtùs anthracinus, desuper cinereus, receptaculis florum amplioribus, intùs fuscis.* Mich. p. 76, ord. IV, tab. XXXVIII, f. 1.
> *Lichen furfuraceus.* Lin. Sp. 1612.

Ses expansions forment des espèces de feuilles longues de deux pouces ou davantage, très-ramifiées vers leur sommet, corniformes, molles, convexes, & d'un blanc grisâtre en-dessus, concaves en-dessous, d'une couleur noirâtre, & réticulées : leurs dernières ramifications sont étroites, courtes & bifides. On trouve cette plante sur les troncs d'arbres, dans les montagnes du Dauphiné.

XXIII. Lichen farineux. *Lichen farinaceus.* Lin Sp. 1613.

> *Lichen cinereus, ramosus, verrucosus.* Vaill. tab. XX, f. 13 & 14.
> *Lichenoides segmentis angustioribus, ad margines verrucosis & pulverulentis.* Dill. 172, tab. XXIII, f. 63.
> β. *Lichen cornua damæ referens, angustifolius.* Vail. tab. XX, f. 7.

Ses ramifications sont très-étroites, pointues, un peu aplaties, blanches, lisses en leur surface, soit supérieure, soit postérieure, & redressées ou disposées en un faisceau diffus ; elles sont garnies en leurs bords de petites cupules sessiles & farineuses. Cette plante est commune sur les troncs d'arbres.

1274. **XXIV.** Lichen à goblets. *Lichen calicaris.* Lin. Sp. 1613.

Lichen cinereus, latifolius, ramosus. Tournef. 550. Vaill. t. XX, f. 6.

Cette espèce a beaucoup de rapport avec la précédente ; mais ses ramifications sont un peu plus larges, & ont de chaque côté des excavations longitudinales : elles sont chargées en leurs bords de quelques cupules légèrement pédiculées, farineuses, concaves, & qui ressemblent à de petits gobelets. On trouve cette plante sur les troncs d'arbres.

XXV. Lichen de frêne. *Lichen fraxineus.* Lin. Sp. 1614.

Lichen pulmonarius, cinereus, mollior, in amplas lacinias divisus. Tournef. 549, tab. CCCXXV, f. a, b.

Ses expansions forment de grandes lanières fort longues, quelquefois larges d'un pouce, grisâtres, glabres, rudes, ridées, & couvertes de petites excavations & d'aspérités remarquables ; les cupules sont légèrement pédiculées, quelquefois fort amples, & d'une couleur pâle ou un peu roussâtre. On trouve cette plante sur les troncs d'arbres.

XXVI. Lichen de prunellier. *Lichen prunastri.* Lin. Sp. 1614.

Lichen cinereus, vulgatissimus, cornua damæ referens. Vail. 115, tab. XX, fig. 11 & 12.

Ses expansions sont très-ramifiées, aplaties, d'un gris légèrement verdâtre en-dessus, avec de petites fossettes, & blanches, farineuses, & un peu concaves en-dessous. Cette plante est très-commune sur les troncs d'arbres.

XXVII. Lichen froncé. *Lichen caperatus.* Lin. Sp. 1614.

Lichen pulmonarius, saxatilis, maximus, Vaill. Paris. 116.
Lichenoides caperatum, rosaceâ expansum, e sulfureo virens. Dill. 193, t. XXV, f. 97.

Ses expansions forment une rosette assez large, très-plane, d'un vert pâle, un peu jaunâtre, ridée ou froncée en sa superficie, & arrondie, crénelée, & comme festonnée en sa circonférence ; cette rosette est d'une couleur noire en-

1274. deſſous : ſes cupules ſont grandes , ſeſſiles , concaves & rouſſâtres. On trouve cette plante ſur les pierres & au pied des arbres.

XXVIII. Lichen glauque. *Lichen glaucus.* Lin. Sp. 1615.

> *Lichen pulmonarius , ſaxatilis , cinereus , minor , umbilicis nigricantibus.* Vail. t. XXI, f. 12. Tournef. 549.

Cette eſpèce forme une roſette moins aplatie que celle de la précédente, foliacée, friſée, & d'un gris bleuâtre ou d'une couleur glauque ; ſes expanſions ou folioles ſont blanches en leur bord, & noirâtres en - deſſous : ſes cupules ſont petites & médiocrement concaves. On trouve cette plante ſur les troncs d'arbres.

XXIX. Lichen replié. *Lichen convolutus.*

> *An lichen criſpus , convolutus , fronde olivaceâ , ſcrobiculoſâ , marginibus polliniferis.* Hall. Hiſt. n.° 2012.
>
> *An lichen reſupinatus.* Lin. Sp. 1615.

Cette eſpèce eſt fort belle ; ſes expanſions ſont compoſées de beaucoup de feuilles d'un vert jaunâtre, laciniées, lobées, friſées & roulées en-deſſus ; leur ſurface inférieure eſt d'un blanc-de-lait, & ſe trouve en grande partie à découvert, par l'eſpèce de roulement des feuilles, ce qui fait paroître la plante panachée, d'une couleur d'olive & d'un beau blanc. Je n'ai pas vu ſes cupules. J'ai trouvé cette plante ſur la côte sèche qui eſt entre Celloville & Belbeuf, aux environs de Rouen.

[E]. *Extenſions coriaces.*

XXX. Lichen de terre. *Lichen terreſtris.*

> *Lichen pulmonarius , ſaxatilis , digitatus , major , cinereus.* Tournef. 549.
>
> *Lichen terreſtris , cinereus.* Vail. tab. XXI , f. 16.
>
> *Lichen caninus.* Lin. Sp. 1616.

Cette eſpèce rampe ſur la terre, & forme des expanſions aſſez larges, planes, lobées, d'un gris cendré en - deſſus, quelquefois un peu rouſſâtres, & garnies en leurs bords, de cupules ovales, unguiformes, & d'un rouge brun ; ſa ſurface

1274. inférieure eft blanchâtre, réticulée, & fouvent garnie de radicules nombreufes, qui la font paroître velue. On trouve cette plante dans les bois fur la mouffe & fur la terre. On la dit bonne contre la morfure des chiens enragés ; mais cette vertu n'eft pas confirmée.

XXXI. Lichen fafrané. *Lichen croceus.* Lin. Sp. 1616.

Lichenoides fubtus croceum, peltis appreffis. Dill. 221, t. XXX, f. 120.

Cette efpèce a beaucoup de rapport avec la précédente ; fes expanfions font rampantes, planes, incifées, lobées, grifes ou verdâtres en-deffus, veinées, & d'une belle couleur de fafran en-deffous : les cupules font orbiculaires, d'un rouge brun, & difpofées comme des taches fur la fuperficie de cette plante, fans former de faillie remarquable. On la trouve dans les montagnes du Dauphiné.

XXXII. Lichen à pochettes. *Lichen faccatus.* Lin. Sp. 1616.

Lichenoides lichenis facie, peltis acetabulis immerfis. Dill. 223, t. XXX, f. 121.

Cette efpèce reffemble un peu à la précédente, mais fes expanfions font moins larges, plus coriaces, arrondies, lobées, & remarquables par des enfoncemens femblables à de petites poches éparfes fur leur fuperficie, au fond defquels font difpofées des cupules petites & noirâtres. On trouve cette plante en Dauphiné fur les rochers.

XXXIII. Lichen puftuleux. *Lichen puftulatus.* Lin. Sp. 1617.

Lichen cruftæ modo faxis adnafcens, verrucofus, cinereus & veluti deuftus. Tournef. 549. Vail. tab. XX, f. 9.

Cette plante forme une croûte plane, arrondie, lobée, d'une couleur grifâtre, couverte de puftules en fa fuperficie, & remarquable en fa partie poftérieure par beaucoup de petits enfoncemens qui la font paroître réticulée. On la trouve fur les pierres.

1274. **XXXIV.** Lichen brûlé. *Lichen deuſtus.* Lin. Sp. 1618.

> *Lichen pulmonarius, faxatilis, e cinereo fuſcus, minimus.* Tournef. 549. Vail. tab. XXI, f. 14.
>
> β *Lichen miniatus.* Lin. Sp. 1617. Ex fide Cl. Guettard, p. 30, n.º 6.

Sa ſubſtance forme une croûte coriace, arrondie, lobée ou légèrement découpée en ſes bords, ponctuée, & d'un gris ſale en-deſſus : ſa ſurface inférieure eſt brune, rouſſâtre dans ſa partie moyenne, & boſſelée médiocrement ou chagrinée. On trouve cette plante ſur les rochers.

XXXV. Lichen poliriſe. *Lichen polyrhiſos.* Lin. Sp. 1618.

> *Lichenoides pullum ſuperne & glabrum, inferne nigrum & cirrhoſum.* Dillen. 226, t. XXX, f. 130.

Cette eſpèce eſt très-remarquable & me paroît ſuffiſamment diſtinguée de la précédente ; ſa ſubſtance forme une croûte plus découpée, moins aplatie, d'une couleur enfumée, & chargée de cupules légèrement pédiculées, petites & d'un beau noir : ſa partie poſtérieure eſt d'un brun rougeâtre, nue dans ſon milieu, & hériſſée vers ſes bords de beaucoup de racines, courtes, roides, noires, & quelquefois rameuſes. On trouve cette plante en Dauphiné ſur les rochers : elle m'a été communiquée par M. Faujas de Saint-Fond.

[F] *Cupules en forme de vaſe ou d'entonnoir.*

XXXVI. Lichen coccifère. *Lixen cocciferus.* Lin. Sp. 1618.

> *Lichen pyxidatus, oris coccineis & tumentibus.* Vail. 115; tab. XXI, f. 4. Tournef. 549.

Ses entonnoirs ſont droits, hauts de cinq à ſept lignes, griſâtres & chargés en leur bord de tubercules fongueux, d'un rouge-écarlate très-vif. On trouve cette plante ſur la terre, dans les landes & les bois.

1274. **XXXVII. Lichen pixide.** *Lichen pyxidatus.* Lin. Sp. 1619.

> *Lichen pyxidatus, major.* Tournef. 549. Vail. t. XXI, f. 8.
>
> β. *Lichen pyxidatus minor.* Tournef. Ibid. Vail. t. XXI, f. 6.
> *Lichen fimbriatus.* Lin. Sp. 1619.
>
> γ. *Lichen pyxidatus, major acetabulo fimbriato & tuberculoso.* Vail. t. XXI, f. 11.

Ses entonnoirs font fimples, grisâtres, entiers en leur bord, & point chargés de tubercules ; ceux de la variété β ont leur pédicule un peu grêle, cylindrique, blanchâtre, & font crénelés ou denticulés en leurs bords. La variété γ a fes entonnoirs évafés, frangés & chargés de tubercules bruns. On trouve cette plante fur la terre dans les lieux ftériles, fur les murs, & fur le bord des allées des bois.

XXXVIII. Lichen prolifère. *Lichen prolifer.*

> α. *Lichen pyxidatus, margine prolifero, fcabro.* Vail. t. XXI, f. 9.
> *Lichen pyxidatus, extus prolifer.* Hall. hift. n.° 1926.
>
> β. *Lichen fquamofus, acetabulis denfe aggeftis.* Vail. t. XXI, f. 10.
> *Lichen infundibulis proliferis, fungulis atrofufcis.* Hall. hift. n.° 1928.
>
> γ. *Lichen pyxidatus, prolifer.* Vail. t. XXI, f. 5.
> *Lichen infundibulis glabris, proliferis.* Hall. hift. n.° 1923.

Cette efpèce n'eft point rameufe comme la fuivante, & fe diftingue de celle qui précède, par fes entonnoirs prolifères, c'eft-à-dire, chargés d'autres entonnoirs ; elle offre plufieurs variétés remarquables, & que l'on pourroit diftinguer comme des efpèces. La première α, pouffe fur le bord de fon entonnoir principal d'autres petits entonnoirs prefque cylindriques, très-grêles, peu évafés, rougeâtres en leur bord & fans tubercules : la feconde β, a fon entonnoir principal difforme, & garni en fes bords d'autres entonnoirs courts, nombreux, un peu ramaffés & bordés de tubercules d'un brun-noirâtre ; enfin, la troifième γ, fe diftingue par fes entonnoirs qui naiffent fucceffivement les uns du fommet des autres, & qui ont leur bafe élargie en foucoupe renverfée. On trouve cette plante dans les lieux ftériles & fur le bord des bois.

1274. **XXXIX. Lichen diffus.** *Lichen diffusus.*

Lichen pyxidatus, endiviæ crispæ folio, prolifer, acetabulorum oris crispis. Tournef. 549. Vail. tab. XXI, f. 3.

Coralloides scyphiforme, foliis alcicorniformibus, cartilaginosis. Dillen. 87, t. XIV, f. 12.

Ses expansions sont très-ramifiées, diffuses, dures & garnies d'espèces de feuilles laciniées, frisées, d'un brun-olivâtre en-dessus, & fort blanches en dessous. Ses entonnoirs sont un peu aplatis, foliacés & laciniés en leur hord. On trouve cette plante dans les lieux montagneux & pierreux.

XL. Lichen cylindrique. *Lichen cylindricus.*

Coralloides scyphiforme, elatius, caulibus gracilibus, glabris. Dill. 88, t. XIV, f. 13.

Lichen gracilis. Lin. Sp. 1619.

β. *Lichen pyxidatus, teres, acetabulis minoribus, repandis.* Tournef. 549.

Lichen deformis. Lin. Sp. 1620.

Ses expansions sont cylindriques, fistuleuses, un peu rameuses, grêles, corniformes, hautes de deux ou trois pouces, & terminées, ou par une pointe, ou par une cupule peu évasée & prolifère. La variété β a ses expansions plus simples, moins grêles & terminées par des cupules dentées & tuberculeuses en leur hord. On trouve cette plante dans les lieux montagneux & les Landes.

XLI. Lichen cornu. *Lichen cornutus.* Lin. Sp. 1620.

Coralloides non ramosa, tubulosa. Vail. Paris. 42.

Cette espèce a presque la forme d'une clavaire ; sa tige ressemble à une corne haute d'un pouce ou un peu plus, souvent très-simple & pointue, quelquefois partagée en une couple de rameaux pareillement pointus, & d'une couleur cendrée, mêlée ou tachée de brun : ses cupules sont petites, infundibuliformes & peu évasées. On trouve cette plante sur la terre, dans les landes.

1274. [G] *Ramifications coralloïdes ou arborescentes.*

XLII. Lichen des Rennes. *Lichen rangiferinus.* Lin. Sp. 1620.

Coralloïdes corniculis candidissimis. Tournef. 565.
Coralloïdes corniculis rufescentibus. Ibid.

Ses expansions forment des espèces de tiges très-nombreuses, extrêmement rameuses, ramassées, cylindriques, creuses, tout-à-fait blanches, & hautes de deux à quatre pouces; leurs dernières ramifications sont courtes, très-menues, & souvent inclinées ou penchées. La variété β a ses dernières ramifications brunes ou roussâtres, très-petites, nombreuses, rapprochées entre elles, & comme palmées. Cette plante est commune dans les bois & les landes; les Rennes en font leur principale nourriture.

XLIII. Lichen subulé. *Lichen subulatus.* Lin. Sp. 1621.

Coralloïdes cornua cervi referens, corniculis brevioribus [& longioribus]. Tournef. 565. Vail. t. XXVI, f. 7.

β. *Coralloïdes cornua cervi referens, corniculis aduncis.* Vail. 42.

γ. *Coralloïdes cornua cervi referens, glabra [& aspera], corniculis tenuioribus, bifurcatis.* Vail. 42, t. VII, f. 7; & t. XXVI, f. 8.

Ses expansions forment des tiges grêles, droites, hautes d'un pouce & demi, d'un gris-brun à leur base, blanches à leur sommet, & divisées en un petit nombre de rameaux peu ouverts; ces rameaux sont souvent simples, droits ou crochus, quelquefois fourchus, très-pointus & corniformes. On trouve cette espèce dans les mêmes lieux que la précédente.

XLIV. Lichen onciale. *Lichen unciale.* Lin. Sp. 1621.

Coralloïdes tubulosa, ramulis crassioribus. Vail. 42.

Cette espèce ne s'élève qu'à la hauteur d'un pouce, ses tiges sont creuses, & divisées en rameaux très-courts & pointus. On la trouve dans les landes & sur le bord des bois.

1274. **XLV.** Lichen paschal. *Lichen paschalis.* Lin. Sp. 1621.

Lichen alpinus, ramosus, glaucus, botryoides. Mich. 78, t. LIII, f. 7.

Cette plante est remarquable par ses ramifications abondamment chargées d'une espèce de croûte farineuse, qui les rend un peu denses, & les fait paroître comme fleuries ou couvertes d'une poudre d'un blanc - cendré & presque glauque. On la trouve sur les montagnes de la Provence & du Dauphiné.

XLVI. Lichen roccelle. *Lichen roccella.* Lin. Sp. 1622.

[Orseille des Canaries].

Lichen græcus, polypoides, tinctorius, saxatilis. Tournef. cor. 40, Mich. gen. 77.

Coralloides corniculatum, fasciculare, tinctorium, suci teretis facie. Dill. 120, t. XVII, f. 39.

Ses ramifications sont hautes d'un à deux pouces, droites, cylindriques ou légèrement comprimées, non fistuleuses, pointues, corniformes, & chargées latéralement de cupules alternes, tuberculeuses, pulvérulentes & d'une couleur cendrée. On trouve cette plante en Provence dans les lieux maritimes, sur les rochers ; on en tire une teinture purpurine ou violette.

XLVII. Lichen à gazon. *Lichen cespitosus.*

Coralloides minimum, fragile, madreporæ instar nascens. Dillen. 101, tab. XVI, f. 28.

Ses tiges sont droites, hautes d'un pouce & souvent moins, rameuses, fistuleuses, & ramassées en gazon épais, dur & extrêmement serré ; elles sont chargées par place, de petites croûtes foliacées, d'un gris verdâtre & presque glauque : leurs rameaux sont courts, & leurs dernières ramifications sont très-petites, spinuliformes & roussâtres. On trouve cette plante dans les montagnes du Dauphiné.

1274. [h]. *Extensions filamenteuses, pendantes ou étalées;
cupules presque planes.*

XLVIII. Lichen entrelacé. *Lichen implexus.*

Usnea vulgaris, loris longis, implexis. Dill. 56, t. II, f. 1.
Muscus arboreus, usnea officinarum. Bauh. pin. 361.
An lichen plicatus. Lin. Sp. 1622. *Vide* Hall. Lichen
n.° 1971. Hist.

Ses tiges sont longues, rameuses, filamenteuses, penchées
ou pendantes, entrelacées & grisâtres; ses cupules sont planes
& radiées ou bordées de cils. On trouve cette plante dans
les bois, sur les branches des vieux arbres; son odeur est
agréable, sur-tout lorsqu'elle croît sur les pins : on la dit
bonne contre l'hémorragie des narines.

XLIX. Lichen barbu. *Lichen barbatus.* Lin. Sp. 1622.

Usnea barbata, loris tenuibus, fibrosis. Dill. 63, t. XII,
f. 6.

Cette plante est composée de fibres menues, cylindriques,
très-ramifiées, filamenteuses, molles, d'une couleur pâle,
& quelquefois jaunâtres; ses ramifications sont un peu ouvertes.
On la trouve dans les bois, sur les arbres.

L. Lichen articulé. *Lichen articulatus.* Lin. Sp. 1623.

Muscus arboreus, nodosus. Bauh. pin. 361.
Usnea capillacea & nodosa. Dill. 60, t. XI, f. 4.

Cette plante a beaucoup de rapport avec la précédente,
& n'en est peut-être qu'une variété, comme le pense
M. Guettard; elle est remarquable par ses tiges articulées
ou garnies de nœuds, & par ses ramifications très-menues
& ponctuées. On la trouve sur les arbres.

LI. Lichen fleuri. *Lichen floridus.* Lin. Sp. 1624.

Lichen cinereus, vulgaris, capillaceo folio, minor. Tournef.
550.
Usnea vulgatissima, tenuior & brevior, cum orbiculis. Dill.
musc. 69, tab. XIII, f. 13.

Ses rameaux sont longs de deux ou trois pouces, cylindriques, garnis de beaucoup de filamens simples & presque

1274. capillaires, & ne pendent pas comme ceux des trois espèces précédentes, mais sont redressés ou simplement épars ; les cupules sont des écussons assez grands, orbiculaires & radiés. On trouve cette plante sur les branches des vieux arbres, dans les bois.

LII. Lichen doré. *Lichen aureus.*

> *Usnea capillacea, citrina, fruticuli specie.* Dill. 73, tab. XIII, f. 16.
>
> *Lichen vulpinus.* Lin. Sp. 1623.

Cette espèce est d'un jaune verdâtre dans sa jeunesse, & devient par la suite d'un jaune doré très-remarquable ; ses ramifications sont nombreuses, un peu aplaties, couvertes de petites excavations, étroites, filamenteuses, très-divisées, la plupart redressées, & disposées en un paquet lâche ou en un faisceau diffus. On la trouve sur les arbres, & particulièrement sur les sapins.

LIII. Lichen jayet. *Lichen gagates.*

> *Coralloides corniculatum, fuci tenuioris facie.* Dill. 118, t. XVII, f. 37.
>
> *Lichen fruticosus, alpinus, minimus, nigerrimus.* Hall. enum. p. 70, t. II, f. 1.

Cette espèce est fort petite, un peu purpurine dans sa jeunesse, & devient ensuite d'un beau noir ; ses tiges sont longues de six lignes, très-menues, rameuses ou plusieurs fois fourchues, dures, lisses, noires, nombreuses, & disposées en un petit gazon ou en rosette dense ; ses cupules sont petites, très-noires, & planes ou légèrement convexes, mais point concaves. On trouve cette plante en Dauphiné, sur les rochers ; elle m'a été communiquée par M. Faujas de Saint-Fond.

1275. Tremelle. *Tremella.*

Les Tremelles sont des plantes très-simples, composées d'une substance gélatineuse, étendue sous diverses formes, & dont la fructification n'est presque point sensible.

Espèces.

§ 275.

I. Tremelle noſtoc. *Tremella noſtoc.* Lin. Sp. 1625.

> *Noſtoc ciniſtonum.* Vail. Pariſ. 144. Tournef. Pariſ. t. II,
> p. 463.
>
> *Noſtoc.* Reaumur. act. 1722, p. 121.
>
> β. *Noſtoc nigricans, arboribus innaſcens.* Vail. 144.

Subſtance gélatineuſe, d'un vert pâle, preſque tranſparente, ondulée, pliſſée, que l'on n'aperçoit qu'après la pluie, & qui diſparoît dans les temps ſecs; cette ſubſtance s'enfle & s'étend lorſqu'elle eſt imbibée d'eau, & s'affaiſſe, ſe contracte & devient preſque inviſible lorſqu'elle eſt sèche. M. de Haller regarde les globules que l'on obſerve dans ſes plis, comme des eſpèces de bourgeons & non comme des ſemences. On trouve cette plante ſur la terre dans les prés, les allées des jardins & les bois : ſa variété naît ſur les arbres.

II. Tremelle lichenoïde. *Tremella lichenoides.* Lin. Sp. 1625.

> *Lichen terreſtris, minimus, fuſcus.* Lin. Sp. 1625.

Cette eſpèce eſt un peu membraneuſe, foliacée, laciniée, friſée, & d'un rouge livide ou d'un bleu noirâtre. On la trouve ſur la terre dans les lieux couverts & les bois.

III. Tremelle oreillette. *Tremella auricula.* Lin. Sp. 1625.

> *Agaricus auriculæ formâ.* Tournef. 562. Mich. t. LXVI,
> f. 1.
>
> *Peziza auricula.* Lin. Syſt. p. 725.

Sa ſubſtance eſt étendue en une membrane arrondie ou elliptique, concave, ridée & remarquable par des plis qui reſſemblent en quelque ſorte à ceux de l'oreille humaine : elle eſt griſâtre & comme velue en-deſſous. On trouve cette plante ſur le tronc des vieux arbres, & particulièrement ſur le ſureau.

IV. Tremelle verruqueuſe. *Tremella verrucoſa.* Lin. Sp. 1625.

> *Tremella fluviatilis, gelatinoſa & utriculoſa.* Dill. 54, t. X,
> f. 16.
>
> β. *Tremella difformis.* Lin. Sp. 1626.

Sa ſubſtance eſt véſiculeuſe, tuberculeuſe, molle ou

1275. caffante, lobée, difforme & brune, ou d'un vert rouffâtre. On trouve cette efpèce dans les ruiffeaux, attachée fur les pierres, ou flottante à la furface de l'eau, felon l'obfervation de M. Guettard.

V. Tremelle pourprée. *Tremella purpurea.* Lin. Sp. 1626.

Noſtoc granuloſus, coccineus, arboribus innaſcens. Vail. 144.

Cette efpèce forme des tubercules globuleux, feffiles, folitaires, glabres, d'une belle couleur pourpre, petits & reffemblant à des grains. On la trouve fur les rameaux fecs des arbres & fur leur tronc.

1276. Varec. *Fucus.*

Les Varecs font des plantes aquatiques, membraneufes, coriaces, & dont la fructification n'eft pas beaucoup plus connue que celle des tremelles. Ces plantes ont la plupart des véficules affez remarquables, & qui fervent, felon quelques auteurs, à les foutenir dans l'eau : ces véficules, felon d'autres, font de différentes fortes ; les unes font velues en-dedans, & paffent pour des fleurs mâles ; les autres font remplies de matière gélatineufe, & ont leur furface parfemée de points tuberculeux. On les regarde comme des fleurs femelles.

Les véficules velues ne font, felon M. Guettard, que des houpes de poils, qu'il ne croit pas néceffaire à la fructification de ces plantes.

Efpèces.

I. Varec flottant. *Fucus natans.* Lin. Sp. 1628.

Fucus folliculaceus, ferrato folio. Tournef. 568.

Sa tige eft filiforme, très-rameufe, & garnie de beaucoup de feuilles lancéolées, dentées & fort rapprochées les unes des autres ; elle eft chargée dans prefque toute fa longueur de véficules globuleufes pédunculées, & quelquefois furmontées par une petite pointe ou un filet court. Cette plante a été obfervée fur les bords de la Méditerranée par M. Gouan.

1276. II. **Varec grenu.** *Fucus acinarius.* Lin. Sp. 1628.

Fucus folliculaceus, linariæ folio. Tournef. 568.

Cette espèce ressemble beaucoup à la précedente, mais ses feuilles sont très-étroites, linéaires & entières en leurs bords; ses vésicules sont des grains pédunculés & extrêmement petits. M. Gérard a observé cette plante sur le bord de la mer, en Provence.

III. **Varec denté.** *Fucus serratus.* Lin. Sp. 1626.

Fucus sive alga latifolia, major, dentata. Morif. Hift. 3, p. 648, sec. 15, tab. IX, f. 1.

Ses expansions forment des espèces de feuilles alongées, planes, rameuses ou fourchues, garnies d'une côte ou nervure longitudinale, dentées en leurs bords, & chargées de tubercules vers leur sommet. Cette plante a été observée sur les côtes de l'Océan par M. Guettard.

IV. **Varec vésiculeux.** *Fucus vesiculosus.* Lin. Sp. 1626.

Fucus maritimus vel quercus maritima, vesiculas habens. Tournef. 566.

Ses expansions forment des espèces de feuilles alongées, ondulées, découpées en plusieurs lanières, non dentées en leurs bords, & chargées de vésicules vers leur sommet. Cette espèce est commune sur les bords de la mer.

V. **Varec céranoïde.** *Fucus ceranoides.* Lin. Sp. 1626.

Fucus humilis, dichotomus, ceranoides, latioribus foliis ut plurimum verrucosis. Tournef. 567. Morif. h. 3, p. 646, f. 15, t. VIII, f. 13.

β. *Fucus lacerus.* Lin. Sp. 1627.

Ses expansions forment des espèces de feuilles moins longues que celles des deux espèces précédentes, planes, dichotomes, entières en leurs bords, laciniées, & vésiculeuses à leur sommet; ces feuilles vont en s'élargissant vers leur extrémité, qui est comme tronquée & frangée ou bifide. Cette plante a été observée en Provence sur les bords de la mer par M. Gérard.

1276. VI. **Varec** découpé. *Fucus excisus.* Lin. Sp. 1627.

Fucus dichotomus, membranaceus, ex viridi flavescens, cera-
noides, angulos rotundiusculos efformans. Morif. h. 3 ,
p. 646 , f. 15, t. VIII, f. 11.

Fucus canaliculatus. Lin. Syft. Nat. p. 716.

Cette efpèce eft petite; fes expanfions font planes, linéaires,
découpées & ramifiées vers leur fommet, concaves ou canaliculées d'un côté, & un peu convexes de l'autre. M. Guettard
a obfervé cette plante du côté des Sables d'Olonne.

VII. **Varec** noueux. *Fucus nodofus.* Lin. Sp. 1628.

Fucus mariiimus, nodofus. Tournef. 566.

Ses expanfions font longues, étroites, planes, un peu
ramifiées, & garnies d'efpace en efpace, de véficules ovales,
qui naiffent de la dilatation de leur fubftance, & qui les
font paroître noueufes. On trouve cette plante fur les bords
de la mer.

VIII. **Varec** filiqueux. *Fucus filiquofus.* Lin. Sp. 1629.

Fucus marinus, alter., tuberculis paucissimis. Tournef. 566.

Ses expanfions font longues, menues, & beaucoup plus
ramifiées que celles de l'efpèce précédente; les véficules font
oblongues, & naiffent vers le fommet des ramifications.
M. Guettard a trouvé cette plante aux environs des Sables
d'Olonne.

IX. **Varec** à feuilles d'auronne. *Fucus abrotanifolius.*

Corallina abrotanifolio. Tournef. 571.
Fucus felaginoides. Lin. mant. 134.

Sa tige eft filiforme, longue de fix pouces, tortueufe &
très-ramifiée dans fa partie fupérieure; fes ramifications font
très-menues, courtes, en alène, & véficulaires à leur bafe.
Cette plante a été obfervée en Provence; fur le bord de
la mer, par M. Gérard.

X.

1276.

X. Varec filiforme. *Fucus filiformis.*

> *Alga nigra, capillaceo folio.* Tournef. 569.
> *Fucus filum.* Lin. Sp. 1631.

Ses expansions sont longues de plusieurs pieds, cylindriques, filiformes, simples, un peu fermes ou cassantes, & ressemblent à de longues cordes très-menues; elles deviennent noirâtres en se séchant. On trouve cette plante sur le bord de la mer.

XI. Varec palmé. *Fucus palmatus.* Lin. Sp. 1630.

> *Fucus foliaceus, humilis, palmam humanam referens.* Tourn. 566. Morif. h. 3, p. 646, f. 15, t. VIII, f. 1.

Ses expansions sont planes, palmées & divisées en plusieurs lanières plus ou moins larges, qui ressemblent à des digitations. Cette espèce a été observée sur le bord de la mer en Languedoc, par M. Gouan.

XII. Varec digité. *Fucus digitatus.* Lin. mant. 134.

> *Fufcus arboreus, polyfchides edulis.* Tournef. 756.

Cette espèce est fort grande; sa tige est longue, cylindrique, assez épaisse & s'épanouit en plusieurs digitations ou folioles ensiformes. On trouve cette plante sur le bord de la mer.

XIII. Varec cartilagineux. *Fucus cartilagineus.* Lin. Sp. 1630.

> *Muscus maritimus, tenuissime dissectus, ruber.* Bauh. pin. 363.
> *An corallina rubens, millefolii feré divisura.* Tournef. 571.

Cette plante a un port très-élégant; sa tige se divise en beaucoup de ramifications étroites, comprimées, multifides & rougeâtres : elle a été observée par M. Guettard, sur les côtes du bas Poitou, & sur celles des environs de Caen.

XIV. Varec capillacé *Fucus capillaceus.*

> *Corallina rubens, valde ramosa, capillacea.* Tournef. 571.
> *Fucus confervoides.* Lin. Sp. 1629.

Cette espèce forme de petits buissons d'un aspect charmant;

1276. ſes tiges ſont menues, extrêmement rameuſes, longues de trois à ſept pouces, d'un rouge plus ou moins foncé, étalées, & ont leurs dernières ramifications très-fines, courtes & capillaires : les véſicules ſont des tubercules très-petits, épars & d'un rouge-brun. On trouve cette plante ſur les bords de la mer.

1277.

Ulve. *Ulva.*

Les Ulves ſont des plantes aquatiques très-ſimples, compoſées d'extenſions membraneuſes & tranſparentes, & ont beaucoup de rapport avec les Varecs.

Eſpèces.

I. Ulve plume de paon. *Ulva pavonia.* Lin. ſyſt. nat. 719.

Fucus maritimus, gallo-pavonis pennas referens. Tournef. 568.

Ses expanſions ſont planes, arrondies-réniformes, panachées de diverſes couleurs & garnies de ſtries, les unes longitudinales, & les autres diſpoſées en travers. On trouve cette plante ſur les bords de la mer, attachée ſur les pierres & les coquillages.

II. Ulve ombicale. *Ulva umbilicalis.* Lin. Sp. 1633.

Tremella marina, umbilicata. Dill. 45, t. VIII, f. 3.

Cette eſpèce forme une expanſion orbiculaire, plane ou légèrement concave, ſinuée, un peu coriace, gluante, & remarquable par des ondulations ou des plis qui partent de ſon centre en manière de rayons. On la trouve ſur le bord de la mer.

III. Ulve inteſtinale. *Ulva inteſtinalis.* Lin. Sp. 1632.

Tremella marina, tubuloſa, inteſtinorum figurâ. Dill. 47, t. IX, f. 7.

Fucus tubuloſus, inteſtinorum formâ. Tournef. 568.

Cette plante eſt formée par une membrane concave, tubulée, alongée, ridée, boſſelée ou pliſſée, d'un vert pâle, & reſſemble en quelque ſorte à un inteſtin. On la trouve ſur le bord de la mer & dans les ruiſſeaux.

1277. IV. Ulve large. *Ulva latiſſima.* Lin. Sp. 1632.

Fucus longiſſimo, latiſſimo, tenuique folio. Tournef. 567.

Cette eſpèce eſt formée pár une membrane verte, mince, plane, ondulée, longue ſouvent de plus d'un pied, & large de quatre à ſix pouces. On la trouve ſur le bord de la mer.

V. Ulve laitue. *Ulva lactuca.* Lin. Sp. 1632.

Fucus lactucæ folio. Tournef. 568.

Ses expanſions forment des eſpèces de feuilles aſſez nombreuſes, ramaſſées, minces, larges, membraneuſes, d'un vert pâle, luiſantes, ondulées, & ſinuées ou laciniées à leur ſommet. On trouve cette plante ſur le bord de la mer, attachée ſur les rochers.

VI. Ulve chicoracée. *Ulva intybacea.*

Fucus ſive alga intybacea. Tournef. 568.
Ulva linza. Lin. Sp. 1633.

Ses expanſions forment des eſpèces de feuilles minces, alongées, très-ondulées, & ridées ou boſſelées. On trouve cette plante dans la mer & les étangs.

1278. Conferve. *Conferva.*

Les Conferves ſont des plantes aquatiques, compoſées d'extenſions filamenteuſes, capillaires, aſſez longues & ſimples, ou articulées, ou rétiformes, ou enfin rameuſes.

Eſpèces.

I. Conferve des ruiſſeaux. *Conferva rivularis,* Lin. Sp. 1633.

Alga viridis, capillaceo folio. Tournef. 569.

Ses filamens ſont fort longs, très-ſimples, auſſi menus que des cheveux, cylindriques, liſſes & de couleur verte. Cette plante eſt commune dans les ruiſſeaux, les mares & les foſſés aquatiques. On la dit bonne dans les contuſions & les fractures.

1278. II. Conferve bulleuse. *Conferva bullosa.* Lin. Sp. 1634.

Conferva palustris, bombycina. Dillen. 18, t. III, f. 11.

Ses filamens sont très-fins, rameux, & souvent entrelacés de manière qu'ils forment des floccons semblables à de la houatte, & dans lesquels s'arrêtent communément les bulles d'air qui s'élèvent du fond de l'eau. On trouve cette plante dans les mares & les étangs.

III. Conferve des rives. *Conferva littoralis.* Lin. Sp. 1634.

Conferva, marina, capillacea, longa, ramosissima. Dill. 23, t. IV, f. 19.

Ses filamens sont très-rameux, alongés & un peu rudes au toucher. On trouve cette plante sur les bords de la mer, attachée communément sur les rochers.

IV. Conferve réticulée. *Conferva reticulata.* Lin. Sp. 1635.

Conferva reticulata. Dill. 20, t. IV, f. 14. Raj. 4, app. 1852.

Ses filamens sont très-fins, & disposés en lames réticulaires, presque semblables à de la toile d'araignée, vertes, & souvent flottantes sur l'eau. On trouve cette plante dans les mares & sur le bord des ruisseaux.

V. Conferve gélatineuse. *Conferva gelatinosa.* Lin. Sp. 1635.

Corallina pinguis, ramosa, viridis. Vail. 40, t. VII, f. 6.

Conferva fontana, nodosa, spermatis ranarum instar lubrica, major & fusca. Dill. 36, t. VII, f. 42, etiam n.os 43, 44, 45.

Ses filamens sont rameux, & garnis dans toute leur longueur de globules gélatineux, verdâtres ou rougeâtres, fort rapprochés les uns des autres, & qui paroissent enfilés comme les grains d'un collier. On trouve cette plante dans les ruisseaux & les fontaines.

278. **VI. Conferve pelotonnée.** *Conferva glomerata.* Lin. Sp. 1637.

Conferva minor, ramofa. Vail. Parif. 40.

Ses filamens font articulés, longs & très-rameux ; leurs dernières ramifications font courtes, nombreuses & comme ramaffées par paquets. On trouve cette plante dans les ruiffeaux & les foffés aquatiques.

VII. Conferve grillée. *Conferva cancellata.* Lin. Sp. 1635.

Conferva marina, cancellata. Dill. 24, t. IV, f. 22.

Ses filamens font rameux, & garnis dans toute leur longueur, de filets très-courts, fafciculés & recourbés en-dedans, de manière qu'ils laiffent un jour entre eux & leur tige ou leur filet commun. On trouve cette plante fur les bords de la mer.

VIII. Conferve à balais. *Conferva fcoparia.* Lin. Sp. 1635.

Conferva marina, pennata. Dill. 24, t. IV, f. 23.

Fucus fcoparia, pennachio marinus. Bauh. pin. 366.

Ses filamens font rameux, & chargés de diftance en diftance, de filets plumeux & difpofés par faifceaux. Cette efpèce & la précédente, ont été obfervées par M. Guettard, fur les côtes du bas Poitou.

IX. Conferve noueufe. *Conferva nodofa.*

Conferva fluviatilis, nodofa, fucum æmulans. Dill. 39, t. VII, f. 48.

Corallina fluviatilis, non ramofa. Vail. 40, t. IV, f. 5.

β. *Conferva fluviatilis.* Lin. Sp. 1635.

Ses filamens font fimples, longs de fix pouces, articulés dans toute leur longueur, d'un vert pâle ou jaunâtre, caffans, & naiffent, en forme de faifceau, fur une petite plaque qui leur tient lieu de racine ; leurs articulations reffemblent, felon Vaillant, à des bobines enfilées, ou à des phalanges creufées par les deux bouts. On trouve cette plante dans les rivieres, attachée fur les pierres, au fond des eaux.

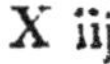

X iij

Byſſe. *Byſſus.*

279. Les Byſſes ont beaucoup de rapport avec les Conferves ; mais ne font pas compoſés de filamens auſſi longs, & ne viennent pas communément dans l'eau. Ces plantes forment un duvet, ou quelquefois une eſpèce de tiſſu poudreux, ordinairement coloré.

Eſpèces.

* *Duvet filamenteux.*

I. **Byſſe fleur d'eau.** *Byſſus flos aquæ.* Lin. Sp. 1637.

    Byſſus latiſſima, papiri inſtar ſuper aquam expanſa. Dillen, p. 2.

Ses filamens font courts, plumeux, extrêmement fins, & forment ſur la ſurface de l'eau, une eſpèce de croûte très-molle & verdâtre. On trouve cette plante dans les eaux tranquilles.

II. **Byſſe veloutée.** *Byſſus velutina.* Lin. Sp. 1638.

    Byſſus tenerrima, viridis, velutum referens. Dill. t. I, f. 14.

On trouve cette eſpèce ſur la terre & ſur les pierres, où elle forme un duvet très-fin, ſoyeux, court & de couleur verte ; ſes filamens font rameux.

III. **Byſſe doré.** *Byſſus aurea* Lin. Sp. 1638.

    Byſſus petræa, crocea, glomerulis lanuginoſis. Dill. 8, t. I, f. 16.

Cette plante forme des glomérules, ou eſpèces de couſſinets laineux, convexes, ramaſſés & d'un jaune-rouſſâtre ou un peu rougeâtre. On la trouve ſur les murs & ſur les pierres.

IV. **Byſſe des caves.** *Byſſus cryptarum.*

    Byſſus latiſſima, ſpeluncis & cellis vinariis innaſcens, feltrum vel pannum laneum ſimulans, &c. Mich. gen. 211, n.° 10, t. LXXXIX, f. 9.

Cette eſpèce forme un tiſſu très-mou, épais de deux ou trois lignes, fort làrge, léger, blanchâtre dans ſa jeuneſſe, & qui acquiert une couleur brune en vieilliſſant ; ce tiſſu reſſemble en quelque ſorte à un morceau de drap ou de panne, ou à une pièce d'amadou. On la trouve dans les caves, ſur les tonneaux, ou ſur leur chantier.

** *Tissu presque poudreux.*

279.

V. Byssc odorant. *Byssus odorata.*

Byssus germanica, minima, saxatilis, aurea, violæ martiæ odorem spirans. Mich. 210, t. LXXXIX, f. 3.

Byssus jolithus. Lin. Sp. 1638.

Cette plante forme une croûte large, presque poudreuse, très-rouge dans sa jeunesse, & qui devient d'une couleur pâle ou jaunâtre, à mesure qu'elle vieillit & qu'elle se sèche ; elle a une odeur de violette ou d'iris assez remarquable. On la trouve sur les pierres.

VI. Bysse bleu. *Byssus cærulea.*

Cette espèce forme une croûte mince, large, presque poudreuse ou finement veloutée, & d'un bleu admirable, tirant sur la couleur de l'indigo ; elle devient un peu grisâtre en se séchant ; elle m'a été communiquée par M. de Beauvois, qui l'a trouvée dans une remise, sur des planches à demi pourries.

VII. Bysse jaune. *Byssus flava.*

Byssus pulverulenta, flava lignis adnascens. Dill. 3. t. I, f. 4.

Byssus candelaris. Lin. Sp. 1639.

Cette plante forme une croûte veloutée, d'un jaune-roussâtre dans sa partie moyenne, & d'un blanc-ochreux ou d'un jaune-pâle en ses bords. On la trouve sur le bois des bâtimens, exposé au vent & à la pluie.

VIII. Bysse pourpre. *Byssus purpurea.*

Byssus pulverulenta, violacea, lignis adnascens. Raj. syn. 56, n.° 3.

Cette espèce forme une croûte poudreuse très-étendue, & d'un pourpre foncé, noirâtre ou un peu violet. On la trouve au bas des murailles humides, & sur le bois à demi pourri.

IX. Bysse vert. *Byssus viridis.*

Byssus botryoides, saturate virens. Raj. syn. 56, Dill. 3, t. I, f. 5.

Byssus botryoides. Lin. Sp. 1639.

Cette espèce est très-commune, & ressemble à une poudre

X iv

1279. verte, répandue fur l'écorce des arbres , fur les pierres & fur la terre, dans les lieux obfcurs & un peu humides.

X. Byffe lactée. *Byffus lactea.* Lin. Sp. 1639.

> *Byffus candidiffima , calcis inftar mufcos veftiens.* Dill. 2, t. I, f. 2.

J'ai trouvé cette efpèce fur des pieds du Bry-à-balais ; elle formoit fur leur tige une croûte fpongieufe & de couleur blanche ; elle vient auffi fur l'écorce des arbres.

1280.

Champignons.

Les Champignons font des plantes en apparence très-imparfaites, & dénuées de la plupart des organes qu'on obferve dans prefque toutes les autres ; leur fubftance eft communément ramaffée ou élevée, rarement rampante , molle dans le plus grand nombre, & fpongieufe ou poreufe, ou lamellée, ou enfin quelquefois filamenteufe; ces plantes végètent & croiffent fouvent avec une promptitude étonnante , mais toutes celles qui font dans ce cas , durent peu & fe pourriffent de bonne heure. On prend pour leur femence, une pouffière qu'on remarque affez ordinairement , foit éparfe fur leur fuperficie, foit contenue dans leur fubftance.

Genres felon M. Linné.

Champignon ayant un chapeau ou une efpèce de chapiteau, foit feffile , foit pédiculé.

Agaric. *Chapeau doublé de lames.* 1281

Bolet. *Chapeau doublé de pores ou tuyaux* 1282

Hydne. *Chapeau doublé de pointes , ou hériffé en-deffous.* 1283

Morille. *Chapeau liffe en-deffous & crevaffé en-deffus* 1284

1280.

Champignons n'ayant point de chapeau remarquable.

Clathre. *Expansion fongueuse, arrondie ou oblongue & grillée.* 1285

Helvelle. *Expansion fongueuse turbinée* 1286

Pesise. *Expansion fongueuse, campanulée ou en creuset* 1287

Clavaire. *Expansion fongueuse, lisse & alongée* 1228

Vesse-loup. *Expansion fongueuse, arrondie & pleine de poussière.* 1289

Moisissure. *Vésicules pédiculées.* 1290

1281.

Agaric. *Agaricus.*

Les Agarics sont la plupart connus vulgairement sous le nom de champignon; leur chapeau est horizontal, pédiculé dans le plus grand nombre, & garni en-dessous de feuillets ou de lames qui vont du centre à la circonférence.

Espèces.

* *Pédicule nu, assez épais, & dont la longueur n'égale pas deux fois le diamètre du chapeau.*

I. Agaric poivré. *Agaricus piperatus.* Lin. Sp. 1641.

Fungus albus, acris. Bauh. pin. 371. Schœff. t. LXXXIII.
Fungus piperatus, albus, lacteo succo turgens. Tournef. 558.
Fungus lacteus, maximus, infundibuliforma. Vail. 61.

Il est assez blanc dans sa jeunesse, & acquiert en se développant une couleur un peu sale ou roussâtre; son chapeau est large, plane ou un peu enfoncé dans son centre, & porté sur un pédicule court & épais : son suc est laiteux & fort âcre. On le trouve sur le bord des bois & dans les pâturages.

1281. **II. Agaric laiteux.** *Agaricus lactifluus.* Lin. Sp. 1641.

> *Fungus pileolo lato, puniceo, lacteum & dulcens fuccum*
> *fundens.* Tournef. 558.
> *Agaricus quintus.* Schœff. t. V.

Son chapeau eft d'un rouge-brun, convexe ou aplati, &
large de deux à quatre pouces ; fes lames font blanches dans
leur jeuneffe, & acquièrent enfuite une couleur rouffâtre :
le pédicule eft épais, plein, & d'un roux brun à fa bafe.
On trouve cette efpèce dans les bois ; fon fuc eft doux &
laiteux.

III. Agaric bronzé. *Agaricus ærugineus.*

> *Fungus lactefcens, piperatus, rufus.* Vail. Parif. 61,
> n.° 10.

Son chapeau eft large d'un ou deux pouces, plane ou un
peu enfoncé dans fon milieu, & d'un roux verdâtre, tirant
fur la couleur du bronze ; fes lames font blanches, & fon
pédicule eft prefque plein & bronzé, ou un peu verdâtre
comme le chapeau : fon fuc eft laiteux & légèrement âcre.
J'ai obfervé cette efpèce fur le bord des bois, dans les environs de Rouen.

IV. Agaric rougiffant. *Agaricus rubefcens.*

> *Fungus lactefcens, pragnantiffimus.* Vail. 61, n.° 9.
> *Agaricus deliciofus.* Lin. Sp. 1641. Schœff. t. XI.

Son chapeau eft large, enfoncé dans fon milieu, un peu
roulé en-deffous en fes bords, légèrement tané en fa fuperficie,
& d'une couleur de bois ou d'un roux-pâle ; fes lames font
rouffâtres, & fon pédicule eft court, ferme & épais. Cette
efpèce eft remarquable par fa fubftance qui rougit lorfqu'on
la coupe, & répand un fuc laiteux, rougeâtre & piquant. On
la trouve dans les lieux couverts & montagneux.

V. Agaric des bois. *Agaricus fylvaticus.*

> *Fungus piperatus, non lactefcens.* Vail. 62.
> *Fungus piperatus, non lactefcens, coloris brafilici.* Vail. 65.
> *Agaricus.* Schœff. t. XV, XVI, LVIII, LXXV, XCII,
> XCIII, CCXIV.
> *Agaricus integer.* Lin. Sp. 1640.

Son chapeau eft convexe, un peu aplati, quelquefois

1281. légèrement enfoncé dans son milieu, large de trois ou quatre pouces, & d'une couleur qui varie du rouge-brun à l'incarnat ou au rose-pâle : les lames dont il est doublé sont blanches & presque toutes d'égale longueur; son pédicule est blanc, court & épais : il est commun dans les bois.

VI. Agaric châtain. *Agaricus fuscus.*

Fungus læté fusco colore. Vail. 64, n.° 22.

Fungus læté fusco colore, pediculo breviore. Vail. ibid. n.° 23.

Agaricus. Schœff. t. XIV & LXIV.

Son chapeau est d'un gris roussâtre, terreux ou d'une couleur fauve, convexe, un peu élevé en mamelon dans son milieu & drapé; les lames sont grisâtres ou d'un blanc livide : le pédicule est plein, d'un blanc-cendré, cylindrique & un peu long. On le trouve dans les lieux incultes.

VII. Agaric paillet. *Agaricus stramineus.*

Fungus pileolo straminei coloris. Vail. 63, n.° 16.

Agaricus. Schœff. t. L. *An agaricus quinque partitus.* Lin.

Son chapeau est large d'un pouce & demi, d'un gris-blanc satiné, de couleur de paille ou roussâtre dans son milieu, & se fend communément en plusieurs parties, lorsqu'il est tout-à-fait ouvert; les lames sont blanchâtres, & le pédicule est plein, assez court & de la couleur du chapeau. Il est commun sur les pelouses & le long des bois.

VIII. Agaric violet. *Agaricus violaceus.* Lin. Sp. 1641.

Fungus major, violaceus. Vail. 67, n.° 45. Schœff. t. III.

β. *Agaricus.* Schœff. t. XXXIV.

Fungus magnus, albus, pileolo lato, pronâ parte, sordide cæruleo. Vail. 67.

Son chapeau est large de trois à cinq pouces, convexe & d'un violet sale, brun ou roussâtre, ou quelquefois grisâtre; les lames sont d'un beau violet dans leur jeunesse : le pédicule est plein, épais, bulbeux à sa base & assez court. Cette espèce est commune dans les lieux incultes & couvertts.

1281. IX. Agaric infundibuliforme. *Agaricus infundibuliformis.*

Fungus albibus, infundibuliformâ, paluſtris. Vail. 62.

An amanita albus, oris repandis & laceris. Hall. Hiſt. n.° 2340.

Son chapeau eſt mince, un peu creuſé en entonnoir, d'un blanc-ſale, & ſouvent découpé en ſes bords ; les lames & le pédicule ſont de la couleur du chapeau : le pédicule eſt plein , & n'a qu'un ou deux pouces de longueur.

X. Agaric à zones. *Agaricus zonarius.*

Fungus lignoſus, faſciatus. Vail. 61, t. XII, f. 7.

Agaricus. Schœff. t. CCXXXV.

Son chapeau eſt plane, un peu enfoncé dans ſon milieu, roulé en-deſſous en ſes bords, roux en ſa ſuperficie, & remarquable par des cercles concentriques, blanchâtres ou d'une couleur pâle ; les lames ſont blanches, le pédicule eſt court, plein & épais, & ſon ſuc eſt laiteux & fort âcre.

OBS. Je ne connois pas de raiſon pour ranger cette plante parmi les *Boletus,* comme le font M.rs Linné, Gerard & Dalibard.

XI. Agaric chanterelle. *Agaricus cantharellus.* Lin. Sp. 1639.

Fungus anguloſus & veluti in lacinias diſſectus. Vail. 60, t. XI, f. 14, 15.

Fungus pileolo per maturitatem inſtar agarici laciniato. Vail. ibid. tab. XI, f. 11, 12, 13.

Fungus minimus, flaveſcens, infundibuliformâ. Ibid. t. IX, X.

Cette eſpèce eſt aſſez petite, & d'un roux pâle ; ſon chapeau ſe relève à meſure qu'il ſe développe, & forme preſque l'entonnoir : ſes bords, dans cet état, ſont ſouvent découpés, lobés & contournés ; ſes lames ſont étroites, lâches, rameuſes, & reſſemblent à des nervures. On la trouve dans les prés montagneux & les bois.

1281. **XII.** **Agaric blanchâtre.** *Agaricus albellus.* Schœff. tab. LXXVIII.

> *Fungus pileolo rotundiori, mouceron dictus.* Tournef. 557.
> *Amanita albus, siccus, cute coriaceâ.* Hall. Hist. n.° 2344.

Son chapeau est convexe, globuleux dans sa jeunesse, & blanchâtre, ainsi que ses lames & son pédicule; sa substance est ferme, & sa peau coriace. On le trouve au printemps dans les lieux montagneux & incultes; il est très-employé dans la cuisine.

XIII. **Agaric conique.** *Agaricus conicus.* Schœff. t. XI.

> *Fungus aurantii coloris, capitulo in conum abeunte.* Tournef. 559.
> *Fungus aureus, capitulo in conum abeunte.* Vaill. 67, n.° 49.
> β. *Fungus glutinosus, colore aurantio.* Vaill. 72, t. XII, f. 8, 9.

Son chapeau est conique, lisse, visqueux, d'un jaune orangé, & presque pourpre à son sommet, sur-tout dans sa jeunesse; les lames sont couleur de soufre : le pédicule est long de deux pouces, un peu fistuleux & jaunâtre. Il est commun sur les pelouses & les prés secs, en automne.

XIV. **Agaric écarlate.** *Agaricus coccineus.* Schœff. t. CCCII.

> *Fungus parvus, coccineus.* Vaill. 66, n.° 38.

Cette espèce ressemble assez à la précédente, mais elle est beaucoup plus petite, & d'un rouge plus vif & plus abondant en toutes ses parties. On la trouve dans les mêmes lieux.

XV. **Agaric visqueux.** *Agaricus viscosus.* Schœff. t. XXXIX & CCLVI.

> *Fungus capite expanso, viscosus.* Vaill. 70, n.° 60.
> *An amanita albus, viscidus, laminis tenuissimis.* Hall. Hist. n.° 2341.
> β. *Fungus mediæ magnitudinis, totus, albus.* Vaill. 63, n.° 17.

Son chapeau est blanc-sale, couvert de viscosités, convexe dans sa jeunesse, s'étend par la suite, & devient presque plane; les lames sont blanches, & le pédicule est plein, ferme, un peu grêle, & long de deux ou trois pouces. On le

1281. trouve dans les bois. La variété β est d'un blanc-de-lait en toutes ses parties ; elle est très-pernicieuse.

XVI. Agaric livide. *Agaricus lividus.*

Fungus cono primùm obtuso , postea plano , pileolo & pediculo glutine obducto. Vaill. 70, n.° 61. Schœff. t. CCCI.

Son chapeau est large de six à neuf lignes, visqueux, d'un jaune rougeâtre mêlé de vert, conique dans sa jeunesse, & aplati dans son entier développement ; les lames sont d'abord blanches, & verdissent ou jaunissent par la suite : le pédicule est un peu fistuleux, & vert dans le voisinage de son insertion. On le trouve dans les pâturages secs & montagneux.

** **Pédicule nu, un peu grêle, & dont la longueur égale au moins deux fois le diamètre du chapeau.*

XVII. Agaric cendré. *Agaricus cinereus.*

Fungus multiplex , ovatus , cinereus. Vail. 73 , t. XII, f. 10, 11.

Agaricus. Schœff. t. LXXVII, LXXVIII. *An agaricus separatus.* Lin.

Ses pédicules sont cylindriques, fistuleux, longs de trois à cinq pouces, & naissent plusieurs ensemble ; les chapeaux sont ovales, campanulés, longs de deux ou trois pouces, striés, d'une couleur cendrée, & un peu roussâtres à leur sommet : les lames sont grisâtres dans leur jeunesse, noircissent par degrés, & se fondent en eau noirâtre. On trouve cette espèce au pied des arbres ; elle dure très-peu de temps.

XVIII. Agaric roussâtre. *Agaricus rufescens.*

Fungus multiplex , ovatus , cinereus , minor. Vaill. 72.

Agaricus truncorum. Scop. carn. n.° 1482. Schœff. t. VI & XVII.

Cette espèce ressemble fort à la précédente, mais elle est beaucoup plus petite ; les pédicules naissent un grand nombre ensemble, & portent chacun un chapeau ovale, campanulé, roussâtre dans sa partie supérieure, strié & poudreux : les

1281. lames noirciffent en peu de temps , & fe fondent en une liqueur noire qui tache les mains. On la trouve au pied des arbres.

XIX. Agaric pliffé. *Agaricus plicatus.*

Fungus multiplex , fordidè carneus. Vail, 68 , n.° *36.*
Agaricus. Schœff. t. XIII.

Il eft dans toutes fes parties d'un pourpre pâle ou d'un violet fale & rouffâtre ; les pédicules font longs, liffes , un peu fermes , fouvent courbés , prefque pleins , & naiffent communément plufieurs enfemble : leur chapeau eft affez petit , convexe , difforme , & comme pliffé en fes bords. On le trouve dans les bois & les lieux montagneux.

XX. Agaric marron. *Agaricus caftaneus.*

Fungus multiplex , campaniformis , colore caftaneo. Vail. 73, t. XII , f. 3.
Agaricus galericulatus. Scop. carn. n.° *1564.* Schœff. t. LII , f. 1.

Les pédicules naiffent plufieurs enfemble , & portent des chapeaux campanulés-coniques , d'un rouge-brun , & doublés de lames blanchâtres. On le trouve fur le bois pourri ; il n'a qu'un pouce & demi de hauteur.

XXI. Agaric bouclier. *Agaricus clypeatus.* Lin. Sp. 1642.

Fungus clypeatus , in medio protuberans. Vaill. 68 , n.° *53.*
Agaricus. Schœff. t. LII , f. 7, 8 , 9.

Son pédicule eft grêle , long de deux ou trois pouces , & porte un chapeau conique dans fa jeuneffe , qui s'étend enfuite, & forme un bouclier garni dans fon centre d'une éminence en manière de mamelon ; ce chapeau eft d'un gris rouffâtre, ftrié à fa circonférence & légèrement vifqueux : fes lames font blanches. On le trouve dans les bois & les prés.

1281. **XXII.** Agaric jaunâtre. *Agaricus flavidus.* Schœff. t. XXXV.

Fungi plures ex uno pede e prunorum radicibus enati. Vail. p. 68, *n.° 51*; & p. 71, *n.° 5.*

β. *Amanita pileo flavo, oris striatis & lanuginosis, lamellis albis.* Hall. hist. *n.° 2367. Agaricus georgii.* Lin. Sp. 1642.

Les pédicules naissent plusieurs ensemble, sont fistuleux, tortus, d'un blanc-jaunâtre, un peu roussâtres à leur base, & portent des chapeaux hémisphériques dans leur jeunesse, & qui deviennent légèrement coniques à mesure qu'ils se développent ; ces chapeaux sont d'un jaune - rougeâtre dans leur milieu & d'un jaune-pâle en leur circonférence : leurs lames sont blanches ou de couleur de soufre. On le trouve au pied des arbres.

XXIII. Agaric tigré. *Agaricus maculatus.*

Fungus pileolo conico maculato. Vail. 63, *n.° 19.*

Amanita petiolo gracili, farto, pileo squamoso murino, lamellis albis. Hall. hist. *n.° 2382.*

Son pédicule est grêle, long de trois pouces, blanchâtre, légèrement fistuleux, & soutient un chapeau qui forme un cône très-ouvert ; ce chapeau est blanc & couvert de peaux brunes, qui le font paroître tigré : il est doublé de lames blanches. On trouve cette espèce dans les prés.

XXIV. Agaric campanulé. *Agaricus campanulatus.* Lin. Sp. 1643.

Fungus multiplex obtuse conicus, colore griseo murino. Vail. 71, t. XII, f. 1.

Il en naît plusieurs ensemble ; les pédicules sont grêles, lisses, hauts d'un à deux pouces, & soutiennent des chapeaux campanulés-coniques, & d'un gris - de - souris. On le trouve au pied des arbres.

XXV. Agaric fragile. *Agaricus fragilis.* Lin. Sp. 1643.

Fungus pediculo croceo, splendoris participe. Vaill. 69, t. XI, f. 16, 17, 18.

Agaricus. Schœff. t. CCXXX. *Amanita.* Hall. hist. *n.° 2425.*

Cette espèce est fort petite ; son pédicule est très-grêle,

tendre,

1281. tendre, rouſſâtre, haut d'environ un pouce & demi, & ſoutient un petit chapeau légèrement convexe & de couleur de tabac d'Eſpagne. On la trouve dans les jardins & ſur les pelouſes.

XXVI. Agaric androſace. *Agaricus androſaceus.* Lin. Sp. 1644.

> *Fungus pileo candicante, lamellis paucis, pediculo fuſco, ſplendente.* Vaill. 69, t. XI, f. 21, 22, 23. Schœff. t. CCXXXIX.

Cette eſpèce eſt plus petite que la précédente; ſon pédicule eſt très-menu, plein, noirâtre, haut d'un pouce, & porte un très-petit chapeau blanchâtre, mince, ſtrié & légèrement convexe : ſes lames ſont fort courtes, blanches & un peu écartées entre elles. On la trouve ſur le bois pourri & ſur les feuilles mortes.

XXVII. Agaric délicat. *Agaricus tenellus.*

> *Fungus minimus, totus albus, pileolo hemiſphærico, undique ſtriato, lamellis rarioribus.* Mich. p. 166, n.° 3, tab. LXXX, f. 11.
>
> *Agaricus umbelliferus.* Lin. Sp. 1643.

Son pédicule eſt long d'un pouce & demi, très - grêle, foible, tendre, blanchâtre, & chargé d'un très-petit chapeau blanc, convexe, ſtrié & large de trois ou quatre lignes; ce chapeau eſt doublé de lames blanches & un peu écartées entre elles. On trouve cette eſpèce ſur les feuilles pourries, & quelquefois ſur les troncs d'arbres.

XXVIII. Agaric clou. *Agaricus clavus.* Lin. Sp. 1644.

> *Fungus minimus, aurantius, mamillaris.* Vaill. 76, t. XI, f. 19, 20.
>
> *Amanita minimus, oris adtractis, flavus, infernè albus.* Hall. hiſt. n.° 2370.

Son pédicule eſt long de quatre à huit lignes, plein, menu, d'un blanc jaunâtre, & porte un petit chapeau convexe, d'un jaune orangé ou rouſſâtre, & reſſemblant à la tête d'un petit clou doré. On le trouve ſur les feuilles mortes & ſur les troncs d'arbres.

1281. **XXIX.** Agaric grêle. *Agaricus gracilis.*

> *Fungus capitulo conico, palidè cinericio, centro fusco.* Vail. 65.
> *Fungus epipterygios.* Vail. 69. Schœff. t. XXXI & XXXII.

Son pédicule est très-grêle, long de deux à trois pouces, jaunâtre ou roussâtre, & soutient un chapeau conique, court, d'un roux brun ou de couleur jaune à son sommet, blanchâtre & strié en ses bords ; les lames sont de la couleur des bords du chapeau. On le trouve dans les bois parmi les mousses & sur les feuilles pourries.

*** *Pédicule garni d'un anneau ou d'une espèce de collier.*

XXX. Agaric moucheté. *Agaricus muscarius.* Lin. Sp. 1640.

> *Amanita petiolo anulato, sanguineo lamellis albis.* Hal. hist. n.° 2373.
> *Fungus muscas interficiens.* Tournef. 559.

Cette espèce est admirable par sa beauté ; son pédicule est épais, bulbeux à sa base, plein, blanc, haut de quatre à six pouces, & soutient un chapeau convexe dans sa jeunesse, & plane dans son développement parfait ; ce chapeau est large de six à neuf pouces & d'une belle couleur écarlate, plus foncé dans son milieu qu'à la circonférence où il est un peu aurore : il est ordinairement chargé de petites peaux blanches qui le rendent agréablement moucheté ; ses lames sont d'un blanc-delait ; cette plante est commune dans les bois ; on la dit pernicieuse & propre pour faire mourir les mouches & les punaises ; c'est vraisemblablement la même que M. Vaillant décrit *à la page 75, n.° 6 de son Botanicon* ; mais le synonyme de Bauhin, qu'il y rapporte, ne convient qu'à l'Agaric laiteux de cet Ouvrage, *n.° II.*

XXXI. Agaric panaché. *Agaricus variegatus.*

> *Fungus pileolo lato, longissimo pediculo variegato.* Vail. 74.
> *Amanita petiolo procero, &c.* Hall. hist. n.° 2371. Sch. t. XXII & XXIII.

Son pédicule est bulbeux à sa base, haut presque d'un pied, fistuleux, panaché de blanc & de brun, va en diminuant vers son sommet & porte un chapeau ovoïde dans sa jeunesse ;

1281. mais qui s'étend ensuite , & forme un parasol fort ample & légèrement conique : ce chapeau est couvert de petites peaux d'un rouge-brun, séparées & parsemées comme des taches sur un fond blanc ; ses lames sont très - blanches. On le trouve dans les bois.

XXXII. Agaric écailleux. *Agaricus squamosus.*

Fungus pileolo lato, micis surfuraceis asperso. Vail. 74 ; n.° 2

Agaricus. Schœff. t. XX.

Son pédicule est bulbeux à sa base, haut de quatre à six pouces , roussâtre & pluché jusqu'à son anneau , & porte un chapeau hémisphérique , large de deux ou trois pouces , d'un roux-jaunâtre & couvert de petites peaux brunes & détachées , qui le font paroître écailleux : ses lames sont blanches, ainsi que la partie du pédicule comprise entre le chapeau & le collier qui se rabat quelquefois en manière de peignoir. J'ai observé cette espèce au pied d'un arbre , sur le bord d'un grand chemin auprès de Péronne.

XXXIII. Agaric des fumiers. *Agaricus fimetarius.* Lin. Sp. 1643.

Fungus albus , ovum referens. Buxb. cent. 4 , p. 16 , t. XXVII.

Agaricus. Schœff. t. VII.

β. *Fungus typhoides.* Vail. 72 , n.° 9. Schœf. t. VIII & XLVI.

Son chapeau, dans sa jeunesse, a la forme d'un œuf, couvre alors la plus grande partie du pédicule , & prend la figure d'une cloche , à mesure qu'il se développe : il est blanc, écailleux & pluché par étages : les lames dont il est doublé sont tendres , d'abord blanches, deviennent ensuite d'un noir de fumée & se fondent en une eau noire , d'une odeur cada-véreuse. La variété β a son chapeau fort long , cylindrique & roussâtre dans sa partie supérieure. On trouve cette espèce sur les fumiers , dans les cours & sur le bord des chemins.

1281. **XXXIV.** Agaric verdâtre. *Agaricus viridulus.* Sch. t. I.

Fungus parvus, pileolo cucullato viscido, intense viridi &
quasi vernice oblito, inferne lamellis & pediculo albis.
Mich. p. 152.

Son pédicule est presque plein, d'un gris verdâtre ou
bleuâtre, & porte un chapeau convexe, un peu conique,
d'un vert foncé tirant sur le bleu, vers ses bords, légèrement
jaunâtre à son sommet, & couvert d'une viscosité luisante;
ses lames sont d'un blanc sale. J'ai observé cette espèce sur le
bord des bois dans les environs de Rouen.

XXXV. Agaric bulbeux. *Agaricus bulbosus.*

Fungus phalloides, annulatus, sordide virescens & patulus.
Vail. 74, *n.° 3. Agaricus.* Schœff. t. LXXXV &
LXXXVI.

β. *Fungus phalloides.* Vail. 74, *n.° 4.* Schœff. t. CCXLI.

γ. *Fungus pediculo in bulbi formam excrescente.* Vail. 75,
n.° 5.

Son pédicule naît d'une espèce de bulbe qui s'ouvre supérieurement en plusieurs parties, coriaces & persistantes; il est cylindrique, fistuleux, blanchâtre & porte un chapeau convexe,
d'un blanc verdâtre & un peu roux dans son milieu. La variété β
a son pédicule presque plein & son chapeau grisâtre; le
chapeau de la variété γ est d'une couleur de noisette, avec
de petites verrues blanchâtres. On le trouve dans les bois &
les prés couverts.

XXXVI. Agaric pustuleux. *Agaricus pustulatus.*

Fungus colore candido, tuberculis flavo-fuscis, elegantissime
variegato. Vaill. 75, *n.° 9.*

Son pédicule est plein, blanchâtre dans sa partie supérieure,
& soutient un chapeau convexe, couvert de petites verrues
d'un jaune brun, parsemées sur un fond blanc. On le trouve
dans les haies, les charmilles des jardins. J'en ai observé
une variété dont le chapeau étoit gris de fer, & chargé de
petites peaux brunes ou noirâtres.

1281. **XXXVII.** Agaric mamelonné. *Agaricus mammosus.*

Fungus centro mammoso, rufo, circulo sordide albo circumdato.
Vail. 76, n.° 10. *Agaricus.* Schœff. t. LXXX.

Son pédicule est velu & jaunàtre dans sa moitié inférieure, & porte un chapeau un peu aplati, garni d'un mamelon dans son milieu, & couvert de petites peaux déchirées qui le font paroître velu ; le mamelon est d'un roux brun foncé, & le reste du chapeau est d'un roux très-pâle : les lames tirent sur la couleur de bois. On le trouve au pied des arbres : il en naît plusieurs ensemble.

XXXVIII. Agaric comestible. *Agaricus edulis.*

Fungus pileolo lato & rotundo. Tournef. 556.
Agaricus campestris. Lin. Sp. 1641.
β. *Fungus totus albus, edulis.* Vail. 75, n.° 8.

Son pédicule est épais, plein, court, blanc, & porte un chapeau hémisphérique dans sa jeunesse, qui s'étend ensuite, s'aplatit & devient quelquefois fort large ; ce chapeau est couvert d'une peau blanche qui s'enlève facilement : les lames dont il est doublé sont couleur de rose, & deviennent noires en vieillissant ; ces lames sont blanches dans la variété β. On trouve cette espèce en automne dans les prés secs, & sur le bord des chemins, & on la fait venir en tout temps dans les jardins, sur des couches composées de fumier de cheval ; elle a un goût assez agréable : on en fait usage dans les ragoûts.

---

* * * * *Parasites ; chapeaux sessiles, difformes ou semi-orbiculaires.*

XXXIX. Agaric de chêne. *Agaricus quercinus.* Lin. Sp. 1644.

Agaricus dædaleis sinubus excavatus. Tournef. 562.
Agaricus de S.ᵗ Clou. Vail. 3, t. I, f. 1 & 2. Hall. hist. n.° 2330.

Sa substance est ferme, dure, presque ligneuse, légère, d'un blanc-jaunâtre ou ventre de biche, douce au toucher, & comme veloutée ; ses lames sont fermes, irrégulières,

1281. adhèrent les unes aux autres par de petites cloisons tranf-
versales , & forment des excavations difformes & finueuses.
On le trouve fur le bois prefque pourri : il eft propre à
faire de l'amadou.

XL. Agaric d'aulne. *Agaricus alneus.* Lin. Sp. 1645.

> *Agaricus acaulis , fquamofus , lobatus & villofus , lamellis
> diffectis.* Ger. prov. 21 , n.º 20. Schœff. t. CCXLVI.
>
> β. *Fungus parvus , lamellatus , pectunculi forma , alno adnafcens.*
> Vàil. 70 , n.º 63 , t. X , f. 7.

Cette efpèce eft petite , d'une forme femi-orbiculaire , légèrement lobée en fes bords , un peu velue en fa fuperficie qui eft
médiocrement convexe , & garnie en-deffous de lames bifides
& pulvérulentes ; ces lames font d'une couleur cendrée ou
rouffâtre , ou quelquefois rougeâtre. On la trouve fur le
tronc des vieux arbres.

XLI. Agaric cotonneux. *Agaricus tomentofus.*

> *An Agaricus betulinus.* Lin. Sp. 1645.

Sa fubftance eft folide , coriace , & forme un chapeau feffile ,
fémi-elliptique , prefque plane en fa fuperficie , velu , cotonneux , blanchâtre ou d'une couleur pâle & remarquable par
des zones concentriques ; ce chapeau eft doublé de lames
minces , coriaces , d'inégale longueur , & prefque toutes libres
& point adhérentes , ni anaftomofées entr'elles. On trouve
cette efpèce fur le bois à demi-pourri.

1282. Bolet. *Boletus.*

Les Bolets diffèrent des Agarics par leur chapeau non
doublé de lames , mais garni en-deffous de pores ou de
petits trous extrêmement nombreux , & qui ne paroiffent que
comme des points.

Efpèces.

* Chapeaux feffiles.

I. Bolet couleur - de - feu. *Boletus igniarius.* Lin. Sp.
1645.

> *Agaricus pedis equini facie.* Tournef. 562.
> β. *Agaricus five fungus laricis.* Ibid.

Ses chapeaux font feffiles , attachés par le côté , arrondis

4282. en fabot de cheval, légèrement convexes en-deſſus, &
remarquables par des zones de différentes couleurs, dont
les principales ſont brunes & rougeâtres ; leur ſurface inférieure
eſt garnie de pores très-menus, & d'une couleur pâle ou
jaunâtre : ſa chair eſt rougeâtre intérieurement. On le trouve
ſur les troncs d'arbres ; il eſt amer, âcre, aſtringent, &
utile dans les hémorragies ; il ſert à faire l'amadou : on
l'emploie auſſi dans la teinture.

II. Bolet bigarré. *Boletus verſicolor.* Lin. Sp. 1645.

Agaricus varii coloris, ſquamoſus. Tournef. 562.

Boletus. Schœff. t. CCLXVIII & CCLXIX.

Sa ſubſtance eſt ferme, blanche intérieurement, & forme
des chapeaux ſeſſiles, ſemi-elliptiques, feſtonnés, veloutés
en-deſſus, & remarquables par des zones de diverſes couleurs ;
ſes pores ſont blancs, très-petits & inégaux. On le trouve
ſur le tronc des vieux arbres & ſur le bois demi-pourri.

* * *Chapeaux pédiculés.*

III. Bolet rameux. *Boletus ramoſiſſimus.* Schœff. t. CXI.

Fungus ceſpitoſus, ramoſus, umbellatus, major & minor.
Barr. ic. 1269 & 1270. *Agaricus intybaceus.* Tournef.
562.

β. *Agaricus eſculentus.* Tournef. ibid. Schœff. t. CXXVIII
& CXXIX.

Subſtance fongueuſe, charnue, poreuſe, très-ramifiée, &
diſpoſée en un paquet ou une eſpèce de gazon très-denſe
& d'une grandeur quelquefois fort conſidérable ; ſes ramifications ſont plus ou moins comprimées, & terminées par
des chapeaux aſſez petits, d'un gris brun ou d'un brun jaunâtre,
glabres, & garnis de pores blancs en-deſſous : ces chapeaux
ſont très-nombreux, ramaſſés & inclinés de manière dans la
variété β, qu'ils paroiſſent embriqués, & reſſemblent à des
écailles foliacées. On trouve cette eſpèce ſur les troncs des
vieux chênes, en Alſace.

IV. Bolet coriace. *Boletus coriaceus.* Schœff. t. CXXV.

An Boletus perennis. Lin. Sp. 1646.

Cette eſpèce eſt vivace, & compoſée d'une ſubſtance
coriace & preſque ligneuſe ; ſon chapeau eſt aplati, un peu
enfoncé dans ſon milieu, d'un brun rouſſâtre, & remarquable
par des zones ou des lignes concentriques d'une couleur

Y iv

1182. moins foncée : sa superficie est comme velue. On trouve cette plante dans les bois, sur les troncs pourris des arbres abattus & abandonnés ; elle n'est point laiteuse, ni lamellée sous son chapeau, comme celle dont parle M. Vaillant, *p. 61, n.° 7.*

V. Bolet épais. *Boletus crassus.*

Fungus porosus, crassus. Tournef. 558.

α. *Boletus luteus.*

Boletus stipitatus, pileo pulvinato subviscido, poris rotundatis, convexis, flavissimis, stipite albido. Lin. Sp. 1646.

β. *Boletus bovinus.*

Boletus stipitatus, pileo glabro, pulvinato, marginato, poris compositis, acutis, porulis angulatis, brevioribus. Lin. Sp. 1646.

Sa substance est épaisse, spongieuse, & change ordinairement de couleur lorsqu'on l'entame ; son pédicule est épais renflé ou tubéreux à sa base, cylindrique, plein, blanchâtre ou jaunâtre vers son sommet, & soutient un chapeau orbiculaire fort épais, plus ou moins large & légèrement convexe ou quelquefois aplati, & ressemblant à une sphère tronquée : le dessus de ce chapeau est communément d'un brun rougeâtre ; sa surface inférieure est garnie de pores jaunâtres, ou verdâtres, ou d'une couleur sale. On trouve cette plante dans les bois.

1283.

Hydne. *Hydnum.*

Les Hydnes ont beaucoup de rapport avec les Bolets ; mais ils s'en distinguent par leur chapeau hérissé en-dessous de petites pointes ou papilles très-nombreuses.

Espèces.

I. Hydne sinué. *Hydnum repandum.* Lin. Sp. 1647.

Fungus erinaceus. Vail. Paris. 58. Schœff. t. CCCXVIII.

Son pédicule est court, plein, d'un blanc jaunâtre, & porte un chapeau convexe ou un peu aplati, large de deux ou trois pouces, sinué ou inégalement découpé, & d'un jaune pâle tirant sur le ventre de biche. On le trouve dans les bois.

1283. II. Hydne cure-oreille. *Hydnum auriscalpium.* Lin. Sp. 1648.

> *Echinus petiolo gracili laterali, pileolo plano, obscuro.* Hall. hist. n.º *2321.*

Son pédicule est grêle, haut de deux pouces, & s'insère sur le côté du chapeau, ou dans l'espèce d'échancrure de son bord : ce chapeau est petit, sémi-orbiculaire, légèrement convexe & d'une couleur brune ou noirâtre. On le trouve en Provence, dans les bois.

1284. ## Morille. *Phallus.*

Les Morilles ont leur chapeau ovale-conique, crevassé, réticulé & calleux en sa surface supérieure, & tellement resserré contre le pédicule, que sa surface inférieure qui est lisse, est presque entièrement cachée.

Espèces.

I. Morille comestible. *Phallus esculentus.* Lin. Sp. 1648.

> *Boletus esculentus, rugosus, albicans, quasi fuligine infestus.* Tournef. 561.
>
> *Boletus esculentus, rugosus fulvus.* Tournef. Ibid.

Son pédicule est creux, blanchâtre, & soutient un chapeau ou une espèce de tête ovale-conique, toute crévassée, blanchâtre ou d'une couleur fauve, & quelquefois noirâtre. On la trouve au printemps dans les bois & les prés.

II. Morille fétide. *Phallus fœtidus.*

> *Boletus phalloides.* Tournef. 561.
>
> *Phallus impudicus.* Lin. Sp. 1648. Schœff. t. CXCVIII.

Son pédicule est long de quatre à six pouces, creux, caverneux, d'un blanc sale ou verdâtre, va en diminuant vers son sommet, & naît d'une gaine ovale qui renferme toute la plante dans sa jeunesse ; son chapeau forme une espèce de tête assez petite, ovale-conique, celluleuse, ombiliquée à son sommet, livide & un peu verdâtre. On trouve cette espèce dans les bois en automne : elle répand au loin, dans son développement parfait, une odeur fétide & insupportable.

Clathre. *Clathrus.*

1285.

Les Clathres font des fongofités ordinairement arrondies, creufes, réticulées, grillées & percées à jour de toutes parts.

Efpèces.

I. Clathre grillé. *Clathrus cancellatus.* Lin. Sp. 1648.

Boletus cancellatus purpureus. Tournef. 561.

β. *Boletus cancellatus, flavefcens.* Tournef. Ibid.

Cette efpèce eft feffile, arrondie, rougeâtre, grillée, ponctuée ou poreufe, & garnie à fa bafe d'une enveloppe blanchâtre en-dehors & un peu coriace; fous cette enveloppe, on obferve une racine affez longue, de la confiftance & de la couleur de l'enveloppe. On trouve cette plante en Provence.

II. Clathre nu. *Clathrus nudus.* Lin. Sp. 1649.

Clathroidaftrum obfcurum, majus & minus. Mich. 215, t. XCIV.

Trichia petiolata, capitulo cylindrico, axi perforato. Hall. hift. n.° 2165.

Cette fongofité eft très-petite & d'une forme fingulière; fa bafe eft une petite plaque mince, fur laquelle font fitués un affez grand nombre de pédicules noirâtres, droites, capillaires & hautes de cinq ou fix lignes, ces pédicules foutiennent chacun une tête cylindrique, longue de trois ou quatre lignes, & entourée d'une peau d'un pourpre brun; cette peau tombe de bonne heure, & chaque tête n'eft alors compofée que d'un tiffu très-fin, réticulé, tranfparent, de couleur brune, & traverfé par le pédicule dans toute fa longueur, en forme d'axe. On trouve cette plante fur le bois pourri; elle m'a été communiquée par M. de Beauvois.

Helvelle. *Helvella.*

1286.

Les Helvelles font des fongofités un peu irrégulières, rétrécies en pétiole vers leur bafe, & qui forment à leur fommet, une efpèce de baffin ou un entonnoir communément difforme; elles ne font qu'imparfaitement diftinguées des Péfifes.

Espèces.

1286.

I. **Helvelle en mitre.** *Helvella mitra.* Lin. Sp. 1649.

Boletus capitulo explanato, laciniato. Hall. hist. n.° 2246.

Sa base est un pédicule haut d'un à deux pouces, épais, anguleux, ridé, blanchâtre, & qui soutient une tête ou une espèce de chapeau difforme, lobé & plié souvent en manière de mitre. On trouve cette plante en Provence, dans les prés & les bois.

II. **Helvelle en trompette.** *Helvella tubæformis.* Schœff. t. CLVII.

Fungus gelatinus, flavus. Vail. 58, tab. XIII, f. 7, 8, 9.

Il en naît souvent plusieurs ensemble, disposés en manière de faisceau; son pédicule est jaunâtre, sillonné, long, presque d'un pouce & demi, grêle à sa base, & va en grossissant vers son sommet où il se termine par une espèce de chapeau roussâtre, orbiculaire, enfoncé dans son milieu, légèrement lobé, roulé en-dessous en ses bords, & enduit de viscosité. On trouve cette espèce en automne, dans les lieux couverts & les bois.

1287.

Péfise. *Peziza.*

Les **Péfises** sont des fongosités droites, sessiles ou presque sessiles, rétrécies à leur base, concaves en-dessus, campanulées, & semblables à des vases ou des creusets de Chimiste.

Espèces.

I. **Péfise à lentilles.** *Peziza lentifera.* Lin. Sp. 1649.

Fungoides infundibuli formâ, semine fœtum. Tournef. 560. Vail. t. XI, f. 6, 7.

β. *Fungoides infundibuli formâ, semine fœtum, internè striatum, externè hirsutum.* Vail. 56, t. XI, f. 4, 5. Schœff. t. CLXXVIII.

Cette espèce forme de petits creusets hauts de cinq ou six lignes, sessiles, coriaces, bruns ou grisâtres & velus en-dehors, glabres & très-lisses en-dedans; au fond de ces creusets, on trouve plusieurs corpuscules lenticulaires & séminiformes.

1287. La variété β a la surface interne de ses creusets, lisse, luisante, striée, & plombée ou argentée. On trouve cette plante dans les bois, sur la terre & sur les arbres morts.

II. Pésise corne d'abondance. *Peziza cornucopioides.* Lin. Sp. 1650.

> *Fungoides nigricans, majus, cornucopiæ formâ.* Vail. t. XIII, f. 2, 3.
> *Elvela.* Schœff. t. CLXV & CLXVI.

Cette fongosité est membraneuse, un peu coriace, va en s'élargissant vers son sommet, & ressemble à un entonnoir; elle est creusée dans presque toute sa longueur, brune ou jaunâtre intérieurement, & repliée en ses bords, qui sont sinués ou lobés. On la trouve dans les bois au pied des arbres.

III. Pésise en ciboire. *Peziza acetabulum.* Lin. Sp. 1650.

> *Fungoides fuscum acetabuli formâ, externè ramificatum.* Vail. 57, t. XIII, f. 1.

Cette fongosité ressemble en quelque sorte à un ciboire, de couleur brune, garnie en-dehors de nervures rameuses, & plissée à sa base, qui est rétrécie & alongée en pédicule. On la trouve dans les bois.

IV. Pésise en cupule. *Peziza cupularis.* Lin. Sp. 1651.

> *Fungoides glandis cupulam referens, margine dentato.* Vail. 57, t. XI, f. 1, 2, 3.

Cette espèce est d'un blanc roussâtre, & ressemble à un calice de gland, dont les bords sont dentés ou frangés. On la trouve dans les bois.

V. Pésise en écusson. *Peziza scutellata.* Lin. Sp. 1651.

> *Fungoides, qui fungus minimus, scutellatus, coloris aurantii.* Vail. 57, tab. XIII, f. 13, 14.

Cette espèce est fort petite, sessile, d'un blanc jaunâtre ou rougeâtre, & ressemble à un petit écusson ou à un chaton de bague, velu en ses bords. On la trouve sur la terre, dans les bois & sur les murs.

1287. VI. **Péfife en coquille.** *Peziza cochleata.* Lin. Sp. 1651.

Fungoides auriculam judæ referens, intùs rufefcens, extùs candicans, & quafi farinofum. Vail. 57, t. XI, f. 8.

Cette efpèce eft turbinée ou en coquille un peu irrégulière, tendre, tranfparente, rouffâtre en-dedans, blanchâtre, & comme farineufe en-dehors. On la trouve dans les bois.

1288. Clavaire. *Clavaria.*

Les Clavaires font des fongofités communément liffes, alongées, droites, & fimples ou rameufes.

Efpèces.

* * Fongofités fimples.

I. **Clavaire en pilon.** *Clavaria piftillaris.* Lin. Sp. 1651.

Clavaria alba, piftilli formâ. Vail. 39, t. VII, f. 5. Mich. t. LXXXVII, f. 1.

Sa fubftance eft fpongieufe, & forme un corps fimple, élargi & obtus à fon fommet, reffemblant à un pilon, & d'un blanc jaunâtre ou rouffâtre. On la trouve dans les bois.

II. **Clavaire écailleufe.** *Clavaria fquamofa.*

Clavaria militaris, crocea. Vail. 39, t. VII, f. 4.
Clavaria militaris. Lin. Sp. 1652.

Je crois que cette plante n'eft qu'une variété de celle qui précède ; elle forme une maffue un peu grêle, d'une couleur rouffâtre ou fafranée, & dont la tête eft écailleufe ou chagrinée. On la trouve dans les bois.

III. **Clavaire noire.** *Clavaria nigra.*

Clavaria ophioglofoides, nigra. Vail. 39, t. VII, f. 3.
Clavaria ophioglofoides. Lin. Sp. 1652. Schœff. tab. CCCXXVII.

Cette efpèce forme une maffue haute d'un pouce ou un

1288. peu plus, noire, grêle à fa bafe, & comprimée dans fa partie fupérieure. On la trouve dans les bois.

IV. Clavaire jaune. *Clavaria lutea.*

Clavaria lutea, minima. Mich. gen. 208, t. LXXXVII, f. 5.

Cette fongofité eft un corps fimple, long de fix à huit lignes, fiftuleux, pointu à fon fommet, courbé en manière de corne, liffe, tendre & d'un jaune doré. J'ai trouvé cette efpèce fur les côtes sèches de Celloville, dans les environs de Rouen.

** *Fongofités rameufes.*

V. Clavaire digitée. *Clavaria digitata.* Lin. Sp. 1652.

Agaricus digitatus, niger, [& apicibus albidis]. Tournef. 562.

β. *Corallo-fungus candidiffimus.* Vail. t. VIII, f. 2.

Cette fongofité eft compofée d'un paquet ou d'un faifceau de maffues noires dans leur plus grande partie, blanchâtres à leur fommet, réunies & cohérentes à leur bafe, fragiles & d'une confiftance prefque ligneufe. La variété β eft moins compofée & prefque tout-à-fait blanche. On trouve cette plante dans les lieux couverts.

VI. Clavaire cornue. *Clavaria cornuta.*

Clavaria hypoxylon. Lin. Sp. 1652. Mich. t. LV, f. 1.
Coralloides ramofa, nigra, compreffa, apicibus, albidis. Tournef. 565.

Cette fongofité eft ligneufe, fimple, noire & quelquefois velue dans fa partie inférieure, divifée, comprimée & blanchâtre vers fon fommet: fes divifions reffemblent, en quelque forte à des cornes, & font fouvent tronquées à leur extrémité. On la trouve fur le bois, dans des lieux humides.

1288. VII. Clavaire coralloïde. *Clavaria coralloides.* Lin. Sp. 1652.

Corallo-fungus flavus. Vail. 41, t. VIII, f. 4.
Coralloides flava. Tournef. 565, t. CCCXXXII, f. B. Sch. t. CLXXV.
β. *Coralloides albida.* Tournef. 565. Sch. t. CLXX.
γ. *Coralloides diluté purpurascens.* Tournef. Ibid.

Cette espèce est molle, charnue, très-ramifiée, & forme une espèce de gazon jaunâtre, ou blanchâtre, ou rougeâtre ; ses ramifications sont courtes & comme dentées à leur sommet. On la trouve dans les bois.

1289. Vesse-loup. *Lycoperdon.*

Les Vesse-loups sont des fongosités très-simples, communément arrondies, & qui contiennent la plupart dans leur développement parfait, une poussière abondante & comme farineuse ; elles s'ouvrent ordinairement à leur sommet.

Espèces.

* *Substance solide, cachée sous la terre.*

I. Vesse-loup truffe. *Lycoperdon tuber.* Lin. Sp. 1653.

Tubera matth. Tournef. 565.
β. *Tubera testiculorum forma.* Ibid.

Cette fongosité est une substance charnue, arrondie, noirâtre, dépourvue de racines, rude & comme hérissée en sa superficie, veinée, odorante, & cachée sous la terre. On la trouve dans les lieux sablonneux : les friants en font beaucoup de cas.

** *Substance pulvérulente, disposée sur la terre.*

II. Vesse-loup commune. *Lycopedon vulgare.* Tournef. 563.

Fungus orbicularis. Dod. pempt. 484. Schœff. t. CXCI.
β. *Lycoperdon verucosum.* Vail. t. XVI, f. 4, 5, 7 & 8 ; & t. XII, f. 15, 16.
Lycoperdon bovista. Lin. Sp. 1653 [α. β.]

Cette espèce fournit un grand nombre de variétés que l'on trouve détaillées dans les Auteurs, mais qu'il seroit trop long de citer ici. En général, cette fongosité est arrondie ou

1289. turbinée, presque seſſile, blanchâtre ou cendrée, glabre ou chargée de verrues plus ou moins ſaillantes & calleuſes, convexe ou aplatie à ſon ſommet, rétrécie & comme pliſſée à ſa baſe, qui s'alonge quelquefois en pédicule; ſa ſubſtance eſt un peu ſolide & blanchâtre dans ſa jeuneſſe, mais elle s'amollit par la ſuite, & ſe change en une pouſſière d'un roux-roirâtre, qui paroît alors renfermée comme dans un ſac ou une bourſe membraneuſe, formée par la peau de cette plante : cette bourſe s'ouvre à ſon ſommet, & laiſſe échapper, ſur-tout lorſqu'on la preſſe, la pouſſière qu'elle contient, & qui ſort en manière de fumée. On trouve cette plante dans les prés ſecs & ſur les pelouſes & les bords des bois.

III. Veſſe-loup orangée. *Lycoperdon aurantium.* Lin. Sp. 1653.

> *Lycoperdon aurantii coloris, ad baſin rugoſum.* Vail. 123 t. XVI; f. 9, 10.

Cette eſpèce eſt arrondie, glabre, ridée ou froncée à ſa baſe, légèrement pédiculée, & d'une couleur-orangée obſcure, ou tirant ſur le brun; elle s'ouvre à ſon ſommet par des déchirures aſſez grandes & échancrées. On la trouve ſur les couches des jardins.

IV. Veſſe-loup étoilée. *Lycoperdon ſtellatum.* Lin. Sp. 1653.

> *Lycoperdon veſicarium, ſtellatum.* Tournef. 564.

L'enveloppe extérieure de cette eſpèce eſt une membrane épaiſſe, coriace, qui ſe fend en cinq à dix parties pointues & ouvertes en étoile : l'intérieure eſt un globule ſphérique, glabre & remarquable par une petite ouverture à ſon ſommet, formée par des déchirures courtes & pointues. On la trouve dans les bois.

V. Veſſe-loup pédunculée. *Lycoperdon pedunculatum.* Lin. Sp. 1654.

> *Lycoperdon pariſienſe, minimum, pediculo donatum.* Tournef. 563, tab. CCCXXI, f. E. F.

Son pédicule eſt grêle, haut preſque d'un pouce, & porte une tête globuleuſe, petite & blanchâtre; l'ouverture de cette tête eſt un peu cylindrique & très-entière en ſes bords. On trouve cette eſpèce dans les champs.

Moisissure. *Mucor.*

Les Moisissures sont des vésicules ovales ou sphériques, cellulaires, poudreuses, communément pédiculées, & qui s'ouvrent de différentes manières.

Espèces.

* *Moisissures persistantes ou vivaces.*

I. Moisissure à tête ronde. *Mucor spærocephalus.* Lin. Sp. 1655.

Trichia petiolata nigra, capitulo sphærico, villo ochroleuco. Hall. hist. n.° 2161.

Son pédicule est noirâtre, haut d'une à deux lignes, & soutient une tête globuleuse, cendrée, & qui contient beaucoup de poils roussâtres ou noirâtres. On en trouve en quantité sur le bois pourri, sur les vieilles planches & dans les crevasses des écorces d'arbres.

II. Moisissure verte. *Mucor viridis.*

An mucor furfuraceus. Lin. Sp. 1655.

Cette espèce forme sur la terre & sur l'écorce des arbres une sorte de poussière verte, sur laquelle sont épars des pédicules assez nombreux, hauts d'une ligne & demie, très-menus, verdâtres, & chargés chacun d'un globule sphérique très-petit.

** *Moisissures très-passagères.*

III. Moisissure grisâtre. *Mucor cinereus.*

Mucor vulgaris, capitulo lucido per maturitatem nigro, pediculo griseo. Mich. 215, t. XCV, f. 1.
Mucor mucedo. Lin. Sp. 1655.

Cette moisissure forme sur le pain, les fruits & la plupart des corps qui se pourrissent, une espèce de barbe grisâtre, composée de filamens nombreux, assez longs, très-fins, & terminés chacun par un globule sphérique, lisse & très-simple.

1290. IV. Moisissure glauque. *Mucor glaucus.* Lin. Sp. 1656.

> *Aspergillus capitatus, capitulo glauco, seminibus rotundis.* Mich. 212, t. XCI, f. 1.

Ses pédicules sont des filamens chargés à leur sommet d'une tête sphérique, composée de globules nombreux & ramassés. On trouve cette espèce sur les pommes, les oranges, les melons, & autres fruits semblables qui commencent à se pourrir.

V. Moisissure crustacée. *Mucor crustaceus.* Lin. Sp. 1656.

> *Botrys non ramosa, alba, seminibus rotundis.* Mich. 212, t. XCI, f. 3.

Cette espèce forme une barbe blanche, composée de filamens digités à leur sommet; chaque digitation est chargée de globules disposés en épi. On la trouve sur les fruits qui se pourrissent.

VI. Moisissure rameuse. *Mucor ramosus.*

> *Aspergillus terrestris, cespitosus ae ramosus, albus.* Mich. 213, t. XCI, f. 4.

> *Mucor cespitosus.* Lin. Sp. 1656.

Cette moisissure forme une barbe blanche, serrée, & composée de filamens rameux; les rameaux de ses filamens sont terminés par des épis globulifères, digités & ternés. On la trouve dans les jardins sur les feuilles & les autres corps qui se pourrissent.

Fin de la Cryptogamie.

ADDITION

A la page xxj *du Discours préliminaire, après ces mots* [& de les indiquer sans erreur], *ajoutez ce qui suit.*

QUAND je dis qu'il ne faut pas avoir égard aux rapports des Plantes dans la formation des genres, qui selon moi ne peuvent être qu'artificiels ; je ne prétends pas pour cela donner comme genres, des assortimens bizarres, où la loi des rapports naturels se trouveroit entièrement violée ; je veux dire seulement que les caractères à l'aide desquels on tracera les limites qui détermineront les genres, ne doivent être gênés par aucune des considérations qui entrent dans la formation d'un rapprochement de rapports, c'est-à-dire d'un ordre naturel ; mais bien loin que les espèces qui composeront un même genre soient disparates, le caractère artificiel qui les unira, sera choisi de manière à leur conserver les unes à l'égard des autres, le rang même qu'elles occuperont dans la série naturelle des Plantes.

Ainsi, après avoir formé cette série d'après les principes qui seront exposés dans la dernière partie de ce Discours, il faudra tirer de distance en distance des limites artificielles, qui détacheront autant de petits grouppes, dont les Plantes seront liées à l'aide d'un caractère simple, ou de deux caractères combinés, que l'on obtiendra d'une ou deux parties quelconques, & non pas exclusivement des parties de la fructification.

Ces grouppes feront les genres dont j'ai parlé, genres qui se rapprocheront de la Nature, autant que le peut l'ouvrage de l'Art.

Il n'est pas difficile de sentir l'avantage que ces mêmes genres auront à tous égards sur ceux qu'ont adoptés la plupart des Botanistes qui pour se rapprocher de la Nature, les ont assujettis à des exceptions nombreuses par la préférence exclusive qu'ils ont donnée aux parties de la fructification.

De pareils genres, &c. *Suivez à la même page.*

AVIS concernant les Planches.

Les N.ᵒˢ qui se trouvent sous les figures, renvoyent aux N.ᵒˢ correspondans des Principes.

TABLE DES MATIÈRES

Contenues dans ce Volume.

Les chiffres romains indiquent les pages du Discours préliminaire. Les caractères arabes renvoient aux numéros des Principes.

A

V

Z

TABLE

TABLE DES TERMES LATINS

Ufités en Botanique.

Les chiffres renvoient aux numéros des Principes.

A

Tome I.

H

Hami, 397.
Hamosi, 393.
Hastata (folia) 205.
Herbaceus (caulis) 41.
Herbæ, 5.
Hermaphroditus (flos) 423.
Hexapetala (corolla) 483.
Hirsuta (folia) 253.
Hirsutus (caulis) 95.
Hirta (filamenta) 448.
Hirta (folia) 255.
Hirtus (caulis) 96.
Hispida (folia) 255.
Horisontalia (folia) 155.
Horisontalis (radix) 20.
Hypocrateriformis, 477.

I

Imbricata (folia) 143.
Imbricatæ (bracteæ) 380.
Imbricatus (calix communis) 504.
Imbricatus (caulis) 83.
Inæqualia (filamenta) 441.
Inæqualis (corolla) 469.
Inanis (caulis) 46.
Incompletum (receptaculum) 519.
Incompletus (flos) 507.
Incraffatus (pedunculus) 354.
Incumbentes (antheræ) 435.
Incurva (folia) 157.
Incurvatus (caulis) 61.
Incurvi (aculei) 384.

Infera (corolla) 489.
Inferum (germen) 452.
Inflexa (folia) 157.
Inflexi (rami) 127.
Infundibuliformis (corolla) 475.
Insertus (petiolus) 314.
Insitio, 655.
Integerrima (folia) 217.
Integra (folia) 195.
Interfoliaceus (pedunculus) 332.
Intrafoliaceæ (stipulæ) 368.
Involucratus (verticillus) 547.
Involucrum, 512.
Involuta (folia) 161.
Irregularia (filamenta) 442.
Irregularis (corolla) 469.
Julus, 522.

L

Labiata (corolla) 479.
Lacera (folia) 224.
Laciniata (folia) 216.
Lævis (caulis) 87.
Lamina, 472.
Lana, 386.
Lanata (folia) 250.
Lanatus (caulis) 93.
Lanceolata (folia) 189.
Laterales (antheræ) 436.
Laterales (flores) 530.
Laterales (stipulæ) 366.
Laterifolius (pedunculus) 332.
Laxus (caulis) 56.
Legumen, 618.

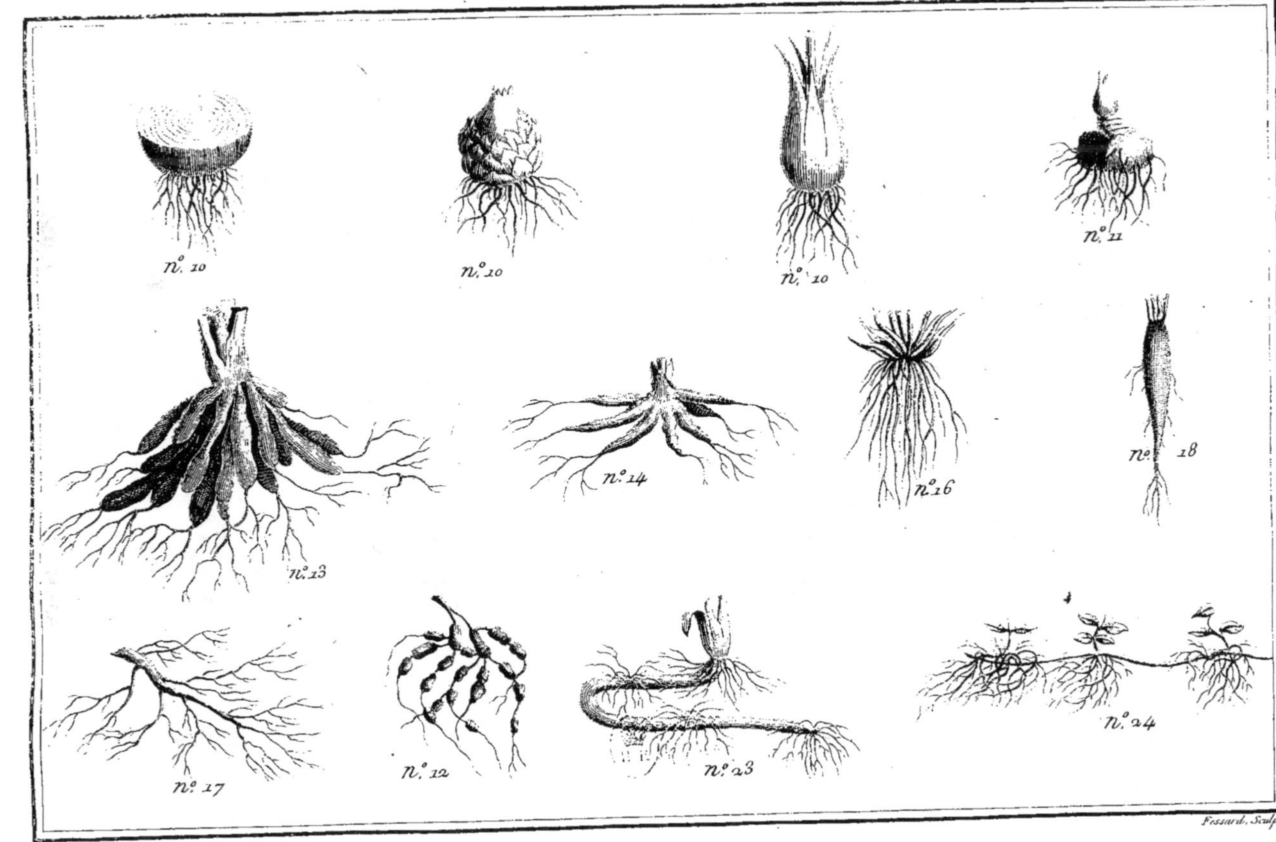

RACINES.
Pl. I.
n.° 10
n.° 10
n.° 10
n.° 11
n.° 13
n.° 14
n.° 16
n.° 18
n.° 17
n.° 12
n.° 23
n.° 24
Fessard Sculp.

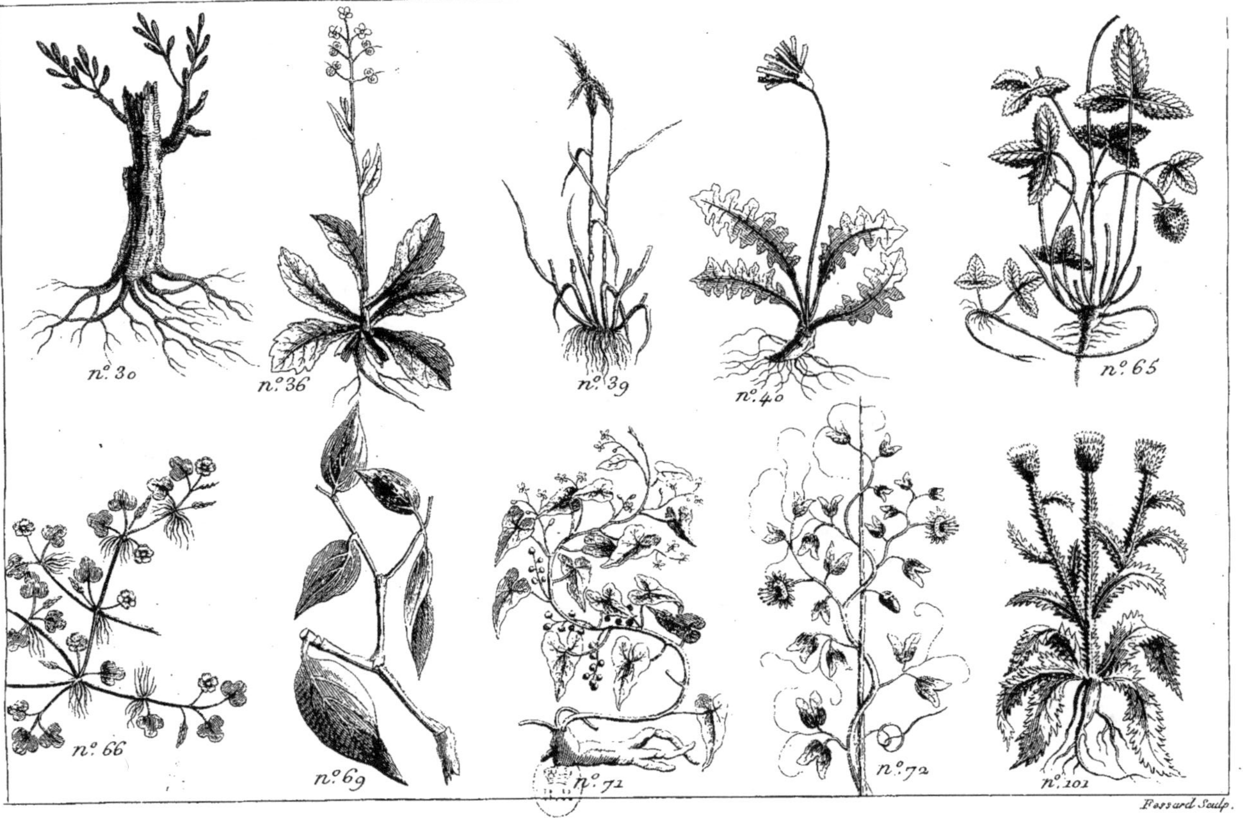

Fossard Sculp.

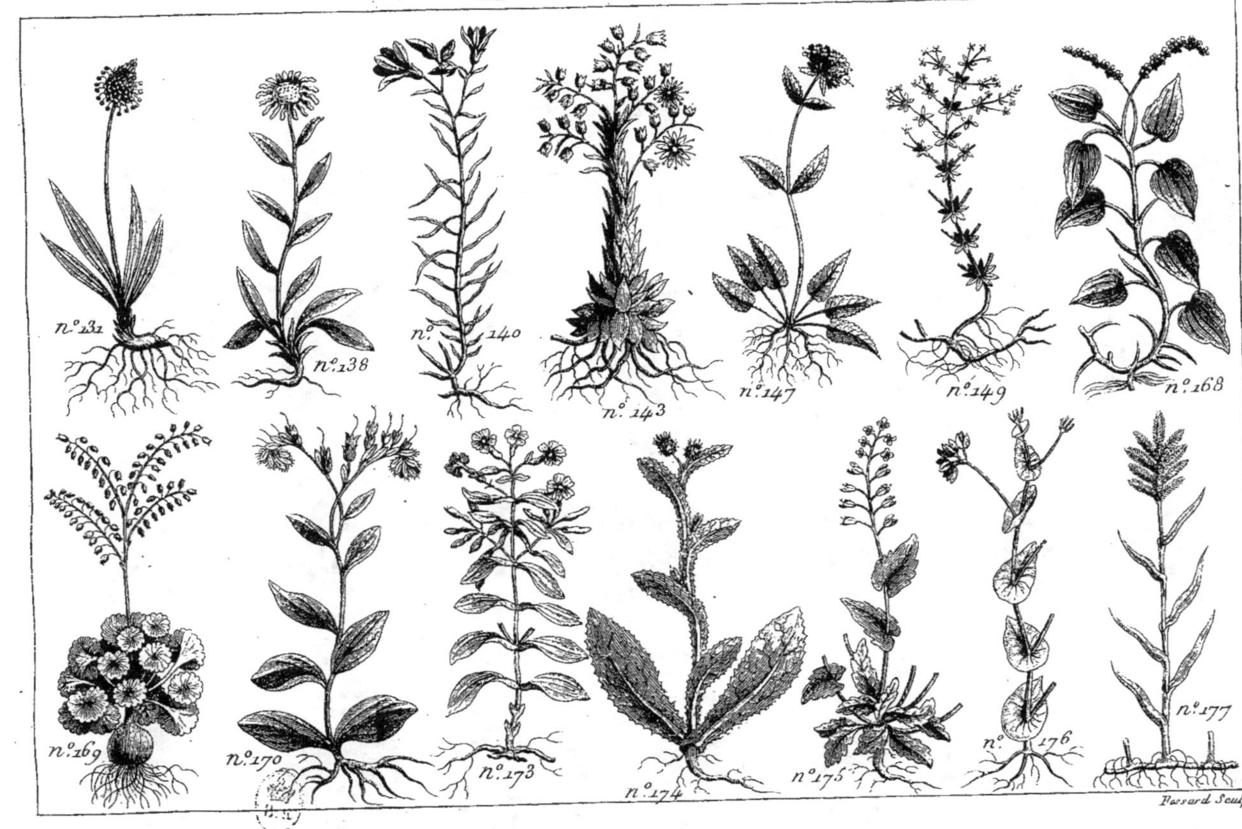

n.º 231
n.º 138
n.º 140
n.º 143
n.º 147
n.º 149
n.º 168
n.º 169
n.º 170
n.º 173
n.º 174
n.º 175
n.º 176
n.º 177
Hessard Sculp.

FEUILLES SIMPLES.

Pl. IV.

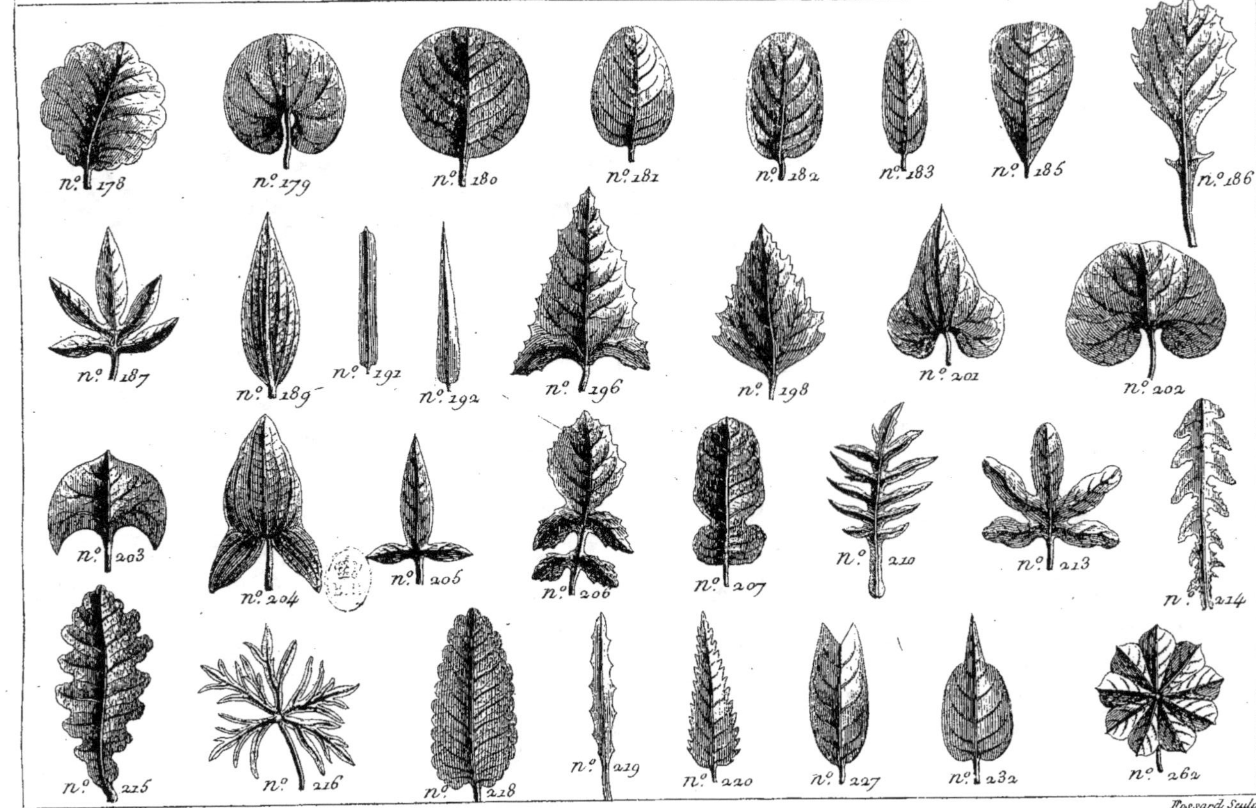

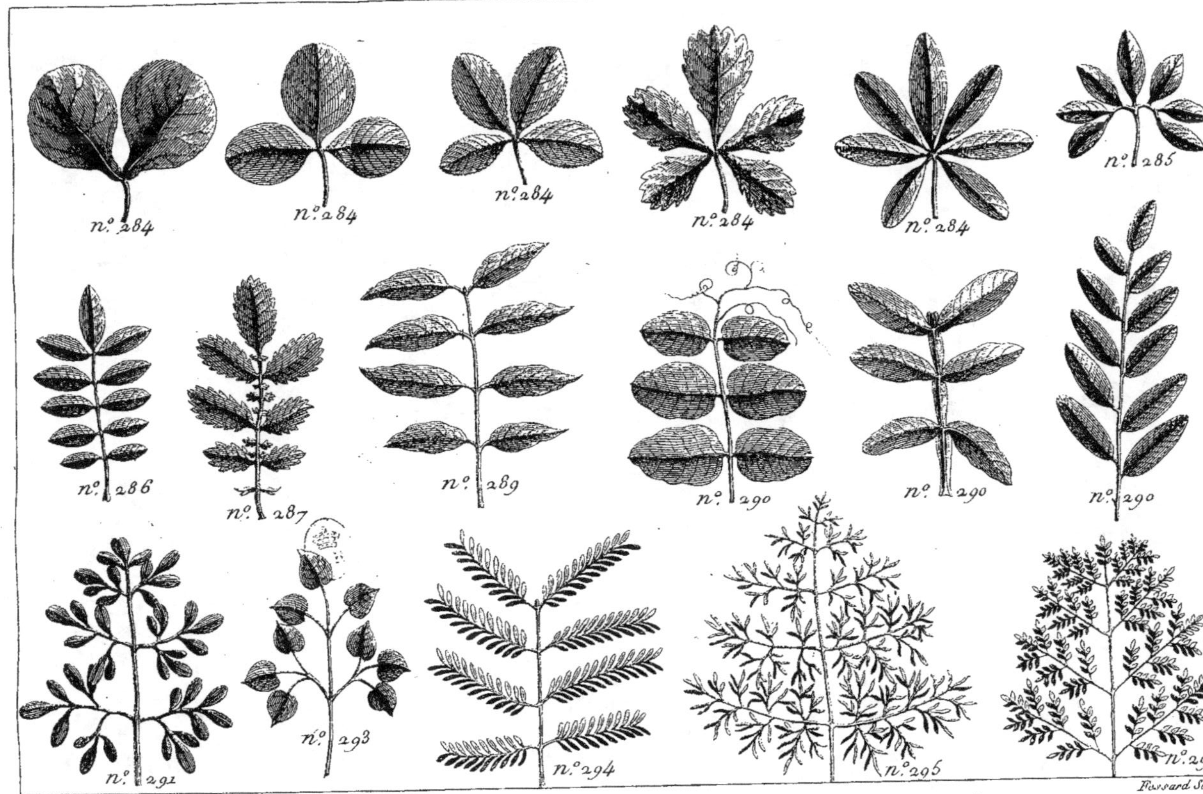

Fossard Sculp.

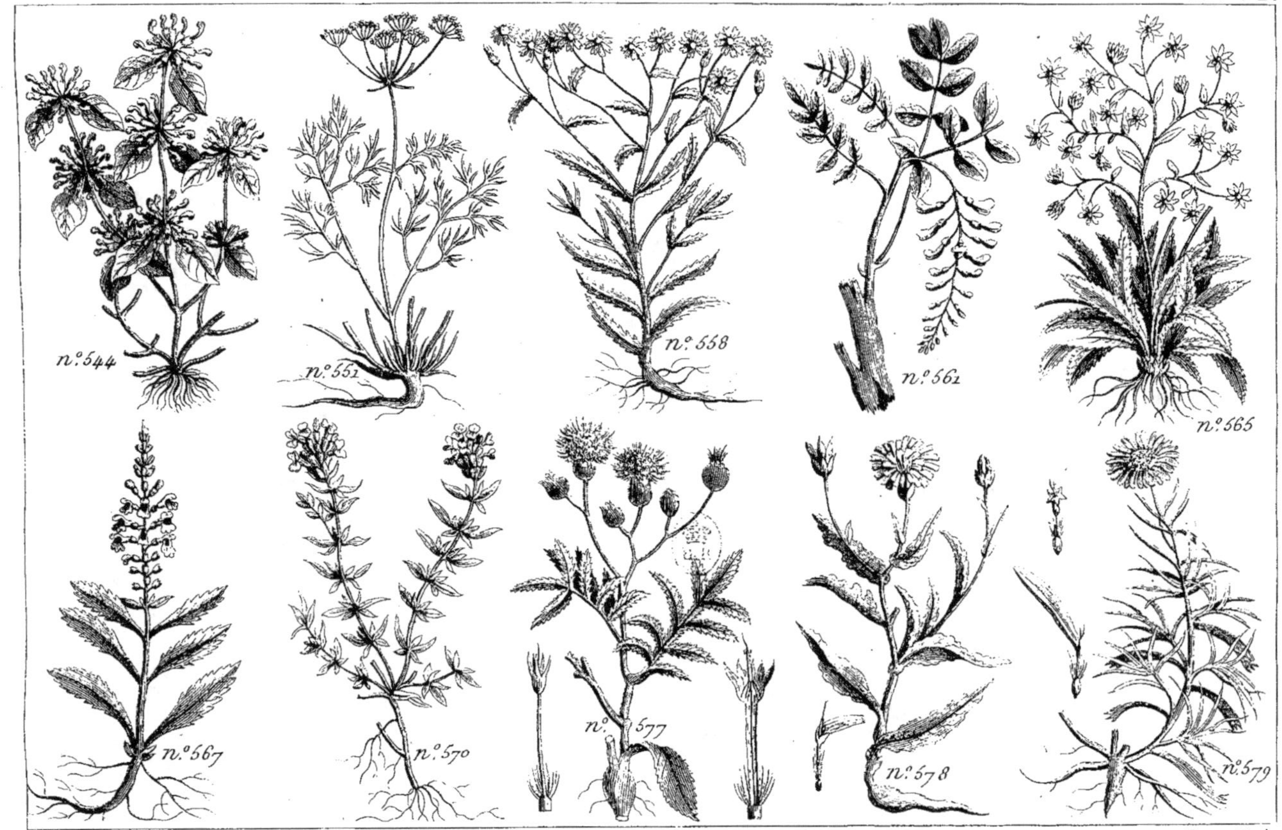

n.°544
n.°551
n.°558
n.°561
n.°565
n.°567
n.°570
n.°577
n.°578
n.°579
Fessard Sculp.

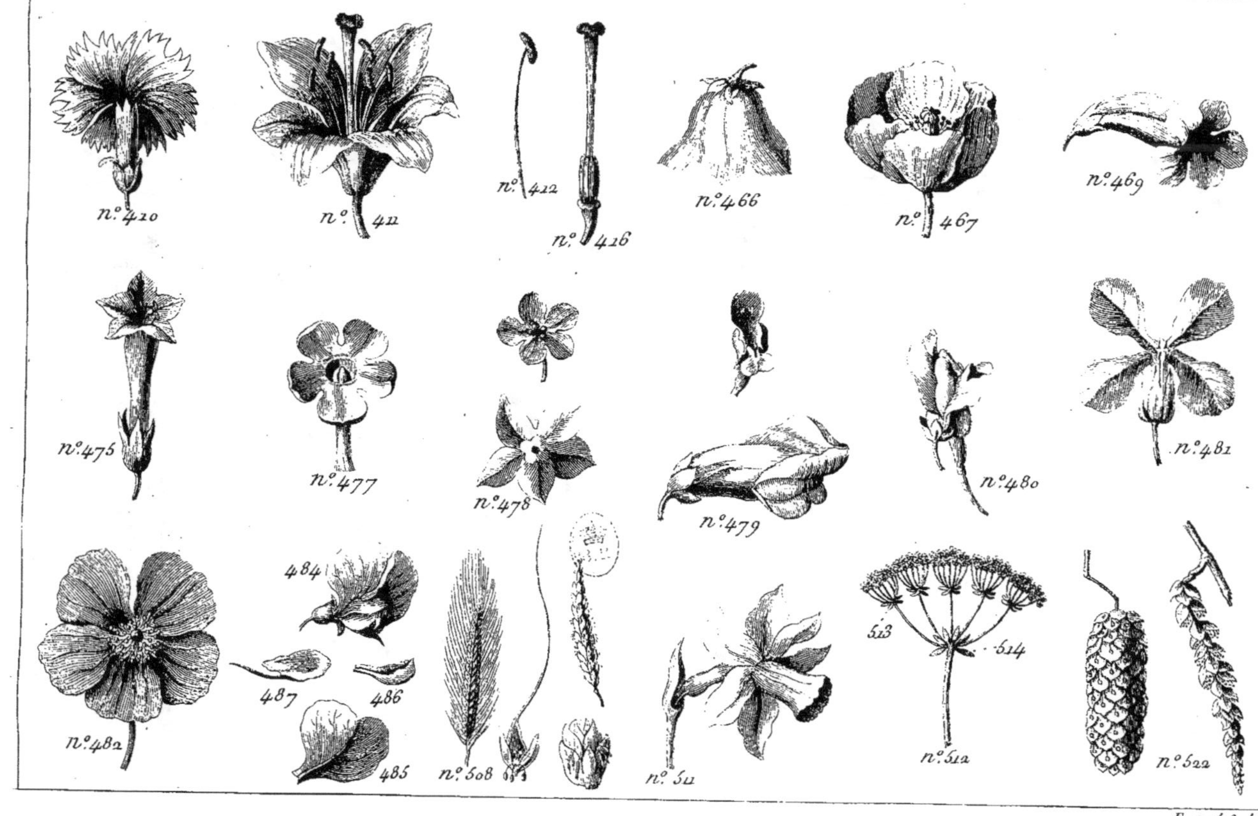

Fossard Sculp.

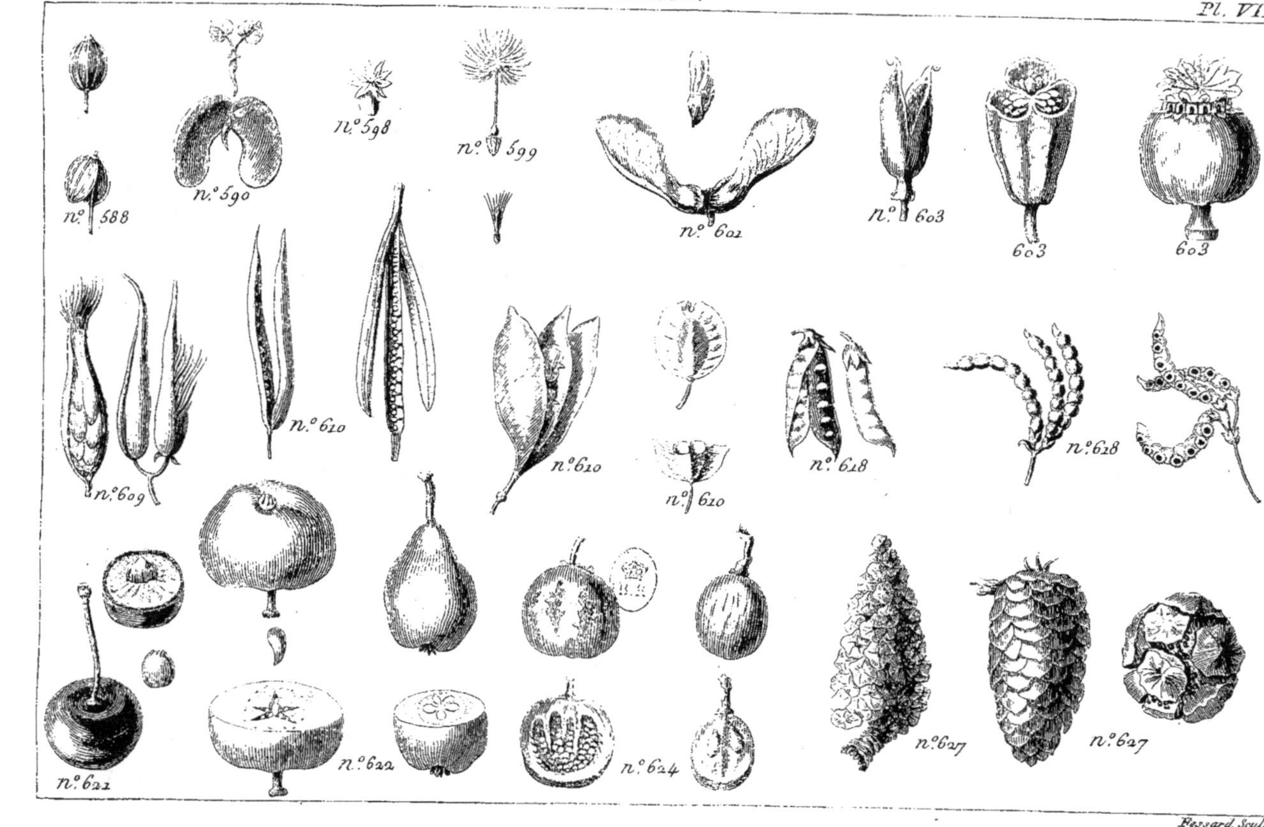

n.° 588
n.° 590
n.° 598
n.° 599
n.° 601
n.° 603
603
603
n.° 609
n.° 610
n.° 610
n.° 610
n.° 618
n.° 618
n.° 621
n.° 622
n.° 624
n.° 627
n.° 627
Fessard Sculp.